"十一五"国家计算机技能型紧缺人才培养培训教材

教育部职业教育与成人教育司

全国职业教育与成人教育教学用书行业规划教材

新编 中文版 Illustrator CS4 标准教程

策划／WISBOOK 海洋智慧图书
编著／张丕军　杨顺花

光盘内容
立体演示 28 个典型范例制作的全过程教学视频文件、练习素材和重点实例制作流程图。

海洋出版社

北京

内 容 简 介

本书是专为想在短期内通过课堂教学或自学快速掌握中文版 Illustrator CS4 的使用方法和技巧而编写的标准教程。作者从自学与教学的实用性、易用性出发，用典型的实例边讲解边操作，并配备设计流程图详细生动地展示了 Illustrator CS4 的强大功能。

本书内容：全书由 11 章构成，通过精心设计的丰富典型实例和课堂实训的实际制作，形象直观地介绍了中文版 Illustrator CS4 基本工具的具体应用。详细讲解了图形的选择，包括选择工具与选择命令的应用；基础绘图与绘画，包括路径的概念、路径的绘制，以及使用绘画工具绘图；文本处理，包括创建文本、区域与路径文字，创建轮廓与变形文字；图形填色及艺术效果处理，包括各种画笔与符号的应用；编辑图形，包括复制对象、修剪图形；管理图形，包括排列、对齐与分布对象；图表的制作；各种效果的应用；设计与创作精彩的综合实例，包括制作立体空间字、制作变形艺术字、制作苹果按钮、制作福字灯笼、绘制蔬菜、空调标签设计、商场宣传画设计、招贴画设计等。

本书特点：1. 基础知识讲解与范例操作紧密结合贯穿全书，边讲解边操练，学习轻松、上手容易；2. 提供重点实例设计流程图纸和设计思路，激发读者动手欲望，注重学生动手能力和实际应用能力的培养；3. 实例典型，任务明确，活学活用；4. 每章后都配有练习题和实践要求，利于巩固所学知识和创新。

光盘内容：立体演示 28 个典型范例制作的全过程教学视频文件、练习素材和重点实例制作流程图纸。

适用范围：全国职业院校平面设计专业课优秀教材，社会平面设计培训班教材；从事平面设计的广大初、中级人员实用的自学指导书。

图书在版编目（CIP）数据

新编中文版 Illustrator CS4 标准教程/张丕军，杨顺花编著. —北京：海洋出版社，2009.6（2014.4 重印）

ISBN 978-7-5027-7475-2

Ⅰ. 新… Ⅱ. ①张…②杨… Ⅲ. 图形软件，Illustrator CS4—教材 Ⅳ. TP 391.41

中国版本图书馆 CIP 数据核字（2009）第 071978 号

总 策 划：WISBOOK	发 行 部：（010）62174379（传真）（010）62132549
责任编辑：刘 斌	（010）68038093（邮购）（010）62100077
责任校对：肖新民	技术支持：（010）62100055
责任印制：赵麟苏	网 址：www.oceanpress.com.cn
光盘制作：刘 斌	承 印：北京旺都印务有限公司
光盘测试：刘 斌	版 次：2014 年 4 月第 1 版第 3 次印刷
排 版：海洋计算机图书输出中心 晓阳	开 本：787mm×1092mm 1/16
出版发行：海洋出版社	印 张：18.75
地 址：北京市海淀区大慧寺路 8 号（716 房间）	字 数：487 千字
100081	印 数：7001～9000 册
经 销：新华书店	定 价：28.00 元（含 1CD）

本书如有印、装质量问题可与发行部调换

"十二五"全国计算机职业资格认证培训教材

编 委 会

主 任 杨绥华

编 委 （排名不分先后）

韩立凡　孙振业　左喜林　韩　联　韩中孝

邹华跃　刘　斌　赵　武　吕允英　张鹤凌

张曌嫘　钱晓彬　李　勤　姜大鹏

丛书序言

  计算机技术是推动人类社会快速发展的核心技术之一。在信息爆炸的今天，计算机、因特网、平面设计、三维动画等技术强烈地影响并改变着人们的工作、学习、生活、生产、活动和思维方式。利用计算机、网络等信息技术提高工作、学习和生活质量已成为普通人的基本需求。政府部门、教育机构、企事业、银行、保险、医疗系统、制造业等单位和部门，无一不在要求员工学习和掌握计算机的核心技术和操作技能。据国家有关部门的最新调查表明，我国劳动力市场严重短缺计算机技能型技术人才，而网络管理、软件开发、多媒体开发人才尤为紧缺。培训人才的核心手段之一是教材。

  为了满足我国劳动力市场对计算机技能型紧缺人才的需求，让读者在较短的时间内快速掌握最新、最流行的计算机技术的操作技能，提高自身的竞争能力，创造新的就业机会，我社精心组织了一批长期在一线进行电脑培训的教育专家、学者，结合培训班授课和讲座的需要，编著了这套为高等职业院校和广大的社会培训班量身定制的《"十一五"国家计算机技能型紧缺人才培养培训教材》。

一、本系列教材的特点

1. 实践与经验的总结——拿来就用

  本系列书的作者具有丰富的一线实践经验和教学经验，书中的经验和范例实用性和操作性强，拿来就用。

2. 丰富的范例与软件功能紧密结合——边学边用

  本系列书从教学与自学的角度出发，"授人以渔"，丰富而实用的范例与软件功能的使用紧密结合，讲解生动，大大激发读者的学习兴趣。

3. 由浅入深、循序渐进、系统、全面——为培训班量身定制

  本系列教材重点在"快速掌握软件的操作技能"、"实际应用"，边讲边练、讲练结合，内容系统、全面，由浅入深、循序渐进，图文并茂，重点突出，目标明确，章节结构清晰、合理，每章既有重点思考和答题，又有相应上机操练，巩固成果，活学活用。

4. 反映了最流行、热门的新技术——与时代同步

  本系列教材在策划和编著时，注重教授最新版本软件的使用方法和技巧，注重满足应用面最广、需求量最大的读者群的普遍需求，与时代同步。

5. 配套光盘——考虑周到、方便、好用

  本系列书在出版时尽量考虑到读者在使用时的方便，书中范例用到的素材或者模型都附在配套书的光盘内，有些光盘还赠送一些小工具或者素材，考虑周到、体贴。

二、本系列教材的内容

1. 新编中文版 CorelDRAW 12 标准教程（含 1CD）
2. 新编中文版 Premiere Pro 1.5 标准教程（含 2CD）
3. 新编中文版 AutoCAD 2006 标准教程（含 1CD）
4. 新编中文 3ds Max 9 标准教程（含 1CD）
5. 新编中文 After Effects 7.0 标准教程（含 1CD）

6. 新编中文版 Illustrator CS4 标准教程（含 1CD）
7. 新编中文版 Indesign CS3 标准教程（含 1CD）
8. 新编中文版 Dreamweaver CS4 标准教程（含 1CD）
9. 新编中文版 CorelDRAW X4 标准教程（含 1CD）
10. 新编中文版 Flash CS4 标准教程（含 1CD）
11. 新编中文版 Photoshop CS4 标准教程（含 1CD）
12. 新编中文版 AutoCAD 2010 标准教程（含 1CD）
13. 新编中文版 After Effects CS5 标准教程（含 1CD）
14. 新编中文版 AutoCAD 2012 标准教程（含 1CD）
15. 新编中文版 3ds Max 2012 标准教程含（含 1CD）
16. 新编中文版 Premiere Pro CS5 标准教程（含 1CD）
17. 新编中文版 Windows 7 标准教程（含 1CD）

三、读者定位

　　本系列教材既是全国高等职业院校计算机专业首选教材，又是社会相关领域初中级电脑培训班的最佳教材，同时也可供广大的初级用户实用自学指导书。

　　海洋出版社强力启动计算机图书出版工程！倾情打造社会计算机技能型紧缺人才职业培训系列教材、品牌电脑图书和社会电脑热门技术培训教材。读者至上，卓越的品质和信誉是我们的座右铭。热诚欢迎天下各路电脑高手与我们共创灿烂美好的明天，蓝色的海洋是实现您梦想的最理想殿堂！

　　希望本系列书对我国紧缺的计算机技能型人才市场和普及、推广我国的计算机技术的应用贡献一份力量。衷心感谢为本系列书出谋划策、辛勤工作的朋友们！

教材编写委员会

前　言

Adobe 公司推出的 Illustrator 软件集矢量图形绘制、文字处理、印刷排版和图形高质量输出于一体，是现在应用最为广泛的一种平面设计软件，它被极为广泛地应用于广告设计、CI策划、多媒体制作等方面。它亲切的操作界面以及强大的功能使得几乎每一位从事出版印刷的设计者、平面设计师、专业的广告创意家等都要对其进行了解和学习。在 Adobe Creative Suite 套装中，Illustrator 的应用广泛程度仅次于 Photoshop。通常在使用 InDesign 进行排版，或者使用 After Effects 和 Flash 进行动画设计之前，都会使用 Illustrator 对艺术作品进行创作。

无论是一个新手还是插画专家，Adobe Illustrator 都能提供所需的工具，从而获得专业质量结果。无论是生产印刷出版线稿的设计者或是专业插画家、制作多媒体图像的艺术家，还是万维网页或在线内容的制作者，都将发现 Adobe Illustrator 不仅仅是一个艺术产品工具。该软件为制作线稿（作品）时提供无与伦比的精度和控制，适合制作任何小型设计到大型的复杂项目。

Adobe 最新发布的 Illustrator CS4 软件是一个完善的矢量图形环境，通过渐变和多个画板中全新的透明度可以探索更有效的设计途径。

本书根据作者多年的作品设计与软件培训经验，通过大量在实际工作中遇到的案例系统地介绍了 Illustrator CS4 软件的使用方法和技巧，具有较强的实用性和参考价值。

全书共分为 11 章，内容简介如下：

第 1 章主要介绍 Illustrator CS4 的基础知识。包括 Illustrator CS4 的新增功能、工作区的基础知识、文件的基本操作和概念。

第 2 章主要介绍 Illustrator CS4 的图形选择。包括所有的选择工具和选择命令。

第 3 章主要介绍 Illustrator CS4 的辅助功能。包括用于查看图形的缩放工具、缩放命令、手形工具、导航器面板、切换屏幕显示模式，用于精确绘图的参考线、标尺与网格，用于填充颜色的吸管工具、实时上色工具，以及在多个窗口中进行编辑等。

第 4 章主要介绍 Illustrator CS4 的基础绘图与绘画。包括路径的概念、路径的绘制、调整路径，以及用基本绘图与绘画工具进行绘图、绘画与描图。

第 5 章主要介绍 Illustrator CS4 的文本处理。包括使用文字工具创建点文字与段落文本、字符与段落格式化、创建区域与路径文字、查找与替换文字、改变大小写、创建轮廓与变形文字等。

第 6 章主要介绍 Illustrator CS4 的图形填色及艺术效果处理。包括使用画笔与符号、创建画笔与符号、使用符号工具与画笔工具、应用渐变色与渐变网格填充对象、混合对象等。

第 7 章主要介绍 Illustrator CS4 的编辑图形。包括编辑图形工具、复制对象、修剪图形等。

第 8 章主要介绍 Illustrator CS4 的管理图形。包括排列对象、对齐与分布对象、编组、图层等。

第 9 章主要介绍 Illustrator CS4 的图表制作。包括使用图表工具创建图表、添加与修改图表数据、修改图表类型、格式化图表等。

第 10 章主要介绍 Illustrator CS4 的效果。包括效果菜单中命令的作用、置入与导出图形、置入位图、改变文件颜色模式、应用效果处理位图图像与矢量图形。

第 11 章主要介绍如何使用 Illustrator CS4 的功能来设计与创作精彩的综合实例。包括制作立体空间字、变形艺术字、苹果按钮、制作福字灯笼、绘制蔬菜、空调标签设计、商场宣传画、招贴画等。

本书突出理论与实践相结合，内容全面、语言流畅、结构清晰、实例精彩、操作性和针对性都比较强，从软件基础入手，然后利用丰富而精彩实例来讲解如何应用 Illustrator CS4 进行设计与创作。其中大部分内容在培训班上使用过，能学以致用。对于初学者来说是一本图文并茂、通俗易懂、细致全面的学习操作手册；而对于已经熟练使用 Illustrator CS4 者和电脑图形制作、设计和创作专业人士来说，本书则是一本最佳的参考资料。同时也可作为高等院校及社会各类电脑培训班的教材。

编　者

目 录

第1章 Illustrator CS4 基础知识 1
1.1 Illustrator 简介 1
1.2 启动程序 1
1.3 Illustrator CS4 的新增功能 3
1.4 Illustrator CS4 工作区基础知识 5
- 1.4.1 工作区概述 6
- 1.4.2 屏幕模式 7
- 1.4.3 菜单栏 7
- 1.4.4 状态栏 7
- 1.4.5 工具箱 8
- 1.4.6 文档窗口 10
- 1.4.7 控制面板 10

1.5 文件的基本操作 17
- 1.5.1 新建文件 17
- 1.5.2 存储文件 19
- 1.5.3 关闭文件 20
- 1.5.4 打开文件 20
- 1.5.5 退出程序 21

1.6 Illustrator CS4 中的基本概念 21
- 1.6.1 矢量图形和位图图像 21
- 1.6.2 位图图像的分辨率 21

1.7 本章小结 23
1.8 本章习题 23

第2章 图形的选择 24
2.1 选择工具 24
- 2.1.1 选择对象与【控制】选项栏 24
- 2.1.2 移动选择对象 29
- 2.1.3 复制对象 30
- 2.1.4 调整对象 30

2.2 直接选择工具 31
- 2.2.1 选择节点 31
- 2.2.2 移动节点 32
- 2.2.3 删除节点或线段 32
- 2.2.4 修改图形形状 33

2.3 编组选择工具 35
- 2.3.1 创建组 35
- 2.3.2 使用编组选择工具 36

2.4 魔棒工具 37
2.5 套索工具 37
2.6 使用菜单命令选择对象 38
- 2.6.1 选择和取消选择 38
- 2.6.2 选择相同属性的对象 39
- 2.6.3 存储所选对象 40

2.7 本章小结 40
2.8 本章习题 40

第3章 Illustrator 的辅助功能 42
3.1 查看图形 42
- 3.1.1 缩放工具 42
- 3.1.2 缩放命令 43
- 3.1.3 抓手工具 44
- 3.1.4 【导航器】面板 45
- 3.1.5 切换屏幕显示模式 45

3.2 如何使用参考线、标尺与网格 47
- 3.2.1 参考线与标尺 47
- 3.2.2 网格 50
- 3.2.3 度量工具 51

3.3 在对象之间拷贝属性 51
- 3.3.1 吸管工具 51
- 3.3.2 实时上色工具 52

3.4 创建新窗口 53
3.5 本章小结 55
3.6 本章习题 55

第4章 基础绘图与绘画 56
4.1 关于路径 56
4.2 用钢笔工具绘制路径 56
- 4.2.1 用钢笔工具绘制曲线 57
- 4.2.2 用钢笔工具绘制直线 57
- 4.2.3 用钢笔工具勾画轮廓 57

4.3 用铅笔工具绘制路径 58
- 4.3.1 绘制开放式路径 59
- 4.3.2 更改曲线（路径）形状 59

4.3.3　用铅笔工具绘制一棵树 60
4.4　绘制简单线条与形状 66
　　4.4.1　绘制直线 66
　　4.4.2　绘制弧线和弧形 68
　　4.4.3　绘制螺旋形 69
　　4.4.4　绘制网格 69
　　4.4.5　绘制矩形和椭圆形 72
　　4.4.6　绘制多边形 74
　　4.4.7　绘制星形 75
4.5　斑点画笔工具 76
4.6　调整路径 78
　　4.6.1　调整路径工具 79
　　4.6.2　平滑工具 80
　　4.6.3　路径橡皮擦工具 80
　　4.6.4　改变形状工具 81
　　4.6.5　分割路径 82
　　4.6.6　连接端点 83
　　4.6.7　简化路径 84
　　4.6.8　平均锚点 85
4.7　描图 86
　　4.7.1　实时描摹 86
　　4.7.2　创建模板图层 92
4.8　本章小结 93
4.9　本章习题 93

第5章　文本处理

5.1　使用文字工具 94
　　5.1.1　创建点文字 94
　　5.1.2　修改文字 95
　　5.1.3　创建段落文本 95
5.2　字符格式化 96
　　5.2.1　选择文字 96
　　5.2.2　设置字体 97
　　5.2.3　设置字体大小 97
　　5.2.4　设置字符间距 98
　　5.2.5　设置文本颜色 98
　　5.2.6　添加文字效果 99
5.3　段落格式化 99
　　5.3.1　设置首行缩进 100
　　5.3.2　设置段前间距 100
　　5.3.3　文本对齐 101

5.4　直排文字工具 101
5.5　创建区域文字 104
　　5.5.1　区域文字工具 104
　　5.5.2　直排区域文字工具 105
5.6　创建路径文字 106
　　5.6.1　在开放式路径上创建文字 106
　　5.6.2　在封闭式路径上创建文字 106
5.7　查找和替换 108
5.8　更改大小写 109
5.9　创建轮廓 110
5.10　变形文字 117
5.11　本章小结 118
5.12　本章习题 118

第6章　图形填色及艺术效果处理

6.1　使用画笔 119
　　6.1.1　关于画笔类型 119
　　6.1.2　使用【画笔】面板和画笔
　　　　　库 120
　　6.1.3　使用画笔工具绘制画笔路
　　　　　径 122
　　6.1.4　应用画笔到现有的路径 123
　　6.1.5　替换路径上的画笔 124
　　6.1.6　从路径上移除画笔 125
　　6.1.7　将画笔描边转换成为外框 125
6.2　创建和编辑画笔 126
　　6.2.1　创建书法画笔 126
　　6.2.2　创建散点画笔 127
　　6.2.3　创建艺术画笔 129
　　6.2.4　创建图案画笔 130
　　6.2.5　复制与修改画笔 131
6.3　使用符号 132
　　6.3.1　【符号】面板与符号库 132
　　6.3.2　创建符号 136
6.4　符号工具的应用 136
　　6.4.1　符号喷枪工具 136
　　6.4.2　符号移位器工具 138
　　6.4.3　符号缩紧器工具 138
　　6.4.4　符号缩放器工具 139
　　6.4.5　符号旋转器工具 139
　　6.4.6　符号着色器工具 140

	6.4.7	符号滤色器工具 140
	6.4.8	符号样式器工具 140
6.5	绘制光晕对象 141
6.6	应用渐变色与渐变网格 143
	6.6.1	应用渐变工具与【渐变】
		面板 143
	6.6.2	为玩具飞机上色 145
6.7	混合对象 153
	6.7.1	关于混合 153
	6.7.2	创建混合 154
	6.7.3	编辑混合对象 156
	6.7.4	释放混合 157
6.8	本章小结 157
6.9	本章习题 157

第 7 章　编辑图形 158
7.1	编辑图形工具 158
	7.1.1	旋转工具 158
	7.1.2	镜像工具 161
	7.1.3	比例缩放工具 162
	7.1.4	倾斜工具 162
	7.1.5	液化变形工具 163
7.2	自由变换工具 169
7.3	剪切、复制和粘贴对象 171
7.4	清除对象 172
7.5	修剪图形 172
	7.5.1	焊接对象 172
	7.5.2	修剪对象 173
	7.5.3	创建相交对象 175
	7.5.4	修剪重叠部分 175
	7.5.5	分割 177
	7.5.6	修边 178
	7.5.7	合并 179
	7.5.8	裁剪 180
	7.5.9	轮廓 181
	7.5.10	减去后方对象 181
7.6	本章小结 182
7.7	本章习题 182

第 8 章　管理图形 183
8.1	图层 183
	8.1.1	创建图层 183
	8.1.2	创建子图层 184
	8.1.3	在当前可用图层中绘制对
		象 184
	8.1.4	复制图层 184
	8.1.5	删除图层 185
	8.1.6	锁定/解锁图层 185
	8.1.7	显示/隐藏图层 186
	8.1.8	改变图层顺序 186
	8.1.9	创建蒙版 186
8.2	改变排列顺序 187
8.3	对齐与分布 188
	8.3.1	对齐对象 188
	8.3.2	平均分布对象 189
8.4	创建编组与取消编组 190
	8.4.1	创建编组 191
	8.4.2	取消编组 191
8.5	本章小结 191
8.6	本章习题 191

第 9 章　Illustrator CS4 图表制作 193
9.1	使用图表工具创建图表 193
	9.1.1	使用图表工具 194
	9.1.2	创建图表 194
9.2	添加与修改图表数据 196
9.3	修改图表类型 198
9.4	格式化图表 199
9.5	本章小结 200
9.6	本章习题 201

第 10 章　创建特殊效果 202
10.1	文件的置入与导出 202
	10.1.1	置入位图图像 202
	10.1.2	置入矢量图形 204
	10.1.3	导出图形文件 205
10.2	改变文件颜色模式 207
10.3	对矢量图进行效果处理 207
	10.3.1	使用风格化命令 207
	10.3.2	文档栅格效果设置 209
	10.3.3	路径 210
	10.3.4	扭曲和变换 210
	10.3.5	变形文字 211
	10.3.6	制作陶瓷碗 212

10.3.7	转换为形状 217	10.6	本章习题 235
10.4	对位图进行效果处理与效果概述 218	**第 11 章**	**综合实例** 236
10.4.1	效果画廊与外观面板 218	11.1	实例 1 制作立体空间字 236
10.4.2	像素化 221	11.2	实例 2 制作变形艺术字——春天的故事 238
10.4.3	模糊 222		
10.4.4	扭曲 222	11.3	实例 3 制作苹果按钮 243
10.4.5	锐化 224	11.4	实例 4 制作福字灯笼 248
10.4.6	素描 224	11.5	实例 5 绘制蔬菜 254
10.4.7	纹理 227	11.6	实例 6 空调标签设计 261
10.4.8	艺术效果 228	11.7	实例 7 商场宣传画 268
10.4.9	风格化 231	11.8	实例 8 制作招贴画 275
10.4.10	画笔描边 232	**习题参考答案** 285	
10.5	本章小结 235		

第 1 章 Illustrator CS4 基础知识

教学目标

了解和掌握 Illustrator CS4 文件的操作方法，工作环境和常用术语、概念。

教学重点与难点

- ➢ 启动程序
- ➢ Illustrator CS4 的工作环境
- ➢ 文件的操作
- ➢ Illustrator CS4 中的基本概念

1.1 Illustrator 简介

Illustrator 是 Adobe 公司出品的重量级矢量绘图软件，是出版、多媒体和网络图像的工业标准插画软件，功能非常强大。在 Adobe Creative Suite 套装中，Illustrator 的应用广泛程度仅次于 Photoshop。通常在使用 InDesign 进行排版，或者使用 After Effects 和 Flash 进行动画设计之前，都会使用 Illustrator 对艺术作品进行创作。

无论是一个新手还是插画专家，Adobe Illustrator 都能提供所需的工具，从而获得专业质量结果。Adobe Illustrator 不仅仅是一个艺术产品工具，该软件为制作图稿（作品）时提供无与伦比的精度和控制，适合制作任何小型设计到大型的复杂项目。

1.2 启动程序

在成功的安装了 Illustrator CS4 软件后，在 Windows 2000、Windows XP 等操作系统的【所有程序】菜单中会自动生成 Illustrator CS4 的子程序。在屏幕的左下角单击【开始】→【所有程序】→【Adobe Illustrator CS4】程序，如图 1-1 所示，便可启动 Illustrator CS4 软件。

启动了 Illustrator CS4 程序后，会出现一个欢迎对话框，如图 1-2 所示，在其中选择所需的选项单击，即可进入到相关的文件，也可以在其中单击【"打印"文档】图标，弹出如图 1-3 所示的【新建文档】对话框，可以根据需要在其中设置所需的参数，设置好后单击【确定】按钮，即可在 Illustrator CS4 程序中新建一个文档，如图 1-4 所示。

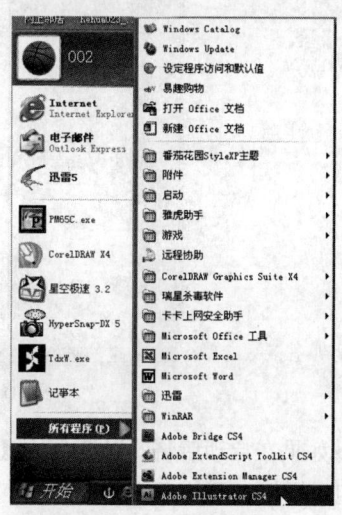

图 1-1 启动程序

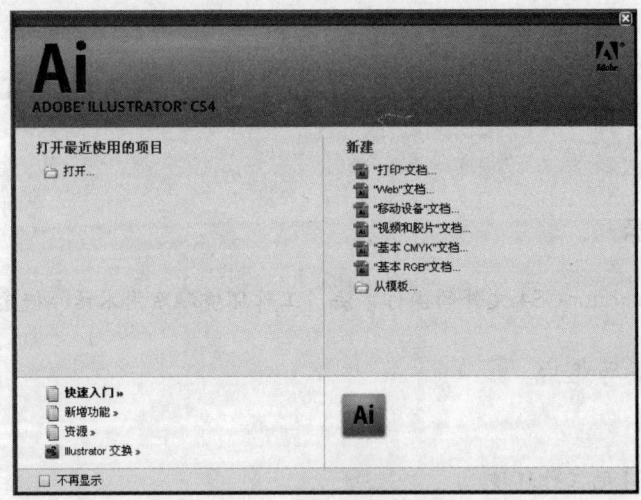

图 1-2 欢迎对话框

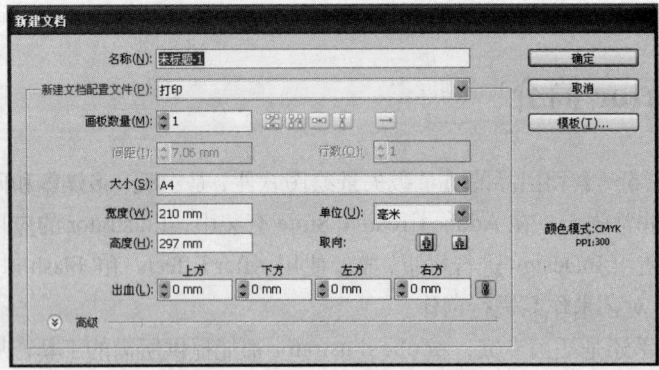

图 1-3 【新建文档】对话框

图 1-4 Illustrator CS4 程序窗口

如果在启动后将对话框中的【不再显示】选项取消勾选，以后在启动时，就不会出现这个欢迎对话框，而是直接进入到程序窗口中，并且没有文档窗口，如图 1-5 所示。这样，就需要执行【打开】或【新建】命令来打开或新建文档了。

图 1-5　Illustrator CS4 程序窗口

1.3　Illustrator CS4 的新增功能

使用基本的矢量工具探索新途径，Adobe Illustrator CS4 软件是一个完善的矢量图形环境，通过渐变和多个画板中全新的透明度使用户探索更有效的设计途径。

Illustrator CS4 主要新增了 8 种新功能，分别介绍如下：

1. 多个画板新增功能

创建包含最多 100 个、大小各异的画板的文件，并按任意方式显示它们——重叠、并排或堆叠。可以单独或一起存储、导出和打印画板。也可以将选定范围或所有画板存储在一个多页 PDF 文件中，如图 1-6 所示。

图 1-6　多个画板

2. 渐变透明效果新增功能

定义渐变中个别色标的不透明度，可以显示底层对象和图像，如图 1-7 所示。使用多图层、挖空和掩盖渐隐创建丰富的颜色和纹理混合。

3. 显示渐变新增功能

在对象上可随时编辑渐变角度、位置和椭圆尺寸，以达到调整渐变颜色的目的，如图1-8所示。

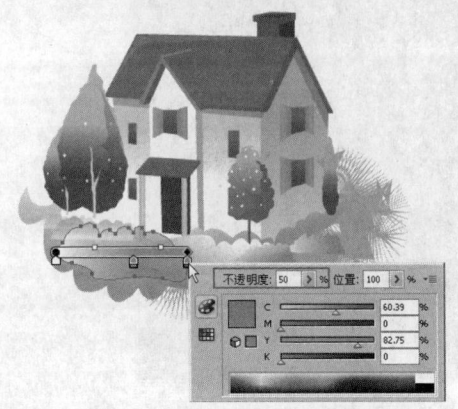

图1-7　设置色标的不透明度　　　　　图1-8　调整渐变颜色

4. 斑点画笔工具新增功能

用斑点画笔工具可以直接在画板中手动（自然）绘画，如图1-9所示。用斑点画笔工具可以绘制出一个清晰的矢量形状，不管多少次用相同的颜色重叠绘制，它所产生的对象都只有一个。还可以将斑点画笔工具与橡皮擦及平滑工具结合使用，实现自然绘画。

5. 面板内外观编辑新增功能

在【外观】面板中可以直接编辑对象属性，无需打开【填色】、【描边】或【效果】面板，如图1-10所示。可以使用共享属性和控制显示加快渲染。

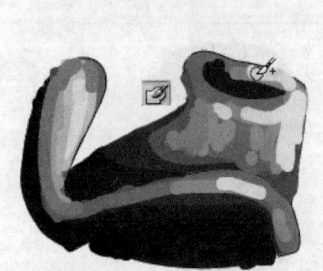

图1-9　用斑点画笔工具绘制的图形　　　　图1-10　使用【外观】面板编辑对象

6. 改进的图形样式增强功能

结合不同样式以实现独特效果并提高效率，在不影响对象现有外观的情况下应用样式，如图1-11所示。使用全新的缩览图预览以及扩大的预建样式库。

7. 剪切蒙版的增强功能

通过在编辑中只查看对象的剪切区域，更轻松地使用蒙版，如图1-12所示。充分利用隔离模式，并使用编辑剪切路径进一步加强控制。

图 1-11　应用图形样式

图 1-12　创建与编辑蒙版

8. 分色预览新增功能

防止出现颜色输出意外，如文本和置入文件中的意外专色、多余叠印、未叠印的叠印、白色叠印以及 CMYK 黑色，如图 1-13 所示。

图 1-13　分色预览

1.4　Illustrator CS4 工作区基础知识

Illustrator CS4 提供了高效的工作区和用户界面，以便为打印、Web 和移动设备创建和编辑图稿。

1.4.1 工作区概述

可以使用各种元素（如工具箱、控制面板、栏以及窗口）来创建和处理文档（即：文件）。这些元素的任何排列方式称为工作区。Adobe Creative Suite 4 中的不同应用程序的工作区拥有相同的外观，因此可以方便地在应用程序之间切换。也可以通过从多个预设工作区中进行选择或创建自己的工作区来调整各个应用程序，以适合所需的工作方式，如图1-14所示。下面我们将介绍默认工作区：

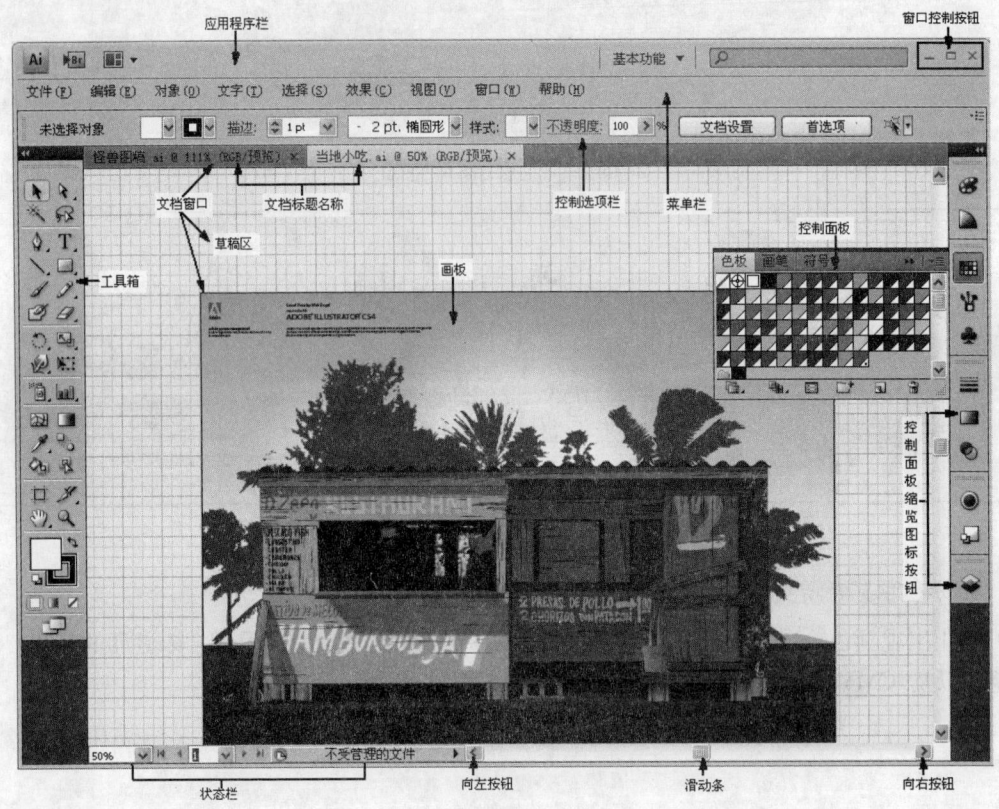

图1-14　程序窗口

Illustrator CS4的工作区是创建、编辑、处理图形、图像的操作平台，它由应用程序栏、菜单栏、工具箱、【控制】选项栏、控制面板、草稿区、画板、状态栏、最小化按钮、还原按钮、最大化按钮、关闭按钮等组成，如图1-14所示。

- ▬（最小化）按钮：单击它可以将窗口最小化并把它存放到任务栏（默认状态下，它在屏幕的底部）中。
- □（最大化）按钮：单击它可以将窗口最大化即占满整个屏幕。
- ✕（关闭）按钮：单击它可以将窗口或面板或对话框关闭。
- ❐（还原）按钮：单击它可以将窗口还原，这时可以在边框上按下鼠标左键呈双向箭头时可拖动，来改变窗口的大小。

 可以按Tab键来隐藏或显示所有控制面板、工具箱与【控制】选项栏；按Shift+Tab键可以隐藏或显示所有控制面板。如果要打开不在程序窗口中显示的控制面板，只需在【窗口】下拉菜单中直接选择所需的命令即可。

1.4.2 屏幕模式

可以在工具箱的底部单击 ▣ 按钮或按 F 键来更改程序窗口屏幕的显示方式。如果要在全屏模式下访问工具箱与控制面板，可以将光标放在屏幕的左边缘或右边缘，此时将弹出工具箱或控制面板。如果已将这些工具箱与控制面板从默认位置移到其他位置，则可以从【窗口】菜单来打开它们。

可以选择以下模式之一：

（1）▣ 正常屏幕模式：在标准窗口中显示图稿，菜单栏位于窗口顶部，滚动条位于两侧。

（2）▣ 带菜单栏的全屏模式：在全屏窗口中显示图稿，在顶部显示应用程序栏、标题栏与无滚动条。

（3）▣ 全屏模式：在全屏窗口中显示图稿，不带应用程序栏、标题栏、菜单栏或滚动条。

1.4.3 菜单栏

菜单栏中提供了 Illustrator CS4 的主要功能，包括文件、编辑、对象、文字、选择、效果、视图、窗口和帮助 9 个菜单，如图 1-15 所示。

图 1-15 菜单栏

当使用某个命令时，只需将鼠标移到菜单名（如"文件"）上单击，即可弹出下拉菜单，如图 1-16 所示，其中包含了这个菜单中的所有命令，用户可以在这个菜单中用鼠标或键盘来选择要使用的命令，选择好后单击所选命令或按 Enter 键，即可执行所选命令。

如果该菜单中有某项在当前状态下不能使用，则会呈现暗灰色；有的菜单还有子菜单，这时它的后面会有一个小三角形符号；如果在它后面有省略号，那么单击该菜单命令将会打开（也称："弹出"）一个对话框；有些菜单命令有快捷键，那么它会在其后面用英文字母进行标示，从而使用户可以直接按快捷键来执行该菜单命令，而不用再去一一打开菜单，从而提高了工作效率。比如按 Ctrl+O 键即可直接执行【打开】命令。

除了从菜单栏中执行命令之外，Illustrator 也提供了另一类菜单，即快捷菜单。在操作界面中的任何地方单击鼠标右键（简称："右击"）都可打开快捷菜单，但是快捷菜单根据右击位置和编辑状态的不同而有所差异。

图 1-16 【文件】菜单

1.4.4 状态栏

状态栏显示在文档窗口（即：插图窗口）的左下边缘，如图 1-17 所示。它会显示以下任意内容：

（1）当前缩放级别

（2）当前正在使用的工具

(3) 当前正在使用的画板
(4) 用于多个画板的导航控件
(5) 日期和时间
(6) 可用的还原和重做次数
(7) 文档颜色配置文件
(8) 受管理文件的状态

图 1-17　状态栏

单击状态栏会弹出一个菜单栏，用户可以在其中选择任一命令：
(1) 选择【显示】子菜单中的命令，可更改状态栏中所显示信息的类型。
(2) 选择"在 Bridge 中显示"，可在 Adobe Bridge 中显示当前文件。

1.4.5　工具箱

开启 Illustrator CS4 程序后，默认情况下工具箱自动排放到屏幕的左边。利用工具箱中的各种工具就可以在 Illustrator CS4 中创建、选择和操作对象。

工具箱如图 1-18 所示，用户可以拖动工具箱到屏幕的任何一个地方，也可以显示或隐藏工具箱（操作方法：在菜单中执行【窗口】→【工具】命令）。每一个图标都表示一种工具。当鼠标指针移动到图标上时，略微停留一会儿，就会在鼠标指针处出现该工具的名称，名称旁边的英文字母表示选取这个工具的快捷键。工具箱由横线分为 9 个部分。

在工具箱中有隐藏的工具，它们隐藏在右下角有小三角形的工具中，可以点按住带有小三角形的工具，从而使它弹出一工具条，然后可以在其中点选所需的工具。

当有隐藏工具的工具条出现时，只需按住左键并拖移到工具条末尾小三角形按钮处（如图 1-19 所示）松开鼠标左键，即可将该工具条从工具箱中分离出来，如图 1-20 所示。如果要将一个已分离的工具条重新放回工具箱中，可以单击右上角的 ✕（关闭）按钮关闭工具条。

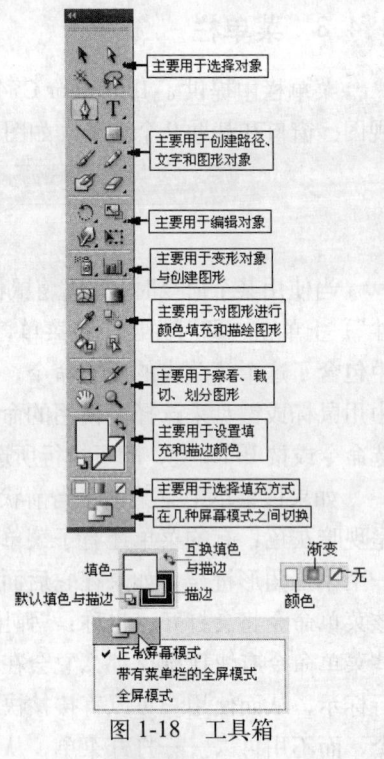

图 1-18　工具箱

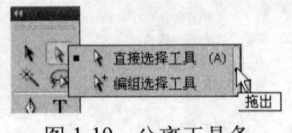

图 1-19　分离工具条　　　　　图 1-20　分离后的工具条

各工具的图标与名称如表 1-1 所示：

表 1-1　Illustrator CS4 各工具图标和名称对应表

图标	名　　称	图标	名　　称
▶	选择工具	▶	直接选择工具
▶	编组选择工具	✳	魔棒工具
⊘	套索工具	✎	钢笔工具

续表

图标	名　　称	图标	名　　称
	添加锚点工具		删除锚点工具
	转换锚点工具		文字工具
	区域文字工具		路径文字工具
	直排文字工具		直排区域文字工具
	直排路径文字工具		直线段工具
	弧形工具		螺旋线工具
	矩形网格工具		极坐标网格工具
	矩形工具		圆角矩形工具
	椭圆工具		多边形工具
	星形工具		光晕工具
	画笔工具		铅笔工具
	平滑工具		路径橡皮擦工具
	污点画笔工具		橡皮擦工具
	剪刀工具		美工刀工具
	旋转工具		镜像工具
	比例缩放工具		倾斜工具
	改变形状工具		变形工具
	旋转扭曲工具		缩拢工具
	膨胀工具		扇贝工具
	晶格化工具		皱褶工具
	自由变换工具		符号喷枪工具
	符号移位器工具		符号紧缩器工具
	符号缩放器工具		符号旋转器工具
	符号着色器工具		符号滤色器工具
	符号样式器工具		柱形图工具
	堆积柱形图工具		条形图工具
	堆积条形图工具		折线图工具
	面积图工具		散点图工具
	饼图工具		雷达图工具
	网格工具		渐变工具
	吸管工具		度量工具
	混合工具		实时上色工具
	实时上色选择工具		画板工具
	切片工具		切片选择工具
	抓手工具		打印拼贴工具
	缩放工具		

　　以上为工具箱中的所有工具，都可以用鼠标直接选取；并且其中大多数的工具还可以使用键盘直接选取，只需按下相对应的键，就可以选中各种工具，这样可以提高工作效率。工具与快捷键的对应表如表1-2所示。

表1-2　工具与快捷键对应表

工具	快捷键	工具	快捷键
选择工具	V	直接选择工具	A
魔棒工具	Y	套索工具	Q
钢笔工具	P	添加锚点工具	+
删除锚点工具	-	转换锚点工具	Shift+C
文字工具	T	直线段工具	\
矩形工具	M	画笔工具	B
铅笔工具	N	旋转工具	R
镜像工具	O	比例缩放工具	S
变形工具	Shift+R	自由变换工具	E
符号喷枪工具	Shift+S	柱形图工具	J
网格工具	U	渐变工具	G
吸管工具	I	实时上色工具	K
实时上色选择工具	Shift+L	裁剪区域工具	Shift+O
混合工具	W	切片工具	Shift+K
剪刀工具	C	抓手工具	H
缩放工具	Z	颜色	<
渐变	>	无	/
正常屏幕模式	F	带有菜单栏的全屏模式	F
全屏模式	F		

在使用快捷键时可以按Ctrl+空格键切换至英文输入法状态。

1.4.6 文档窗口

在Illustrator CS4中,可以打开多个文档进行编辑。如果要在多个文档之间进行切换,可以直接在文档标签栏中单击所需的文档,也可以在【窗口】菜单的底部选择所要编辑的图形文件名称。在文档窗口的标题栏上,除了图形的名称,还有缩放比例和色彩模式等信息。文档窗口,包括画板与草稿区。

1.4.7 控制面板

在Illustrator CS4中提供了20多个控制面板和一些预设的图形样式库、画笔库与符号库,这些控制面板已经灵活的以缩略图按钮的形式层叠在程序窗口的右边,用户可以将缩略图按钮拖动,以看到面板的名称,如图1-21所示;可以移动鼠标到要打开的控制面板上单击,即可打开该面板,如图1-22所示,再次单击则可以将其隐藏。

通常面板是浮动在图像的上面,而不会被图像所覆盖,而且常放在屏幕的右边,用户也可将它拖放到屏幕的任何位置上,只要将鼠标指向面板最上面的标题栏,并按下左键不放,将它拖到屏幕所需的位置后松开鼠标即可。

在控制面板中最主要的面板是图层、画笔、颜色、描边、渐变、透明度、色板、图形样式、符号、字符、段落、动作、链接、属性、导航器、信息、外观、变换、对齐、路径查找器、魔棒、文档信息等面板。

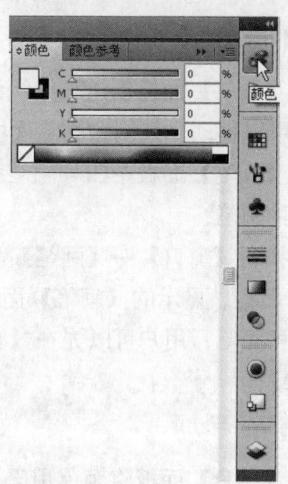

图 1-21 调整控制面板缩览图按钮大小　　　图 1-22 显示控制面板

1.【图层】面板

每个 Adobe Illustrator 文件至少包含一个图层。通过在图稿（文档）中创建多个图层可以容易地控制如何打印、组织、显示和编辑对象。

一旦创建了图层，就能够以不同的方式使用图层，比如复制、重排、合并这些图层，以及向图层上添加对象。甚至可以创建模板图层，以便描画对象。另外，还可以从 Photoshop 中导入图层。

下列规则影响了对象在图层中的显示：

（1）在每个图层中，对象是以它们的堆叠次序（也叫绘制次序）堆放的。

（2）同组的对象在同一图层中；如果将不同图层中的对象编在一组，那么所有对象将被放到该组中最前面的图层中，放在组中最前面的对象之后。

（3）当对不同图层的对象进行蒙版时，中间各层的对象将变为蒙版对象的一部分。

可以使用【图层】面板来创建和删除图层、合并图层、隐藏和锁定它们。所有新对象将放到当前可用图层上。按 Ctrl+O 键打开一个文档，如图 1-23 所示，其【图层】面板如图 1-24 所示，在菜单中执行【窗口】→【图层】命令或在右边的控制缩览按钮栏中单击 图标，可显示/隐藏【图层】面板。

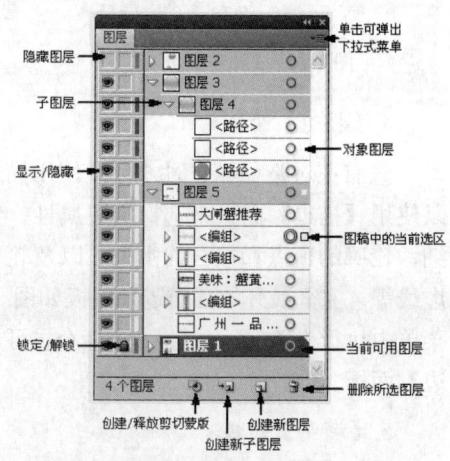

图 1-23 打开的图形　　　　　　图 1-24 【图层】面板

2.【画笔】面板

可以使用【画笔】面板创建和组织画笔。也可以使用【画笔】面板确定显示哪些画笔以及如何显示。也可以移动、复制和删除面板中的画笔。

可以创建【画笔】面板中四种画笔类型（包括：散点画笔、书法画笔、图案画笔、艺术画笔）中的每一种画笔。

在菜单中执行【窗口】→【画笔】命令或在右边的控制缩览按钮栏中单击 图标，可显示/隐藏【画笔】面板。显示的【画笔】面板如图 1-25 所示，在其中点选一种画笔，所选对象的描边就变为该种画笔；用户可以先在【画笔】面板中点选所需的画笔，然后在工具箱中点选 画笔工具进行绘图。

3.【颜色】面板

可以使用【颜色】面板将颜色用于对象的填色和描边，也可以编辑和混合颜色，既可创建颜色，也可以从【色板】面板、对象以及颜色库中选取颜色。在菜单中执行【窗口】→【颜色】命令或在右边的控制缩览按钮栏中单击 图标，可显示/隐藏【颜色】面板，如图 1-26 所示。

双击填色或描边都可弹出如图 1-27 所示的【拾色器】对话框，并在其中设置所需的颜色，设置好后单击【确定】按钮，完成颜色设置；也可以在下方的色条上吸取所需的颜色，单击 按钮可展开或折叠面板。

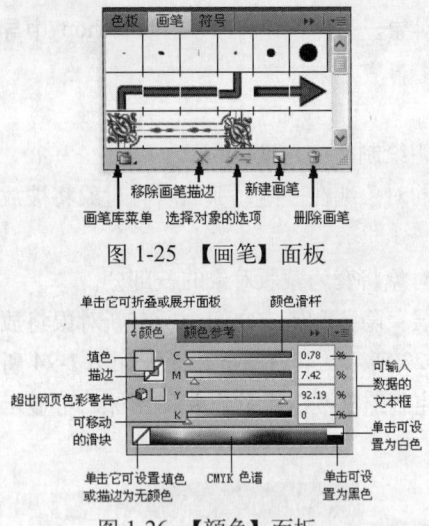

图 1-25 【画笔】面板

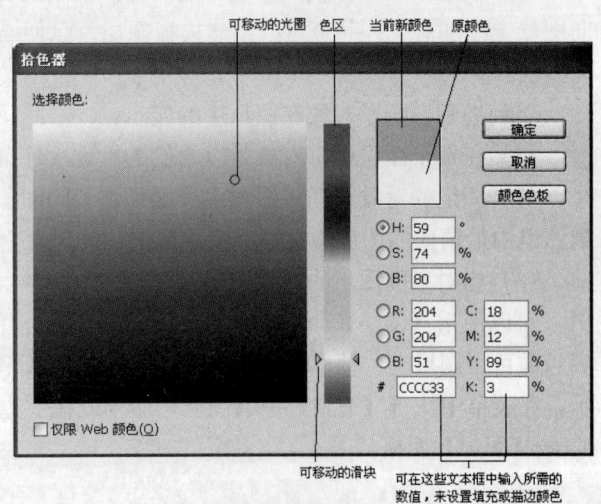

图 1-27 【拾色器】对话框

图 1-26 【颜色】面板

4.【描边】面板

只有在对路径描边时才可以使用描边的属性。可以使用【描边】面板来选择描边属性，它包括轮廓粗细，轮廓的顶点和接合的类型，以及轮廓是实线还是虚线等。完全展开的【描边】面板如图 1-28 所示，在菜单中执行【窗口】→【描边】命令，可显示/隐藏【描边】面板。

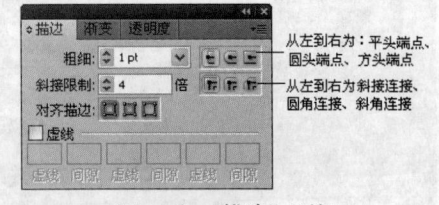

图 1-28 【描边】面板

5.【渐变】面板

"渐变填充"是一个在两种及多种颜色之间或同一种颜色的各种淡色之间逐渐变化的混合。

可以使用【渐变】面板，如图1-29所示，或结合【颜色】面板创建自己的渐变或者修改一个已经存在的渐变；如果【颜色】面板中没有所需的颜色，可以单击右上角的 按钮，并在弹出的菜单中点选所需的颜色模式，如图1-29所示。也可以使用【渐变】面板向渐变中加入中间颜色以便创建一个多重颜色混合定义的填充。在菜单中执行【窗口】→【渐变】命令，可显示/隐藏【渐变】面板。

6.【透明度】面板

使用【透明度】面板可以设置所需的混和模式、不透明度、反相蒙版、避免渐变模式的应用超过一组对象的底部等。在菜单中执行【窗口】→【透明度】命令，可显示/隐藏【透明度】面板，如图1-30所示。

7.【色板】面板

在菜单中执行【窗口】→【色板】命令，可显示/隐藏【色板】面板。显示的【色板】面板如图1-31所示，它包含了预先装载到 Adobe Illustrator 以及为了重复使用而创建和存储的颜色、渐变以及图案。使用【色板】面板可以对图形填充所需的颜色、渐变以及图案。

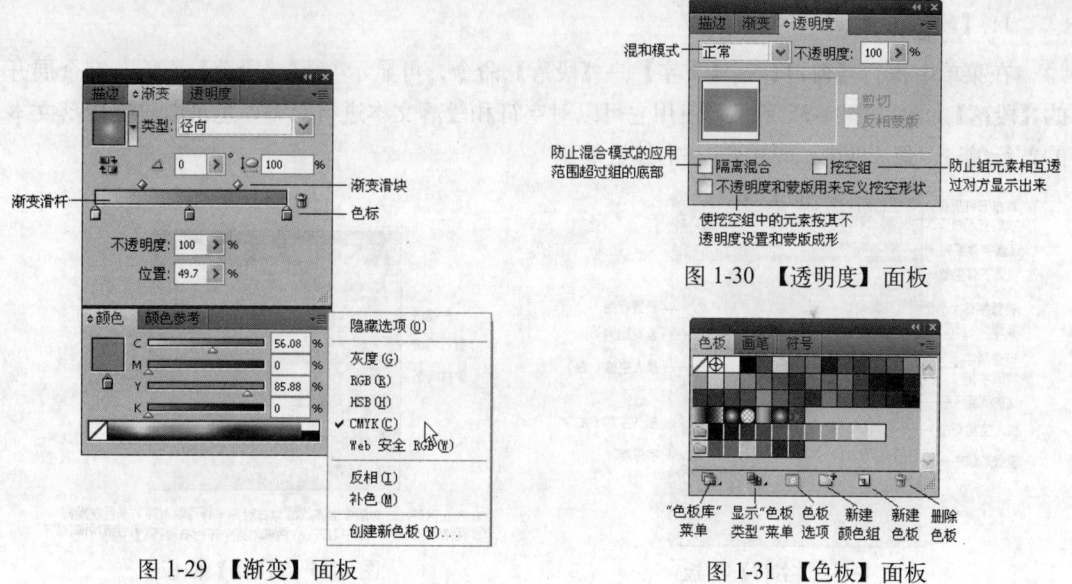

图1-29 【渐变】面板　　　　　图1-30 【透明度】面板　　　　　图1-31 【色板】面板

8.【图形样式】面板

在菜单中执行【窗口】→【图形样式】命令，可显示/隐藏【图形样式】面板。显示的【图形样式】面板如图1-32所示，利用它可以对图形对象进行所需的样式填充，也可以在文档中创建出所需的图形对象，然后单击【新建图形样式】按钮，将所创建的图形对象添加到【图形样式】面板。

9.【符号】面板

图1-33所示的为【符号】面板，可以在其中点选所需的符号，然后用符号喷枪工具在文档中喷洒出各种各样的符号实例和符号集合。也可以直接从【符号】面板中拖出符号到文档中。也可以单击 （置入符号实例）按钮，将符号实例应用到文档中，也可以使所选符号替换为其他符号。

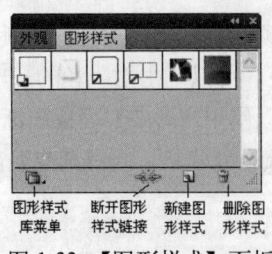

图 1-32 【图形样式】面板

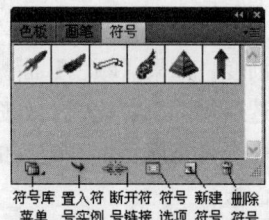

图 1-33 【符号】面板

用户也可以在文档中创建自定的图形,然后单击 (新建符号)按钮,将它存放到【符号】面板,以便以后多次和重复应用;也可以将不用的符号删除。在菜单中执行【窗口】→【符号】命令,可显示/隐藏【符号】面板。

10.【字符】面板

在菜单中执行【窗口】→【文字】→【字符】命令,可显示/隐藏【字符】面板。完全展开的【字符】面板如图 1-34 所示,使用它可设置文字的字体、字体大小、字符间距、行间距和字符缩放等。

11.【段落】面板

在菜单中执行【窗口】→【文字】→【段落】命令,可显示/隐藏【段落】面板。完全展开的【段落】面板如图 1-35 所示,使用它可以对字符和段落文本进行对齐,也可以设置段落文本的首行缩进、段前间距、左缩进和右缩进等。

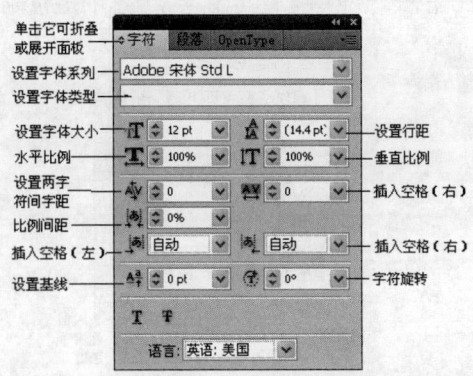

图 1-34 【字符】面板

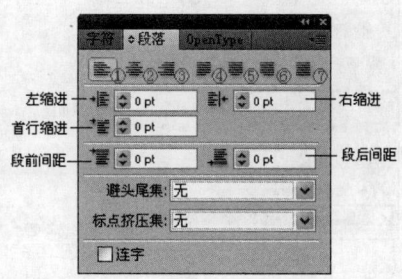

图 1-35 【段落】面板

12.【动作】面板

Adobe Illustrator CS4 允许通过一系列命令组成一个动作来实现自动化任务。在菜单中执行【窗口】→【动作】命令,可显示/隐藏【动作】面板。

Illustrator CS4 也提供了预先记录动作的功能,以便在图形对象和类型上创建特殊效果。在安装 Illustrator 应用程序时,这些预先记录的动作作为【动作】面板的默认设置进行安装,如图 1-36 所示,用户可以直接应用这些动作(只要单击 按钮即可)。也可以创建所需的动作。

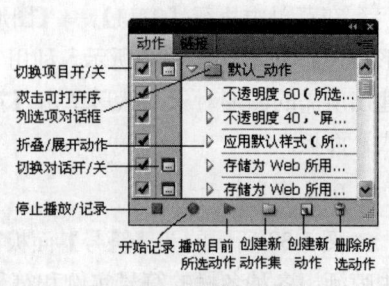

图 1-36 【动作】面板

13. 【链接】面板

所有链接的或嵌入的文件都在【链接】面板中列出。

通过【链接】面板，使用【嵌入图像】命令，可以将链接图像快速转换为嵌入图像。【链接】面板如图 1-37 所示，在菜单中执行【窗口】→【链接】命令，可显示/隐藏【链接】面板。

14. 【属性】面板

在菜单中执行【窗口】→【属性】命令，可显示/隐藏【属性】面板。完全展开的【属性】面板如图 1-38 所示，在【属性】面板中可创建图像映射，也可以点选所需的选项来绘制所需的图形对象。

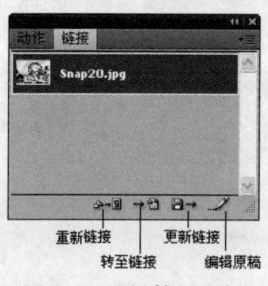

图 1-37 【链接】面板

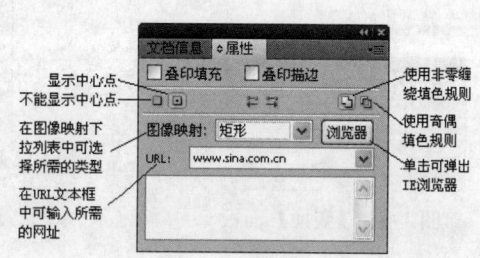

图 1-38 【属性】面板

15. 【导航器】面板

在菜单中执行【窗口】→【导航器】命令，可显示/隐藏【导航器】面板。完全展开的【导航器】面板如图 1-39 所示，利用它可以将文档窗口中的图形对象放大或缩小，也可以查看局部图形对象。

16. 【信息】面板

在菜单中执行【窗口】→【信息】命令，可显示/隐藏【信息】面板。完全展开的【信息】面板如图 1-40 所示，在其中可以查看到相关的信息。

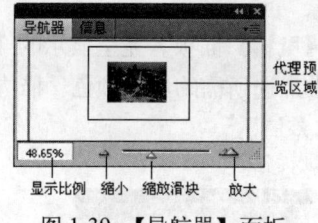

图 1-39 【导航器】面板

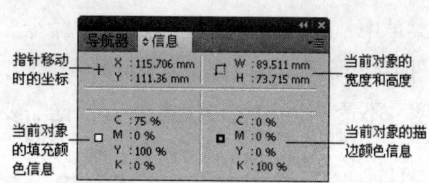

图 1-40 【信息】面板

17. 【外观】面板

在菜单中执行【窗口】→【外观】命令，可显示/隐藏【外观】面板。显示的【外观】面板如图 1-41 所示，使用【外观】面板可以直接编辑对象属性与添加或编辑效果，而无需再打开【填充】、【描边】或【效果】面板。

18. 【变换】面板

在菜单中执行【窗口】→【变换】命令，可显示/隐藏【变换】面板。显示的【变换】面板如图 1-42 所示，使用它可以

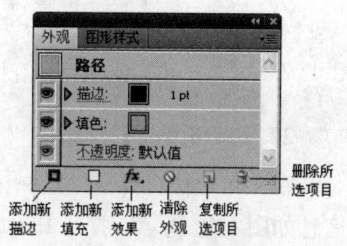

图 1-41 【外观】面板

对选取对象进行变换调整，即可移动对象的位置，调整对象的大小、将对象进行旋转和倾斜等。

这个面板中的所有值指的都是针对所选对象的定界框而言。此外，还可以使用【变换】面板菜单中的命令进行水平翻转、垂直翻转、按比例变换轮廓和效果、仅变换图案、仅变换对象和两者都变换等操作。

19.【对齐】面板

在菜单中执行【窗口】→【对齐】命令，可显示/隐藏【对齐】面板。显示的【对齐】面板如图 1-43 所示，使用它可以对被选多个对象进行排列、对齐、分布等操作。

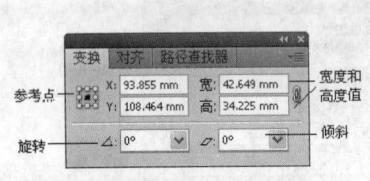

图 1-42 【变换】面板

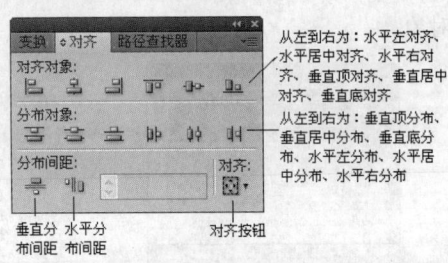

图 1-43 【对齐】面板

20.【路径查找器】面板

在菜单中执行【窗口】→【路径查找器】命令，可显示/隐藏【路径查找器】面板。显示的【路径查找器】面板如图 1-44 所示，使用其中的命令可以组合，分离和细分对象。这些命令可以建立由对象的交叉部分形成的新建对象。

大多数的路径查找器命令都可创建出复合路径。一个复合路径是由两条或更多路径构成的路径组，其中相互重叠的路径被显示为透明。

 对复杂的选择，比如说混合，应用路径查找器中的命令需要大量的 RAM（内存）。

21.【魔棒】面板

在菜单中执行【窗口】→【魔棒】命令，可显示/隐藏【魔棒】面板。完全显示的【魔棒】面板如图 1-45 所示，使用它并结合魔棒工具，可以在画面中点选所需的填充颜色、描边颜色、描边宽度、不透明度和混合模式。可根据需要设置所需的容差值。

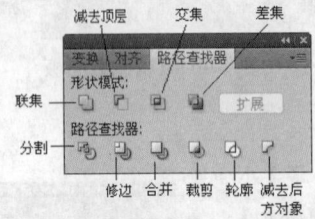

图 1-44 【路径查找器】面板

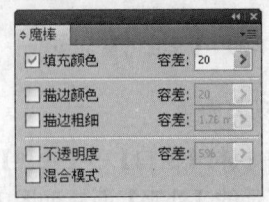

图 1-45 【魔棒】面板

22.【文档信息】面板

在菜单中执行【窗口】→【文档信息】命令，可显示/隐藏【文档信息】面板。新建文档的信息如图 1-46 所示，打开 Illustrator CS4 程序中一个范例文件的【文档信息】面板如图 1-47 所示，都可在其中查看该文件的相关信息。

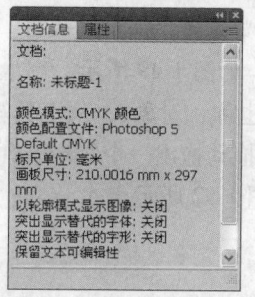
图 1-46 【文档信息】面板

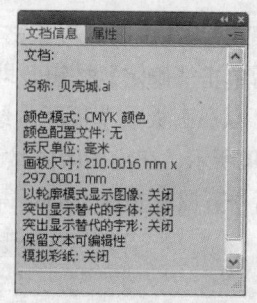
图 1-47 【文档信息】面板

1.5 文件的基本操作

本节将介绍 Illustrator CS4 中文件的基本操作，如文件的新建、存储、打开、关闭等。

1.5.1 新建文件

通常情况下我们在开始绘图时，必须先准备一张纸，然后再用工具进行绘图。在电脑（计算机）中也是一样。

Howto 新建文件

1 在菜单中执行【文件】→【新建】命令（或按 Ctrl+N 键），弹出如图 1-48 所示的【新建文档】对话框，可在【名称】文本框中输入所需的文件名称，在【新建文档配置文件】栏中设置所需的大小、单位和方向，在【高级】栏中可以设置所需的颜色模式、栅格效果与预览模式。

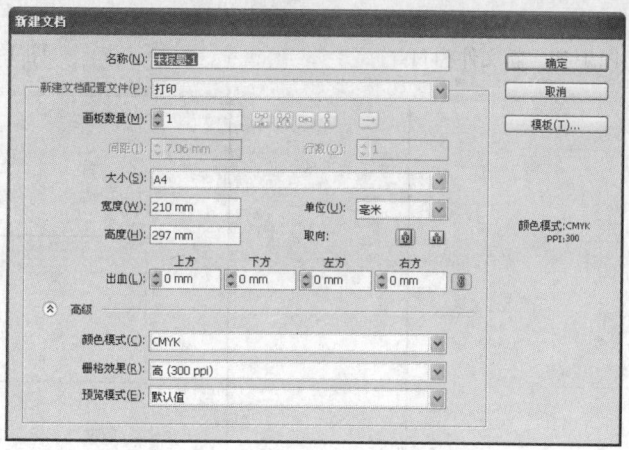
图 1-48 【新建文档】对话框

【新建文档】对话框选项说明：
- 【大小】：可从下拉列表中选择 Illustrator 为各种目的而预设的多种图形尺寸。
- 【宽度】和【高度】：图形的大小尺寸。
- 【单位】：可从下拉列表中选择所需的单位。
- 在【颜色模式】栏中可选择文件的颜色模式。
- 【栅格效果】：在该下拉列表中可以选择所需的栅格效果（也就是：分辨率），如：高（300 ppi）、中（150 ppi）或屏幕（72 ppi）。

● 【预览模式】：在该下拉列表中可以选择所需的预览模式，如：默认值、像素或叠印。

2 设置好后单击【确定】按钮，即可新建一个文件，如图1-49所示。

3 这样就可以在画板或草稿区内绘制所需的插图（也称：对象），从工具箱中点选矩形工具，如图1-50所示，在绘图区内按下鼠标左键向对角拖动拖出一个矩形，如图1-51所示，到达适当大小后松开鼠标左键，即可得到一个矩形，如图1-52所示。

图1-49 新文件窗口

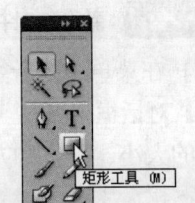

图1-50 选择矩形工具

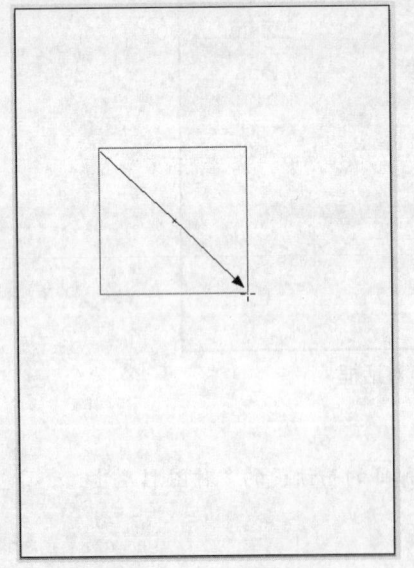

图1-51 拖出的矩形框

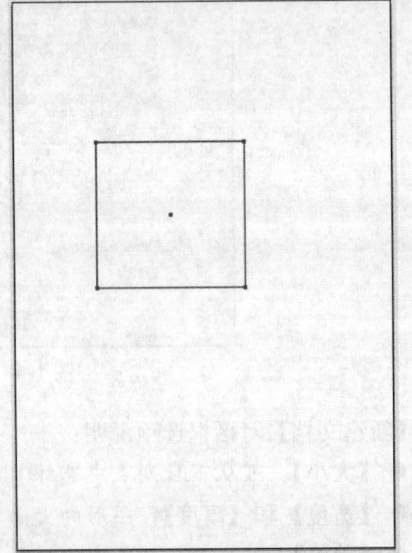

图1-52 绘制好的矩形

4 如果【色板】面板不在窗口中显示，请在菜单中执行【窗口】→【色板】命令，显示【色板】面板，然后在其中单击所需的填色，即可得到如图1-53所示的效果。

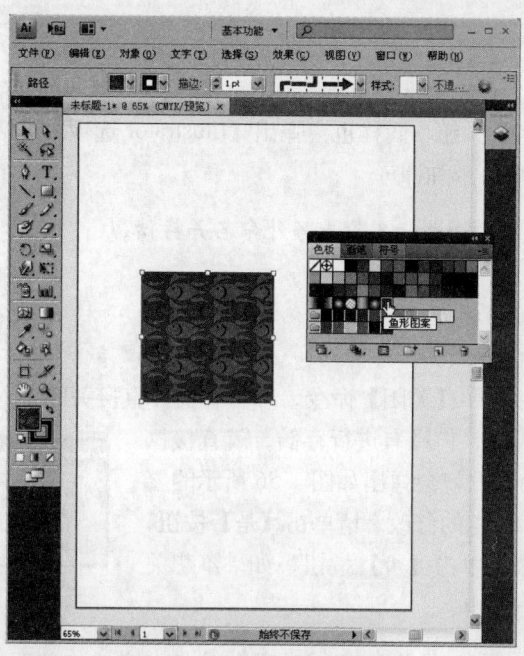

图 1-53 应用画笔后的效果

1.5.2 存储文件

对需要存储的文件可以通过【存储】和【存储为】这两个命令来完成。

1. 存储

在菜单中执行【文件】→【存储】命令（或按 Ctrl+S 键），弹出如图 1-54 所示的【存储为】对话框，用户可在【保存在】下拉列表中选择所需存放文档的文件夹（如：作品），也可在左边栏中直接单击要存放的位置，然后在【文件名】文本框中输入所需的文件名称；也可在【保存类型】下拉列表中选择所需的文件格式。

设置好后单击【保存】按钮，接着弹出如图 1-55 所示【Illustrator 选项】对话框，可在其中勾选或不勾选相关的选项，设置好后单击【确定】按钮，即可将文档存储到所选择的盘符（或文件夹）中了。

图 1-54 【存储为】对话框

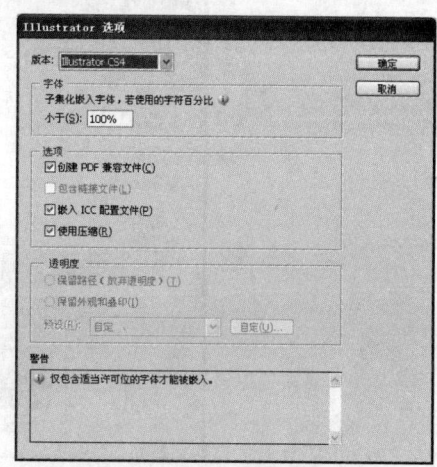

图 1-55 【Illustrator 选项】对话框

2. 存储为

在菜单中执行【文件】→【存储为】命令，同样会弹出图1-54所示的【存储为】对话框，设置相关选项后即可直接单击【保存】按钮，同样也会弹出【Illustrator选项】对话框，在其中根据需要设置所需的选项，单击【确定】按钮即可。

 存储为的作用是将文件进行备份或另外命名并存储。

1.5.3 关闭文件

在菜单中执行【文件】→【关闭】命令，即可将文件直接关闭了。

如果某文件进行过编辑，但没有进行存储，就直接执行【文件】→【关闭】命令，就会弹出如图1-56所示的警告对话框，如果要存储对文档的修改，请单击【是】按钮，如果不存储对文档的修改请单击【否】按钮，如果不想关闭文档，请单击【取消】按钮。

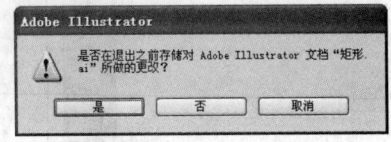

图1-56　警告对话框

 将文档（文件）关闭可按快捷键Ctrl+W，或直接单击文档窗口标题栏中 ⊠（关闭）按钮。

1.5.4 打开文件

在设计作品时通常需要打开一张图片来作背景或插图，还有就是打开前面存储并关闭了的文件进行继续编辑，可以在菜单中执行【文件】→【打开】命令（或按Ctrl+O键），弹出如图1-57所示的【打开】对话框，在【查找范围】下拉列表中选择所需文件所在的文件夹；或直接在左边栏中单击相关的图标（即存储时选择的位置），找到文件所在的位置，选中文件后单击【打开】按钮即可。

图1-57　【打开】对话框

1.5.5 退出程序

如果程序窗口中的文件都进行过存储并关闭,请在菜单中执行【文件】→【退出】命令,即可将程序退出。

如果程序窗口中的文件进行过编辑还未保存,就直接退出程序,则会弹出一个警告对话框,提示是否保存对文件的更改,此时需根据具体情况而定,如果要保存请单击【是】按钮,如果不保存请单击【否】按钮,即可退出程序。

 按Ctrl+Q键或直接在程序窗口的标题栏上单击【关闭】按钮,同样可退出程序。

1.6 Illustrator CS4 中的基本概念

本节将介绍图形制作中的一些基本概念,主要是一些图形和图像方面的基本术语与概念性的问题,如图形的类型、分辨率等。

1.6.1 矢量图形和位图图像

通常把计算机图形分成两大类:矢量(也称向量)图形和位图图像。理解他们之间的区别,有助于创建、编辑和输入图稿。

在Illustrator CS4中,绘图图像的类型对工作流具有明显的影响。例如:有些文件格式只支持位图图像,有些文件格式只支持矢量图形。当往Illustrator CS4中输入绘图图像或从Illustrator CS4中导出绘图图像时,绘图图像类型尤其重要。链接过了的位图图像不能在Illustrator CS4里编辑。绘图格式也影响命令和滤镜如何应用到图像上。

Illustrator CS4里的有些滤镜将只能对位图图像进行操作。

1. 矢量图形

Adobe Illustrator CS4可以建立矢量图形,矢量图形由直线和曲线构成,而这些直线和曲线是由称为矢量的数学对象定义。矢量是根据图形的几何特性描述图形的。

矢量图形是与分辨率无关的——也就是说,图形被缩放时对象的清晰度、形状、颜色等都不发生偏差和变形。或以任何分辨率打印到任何导出设备而不会损失细节和清晰度。

因为计算机显示器通过点阵像素来显示图像,所以矢量图形和位图图像都是用屏幕像素显示的。

2. 位图图像

绘画和图像编辑软件,例如Adobe Photoshop,可以生成位图图像,也称作点阵图像。图像使用小矩形的点阵,即像素,来表示图像。位图图像里的每个像素都具有指定的位置和颜色值。

因为位图图像可以描述阴影和颜色的精细层次,所以它们是用于连续变化图像的最通用的电子媒体,如各种打印程序里建立的照片或图像。位图图像是与分辨率有关的,也就是说,它们描述了固定数目的像素。因此,图像被缩放时,它们可能出现锯齿和损失细节。

1.6.2 位图图像的分辨率

1. 关于位图图像的分辨率

分辨率是每单位直线上用于描绘图稿和图像的点或像素的数目。导出设备用一组一组的像素来显示图像。矢量图像的分辨率取决于用来显示图稿的设备。位图图像的分辨率,既取决于用来显示的设备又取决于位图图像自己固有的分辨率。

2. 图像分辨率

图像分辨率是指图像中存储的信息量。这种分辨率有多种衡量方法,典型的是以每英寸的像素数(PPI)来衡量。图像分辨率和图像尺寸(高宽)的值一起决定文件的大小及输出的质量,该值越大图形文件所占用的磁盘空间也就越多。图像分辨率以比例关系影响着文件的大小,即文件大小与其图像分辨率的平方成正比。如果保持图像尺寸不变,将图像分辨率提高一倍,则其文件大小增大为原来的四倍。

3. 72-ppi 位图图像和 300-ppi 位图图像

因为高分辨率图像在单位面积上具有更多的像素,所以打印时通常比低分辨率的图像能再现更多的细节和更精细的颜色过渡。但是,如果图像是用低分辨率扫描或创建的,那么提高其分辨率,只是将原始像素信息在更多的像素上展开,并不能提高图像的质量。

要决定图像所使用的分辨率,需考虑最终分发图像时使用的媒体。如果要生成在线显示的图像,则图像分辨率只需要与典型的显示器分辨率(72 或 96 ppi)相匹配。但是,打印图像时分辨率太低将导致"像素化"——导出的像素大而粗糙。使用太高的分辨率会增加文件的长度并降低图像打印的速度。

 使用【文档设置】对话框可以定义向量图形的导出分辨率。Illustrator 中,导出分辨率指的是 PostScript 解释器用于近似表示曲线的线段数。

4. 显示器分辨率

分辨率就是屏幕图像的精密度,是指显示器所能显示的点数的多少。由于屏幕上的点、线和面都是由点组成的,显示器可显示的点数越多,画面就越精细,同样的屏幕区域内能显示的信息也越多,所以分辨率是个非常重要的性能指标之一。

显示器上单位长度所显示的像素或点的数目,通常是用每英寸的点数(dpi)来衡量的。显示器分辨率取决于该显示器的大小加上其像素设置。典型的 PC 显示器的分辨率大约是 96dpi,Mac OS 显示器的分辨率是 72dpi。了解显示器分辨率有助于解释为什么屏幕图形的显示尺寸通常与其打印尺寸不一样。

5. 打印机分辨率

由绘图仪或激光打印机产生的每英寸(dpi)的墨点数。为达到最佳效果,图像分辨率要与打印机分辨率相称,而不是相等。大多数的激光打印机具有 300dpi 到 600dpi 的导出分辨率,72 ppi 到 150ppi 的图像就能够产生很好的效果。

高级绘图仪可以打印 1200dpi 或者更高,而 200ppi 到 300ppi 的图像就能够产生很好的效果。

6. 滤网频率

用于打印灰度图像或彩色分割图的每英寸打印机的点数或半色调单元数。也称为"网线数(screen ruling 或者 line screen)",滤网频率是用每英寸的行数(lpi)——或者半色调滤网上每英寸的单元行数表示的。

图像分辨率和屏幕频率之间的关系决定了打印图像的细节质量。要产生最高质量的半色调图像,通常使用的分辨率为滤网频率的 1.5 倍,最多到 2 倍。但是对某些图像和导出设备来说,低一些的分辨率能够产生良好的效果。

 有些绘图仪和 600-dpi 的激光打印机使用滤网技术而不是半色调。如果在非半色调打印机上打印图像,应该咨询服务提供商或参考打印机文档,以获得推荐的图像分辨率。

1.7 本章小结

本章先从启动 Illustrator CS4 程序入手,然后一一对 Illustrator CS4 的工作环境,文件的操作,基本概念等功能与概念进行了详细的介绍;掌握这些功能以便于我们在今后制作中熟练应用它们。

1.8 本章习题

一、填空题

1. 通常把计算机图形分成两大类:_____和_____。
2. Illustrator CS4 的工作区是创建、编辑、处理图形、图像的操作平台,它由_____、_____、_____、【控制】选项栏、_____、草稿区、_____、_____、最小化按钮、还原按钮、_____按钮、_____按钮等组成。
3. _____和_____之间的关系决定了打印图像的细节质量。

二、选择题

1. 矢量图形是与以下哪项无关的——也就是说,图形被缩放时对象的清晰度、形状、颜色等都不发生偏差和变形,或以任何分辨率打印到任何导出设备而不会损失细节和清晰度?　　　　　　　　　　　　　　　　　　　　　　　　　　　　　　　　　　(　　)
   A. 分辨率　　　　B. 缩放比例　　　　C. 大小　　　　D. 颜色
2. 按以下哪组快捷键可以退出程序?　　　　　　　　　　　　　　　　　　(　　)
   A. 按 Ctrl+A 键　　B. 按 Ctrl+Q 键　　C. 按 Ctrl+W 键　　D. 按 Ctrl+C 键
3. 按以下哪组快捷键可以关闭文档窗口?　　　　　　　　　　　　　　　　(　　)
   A. 按 Ctrl+A 键　　B. 按 Ctrl+Q 键　　C. 按 Ctrl+W 键　　D. 按 Ctrl+C 键
4. 按以下哪组快捷键可以存储文件?　　　　　　　　　　　　　　　　　　(　　)
   A. 按 Shift+S 键　　B. 按 Shift+A 键　　C. 按 Ctrl+B 键　　D. 按 Ctrl+S 键
5. 按以下哪个快捷键可以隐藏或显示工具箱、【控制】选项栏与控制面板?　(　　)
   A. 按 Tab 键　　　B. 按 Shift+Tab 键　C. 按 Shift+Ctrl 键　D. 按 Ctrl 键

第 2 章　图形的选择

教学目标

掌握各种选择工具与命令的作用与操作方法及其应用，并且熟悉 Illustrator CS4 中"工具箱"的各种选择工具。

教学重点与难点

> 使用各种选择工具
> 使用菜单命令选择对象

2.1　选择工具

利用选择工具可以选择整个路径，也可以选取成组的图形或文字块，还可以拖出一个虚框框选出图形的一部分或全部，来选取整个图形或多个图形。

2.1.1　选择对象与【控制】选项栏

可以用选择工具直接单击某个对象以选择对象，也可以框选一个或多个对象，也可以按着 Shift 键单击多个不连续的对象，以选择多个对象。

Howto　选择并修改对象

1　在【文件】菜单中执行【打开】命令，弹出如图 2-1 所示的对话框，选择配套光盘中的"/范例源文件/CH02/01.ai"文件，单击【打开】按钮，即可将所选文件打开到程序窗口中，如图 2-2 所示。

图 2-1　【打开】对话框

图 2-2　打开的图形文件

2 在工具箱中单击 选择工具，以选择它，如图 2-3 所示，在【控制】选项栏中会显示一些相关的选项，如图 2-4 所示，此时的【控制】选项栏是在画面中没有选择任何对象的选项栏，用户可以根据需要预先在其中设置一些所需的参数。

图 2-3 选择选择工具

图 2-4 【控制】选项栏

3 修改对象时需要先选择该对象，再对其进行修改。移动指针到画面中单击要修改的对象，即可在所单击的对象周围出现一个调整框，如图 2-5 所示，表示该对象已经被选择，此时的【控制】选项栏如图 2-6 所示。

图 2-5 选择对象

图 2-6 【控制】选项栏

【控制】选项栏选项说明：

- ■：单击它弹出如图 2-7 所示的【色板】面板，可以在其中选择所需的填充颜色、样式或渐变（其中包括：预设与自定的颜色、样式或渐变），也可以按 Shift 键单击■按钮，会弹出如图 2-8 所示的【颜色】面板，可以在其中选择所需的填充颜色。

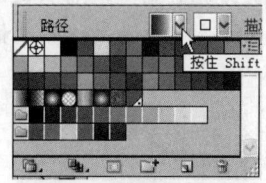

图 2-7 【色板】面板

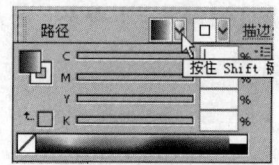

图 2-8 【颜色】面板

- ▫：单击它会弹出如图 2-9 所示的【色板】面板，可以在其中选择所需的描边颜色、样式或渐变，也可以按 Shift 键单击▫按钮，会弹出如图 2-10 所示的【颜色】面板，可以在其中选择所需的描边颜色。

- 描边：在【控制】选项栏中单击描边链接文字，会弹出如图 2-11 所示的【描边】面板，可以在其中设置路径的粗细，斜接限制、对齐描边等选项。单击 按钮，会弹出如图 2-12 所示的下拉列表，可以直接在其中选择路径所需的粗细。

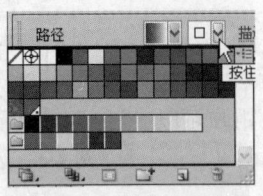
图 2-9 【色板】面板

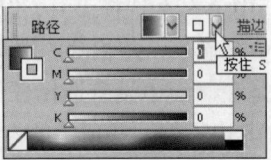
图 2-10 【颜色】面板

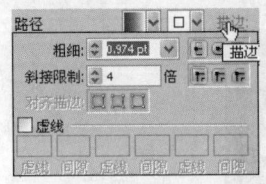
图 2-11 【描边】面板

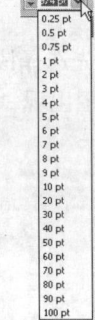
图 2-12 描边粗细列表

- ：单击它会弹出如图 2-13 所示的【画笔】面板，可以在其中选择所需的画笔笔画。
- ：单击它会弹出如图 2-14 所示的【图形样式】面板，可以在其中选择所需的样式。
- ：单击它会弹出如图 2-15 所示的【透明度】面板，可以在其中设置选择对象的混合模式、不透明度与是否隔离混合、是否挖空组等。在 75% 文本框中输入所需的数值或拖动滑杆上的滑块可以设置选择对象的不透明度。

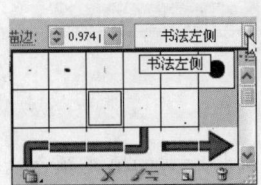
图 2-13 【画笔】面板

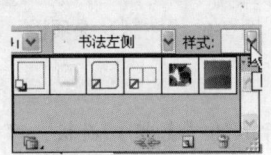
图 2-14 【图形样式】面板

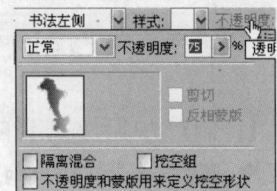
图 2-15 【透明度】面板

- ：单击它弹出如图 2-16 所示的菜单，可以在其中根据需要选择要选取的相似选项，如果选择【描边颜色】命令，则在画面中会选择与所选对象的描边颜色相似的对象，如图 2-17 所示。

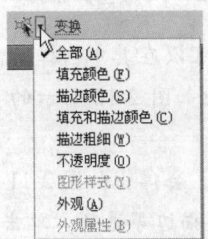
图 2-16 选择【描边颜色】命令

图 2-17 选择描边颜色相同的对象

- ![img]：单击它会弹出【重新着色图稿】对话框，可以在其中编辑与更改选择对象的颜色，在【颜色组】框中单击"鲜艳"，会显示如图 2-18 所示的内容；再单击【编辑】按钮，便会显示其相关内容，可以直接拖动色谱中的小圆圈来选择所需的颜色，拖动多个圆圈到所需的位置，如图 2-19 所示，画面效果达到所需的要求后单击【确定】按钮，紧接着会弹出一个警告对话框，如图 2-20 所示，问是否要保存鲜艳？单击【否】按钮，然后在画面的空白处单击取消选择，以得到如图 2-21 所示的效果。

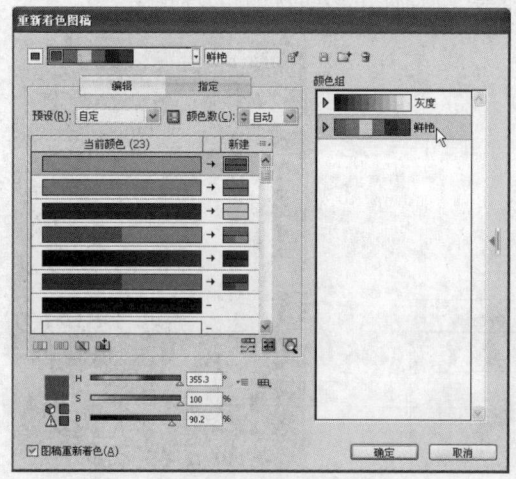

图 2-18　【重新着色图稿】对话框

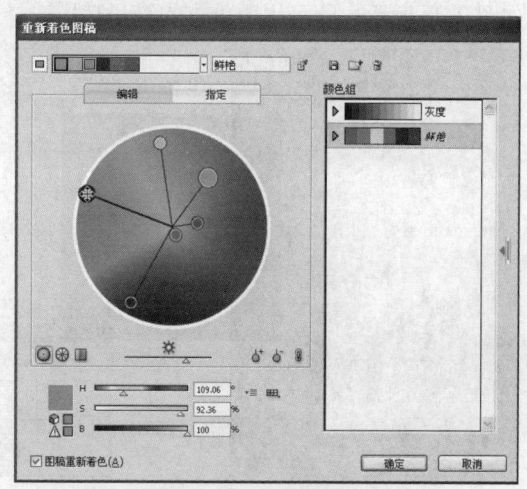

图 2-19　【重新着色图稿】对话框

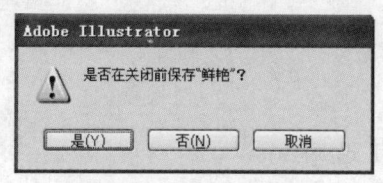

图 2-20　警告对话框

图 2-21　改变颜色后的效果

- 对齐：单击它会弹出如图 2-22 左所示的对齐面板，可在其中单击 ![btn] 按钮，并在弹出的菜单中选择对齐或分布参照对象，如图 2-22 右所示，然后再根据需要单击 ![btn]、![btn]、![btn]、![btn]、![btn]、![btn]、![btn]、![btn]、![btn]、![btn]、![btn] 或 ![btn] 按钮来对齐对象与均匀分布对象。

- 变换：单击它会弹出如图 2-23 所示的【变换】面板，可以在其中设置选择对象的位置、宽度与高度、旋转角度与倾斜角度等。

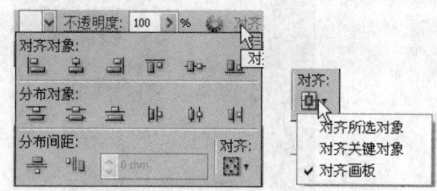

图 2-22　对齐选项

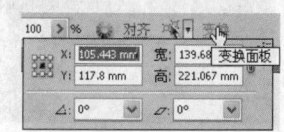

图 2-23　【变换】面板

4　如果画面中应用了符号，可以单击要更改的符号，以选择它，如图2-25所示，此时的【控制】选项栏就会显示其相关的选项，如图2-24所示。

图2-24　【控制】选项栏

5　在【控制】选项栏中单击 按钮，弹出【符号】面板，并在其中单击要替换的符号，如图2-26所示，即可用所单击的符号替换选择的符号，替换后的效果如图2-27所示。

 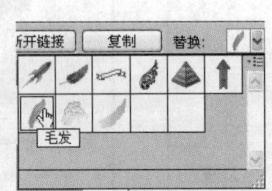 

图2-25　选择符号　　　　　　图2-26　【符号】面板　　　　　　图2-27　替换符号

6　在画面中单击龙的胡须，以选择它，如图2-29所示，再在【控制】选项栏中先设置【描边】为"2pt"，【不透明度】为"50%"，再单击 按钮，弹出【色板】面板，并在其中选择白色，如图2-28所示，将胡须改为白色，然后在空白处单击取消选择，得到如图2-30所示的效果。

图2-28　【控制】选项栏

图2-29　选择对象　　　　　　　　　　图2-30　取消选择后的效果

7 如果要同时选择多个图形对象,可拖出一个虚框以框选出这些图形对象的一部分,如图 2-31 所示;松开鼠标左键后即可选择这些图形对象,如图 2-32 所示。

图 2-31　拖出一个虚框

图 2-32　框选的对象

8 如果要选择不连续的对象,先在画面中单击一个对象以选择它,如图 2-33 所示,再按下 Shift 键单击另一(或两或多)个要选择的对象,即可将这两或多个不连续的对象选择,如图 2-34 所示。

图 2-33　单击以选择对象

图 2-34　按 Shift 键选择多个对象

2.1.2　移动选择对象

可以用选择工具移动选择的对象。

Howto　移动选择对象

1 先在画面中选择要移动的对象,再将指针指向调整框内指针呈 ▶ 状时,按下鼠标左键向所需的方向拖移,如图 2-35 所示。

2 松开鼠标左键后,即可将选择的图形移动到松开鼠标左键的位置,如图 2-36 所示。

 用户也可以直接移动指针到要移动的对象上,按下左键向所需的方向拖移。

图 2-35　拖移时的状态　　　　　　　　图 2-36　移动后的画面效果

2.1.3 复制对象

可以用 ▶ 选择工具结合 Alt 键移动并复制对象。

Howto 复制对象

1 按 Ctrl+O 键打开配套光盘中的"/范例源文件/CH02/02.ai"文件，如图 2-37 所示。

2 在工具箱中点选 ▶ 选择工具，在画面中鱼上单击，以选择它，如图 2-38 所示，再在对象上按下鼠标左键向上方拖移，在拖移的同时按下 Alt 键，指针呈 ▶ 状如图 2-39 所示，到达到适当位置后松开鼠标左键和 Alt 键，即可复制一个对象。

图 2-37　打开的图形文件　　　图 2-38　选择对象　　　图 2-39　拖动并复制后的画面效果

2.1.4 调整对象

用户可以用选择工具调整对象的大小，也可以将对象进行任一角度的旋转。

Howto 调整对象

1 在画面中选择要调整大小的图形对象，将指针指向调整框的任一控制柄指针呈 ✧ 状（或 ↔ 状或 ↕ 状）时，按下左键向所需的方向拖动，都可调整图形的大小，这里是向左下角拖动到适当位置后松开鼠标左键的结果，如图 2-40 所示。

 按 Shift 键可等比缩小或放大。

2 也可对图形对象进行任一角度的旋转，将指针指向调整框的任一控制点旁边指针呈 ↻ 状

或 状时，按下鼠标左键进行拖动，如图 2-41 所示，到达一定角度后松开左键，即可将图形对象进行一定角度的旋转，按 Ctrl 在空白处单击取消选择，得到如图 2-42 所示的效果。

图 2-40　调整对象大小　　　　图 2-41　旋转并拖动时的状态　　　　图 2-42　旋转后的画面效果

 取消选择后，又想选择某对象，则需要将指针指向图形对象的轮廓线上指针呈 状时单击，即可选择某一对象。按 Shift 键用选择工具拖动选框可以将对象进行 45 度旋转。

2.2　直接选择工具

利用 直接选择工具，可以选取单个节点或某段路径做单独修改，也可以选取组合图形内的节点或路径做单独修改。在 Illustrator CS4 程序中使用频率较高。

2.2.1　选择节点

可以用 直接选择工具选择单个或多个节点。

Howto　选择图形中的节点

1　按 Ctrl+O 键打开配套光盘中的"/范例源文件/CH02/03.ai"文件，从工具箱中点选 T 文字工具，接着在画板中单击并输入"节"字，按 Ctrl+A 键全选文字，再在【控制】选项栏中设置参数为 ，再显示【色板】面板，并在其中单击所需的颜色，以设置文字的填充颜色，如图 2-43 所示。

2　在工具箱中点选 直接选择工具，确认文字输入，再在"节"字上右击，弹出快捷菜单，并在其中选择【创建轮廓】命令，如图 2-44 所示，以将文字转换为轮廓，结果如图 2-45 所示。

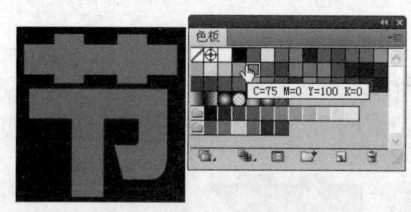
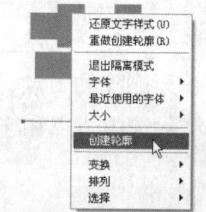

图 2-43　输入文字　　　　图 2-44　选择【创建轮廓】命令　　　　图 2-45　创建轮廓后的效果

3　在【控制】选项栏中先设置描边粗细为 3pt，再单击 按钮，弹出【色板】面板，并在其中单击 CMYK 蓝，如图 2-46 所示，以将描边设为蓝色，结果如图 2-47 所示。

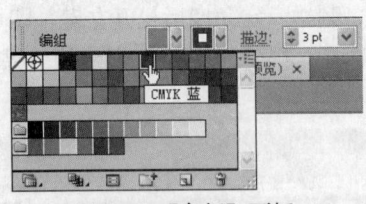
图 2-46 【色板】面板

图 2-47 设置描边后的效果

4 用 直接选择工具在文字草字头的适当位置拖出一个虚框，以框住一个节点，如图 2-48 所示，松开左键后即可选中框住的节点，如图 2-49 所示。

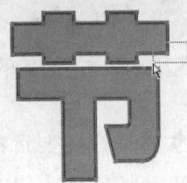
图 2-48 框选节点

图 2-49 选择的节点

2.2.2 移动节点

用户也可用直接选择工具移动节点。

Howto 移动选择的节点

1 将指针指向节点（也称为"锚点"）呈 状时按下左键向左移动节点，如图 2-50 所示。
2 到达适当位置后松开鼠标左键，即可调整"艹"部首的形状，如图 2-51 所示。

图 2-50 拖移时的状态

图 2-51 移动节点后的结果

2.2.3 删除节点或线段

可以用 直接选择工具删除选中节点和连结该节点的两条或一条线段，也可以删除选中的线段。

Howto 使用直接选择工具删除节点

1 在"节"字的右下方单击一个要删除的节点，以选择它，如图 2-52 所示。
2 在键盘上按 Delete 键，即可清除选中节点和连结该节点的两条线段，如图 2-53 所示。

图 2-52 选择节点

图 2-53 删除节点后的结果

2.2.4 修改图形形状

可以用 直接选择工具移动某线段或移动曲线上的控制点来改变图形的形状。

Howto 使用选择工具修改图形形状

1 先在画板的空白处单击取消选择，再将指针移到文字底部的横线（也称"路径"）上呈 状时单击，即可在选取该对象的同时选择指针所指的直线段，如图 2-54 所示，然后按下左键向下拖移，得到所需的形状后松开左键，即可将"节"字的竖线拉长，结果如图 2-55 所示。

图 2-54 指向对象时的状态

图 2-55 改变长度后的结果

2 先在画板的空白处单击取消选择，接着在【颜色】面板中设置描边颜色，如图 2-56 所示，再在工具箱中点选 椭圆工具，然后按 Shift 键在围绕"节"字绘制出一个圆形，画面效果如图 2-57 所示。

3 在工具箱中点选 选择工具，按 Ctrl+C 键进行复制，再按 Ctrl+F 键将复制的内容粘贴到前面，然后按 Alt+Shift 键拖动右上角的控制柄向内至适当位置，以缩小副本，如图 2-58 所示。

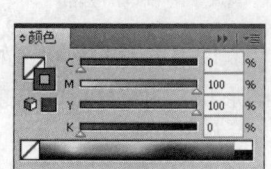
图 2-56 【颜色】面板

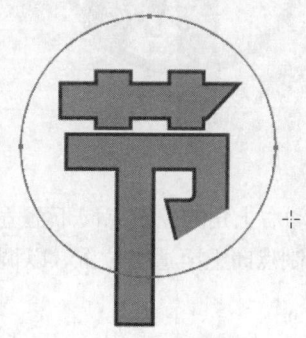
图 2-57 绘制圆形

图 2-58 复制并缩小圆

4 按 Shift 键单击原对象，以同时选择两个圆，再在菜单中执行【窗口】→【路径查找器】命令，显示【路径查找器】面板，并在其中单击 （差集）按钮，以将重叠的部分剪掉，如图 2-59 所示，然后在【颜色】面板中使填色为当前颜色设置，再在【色板】面板中单击 CMYK 红，如图 2-60 所示，以将修剪过的对象进行红色填充，结果如图 2-61 所示。

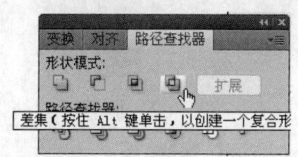
图 2-59 【路径查找器】面板

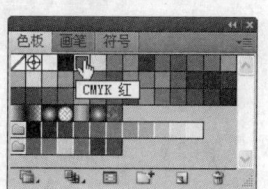
图 2-60 【颜色】面板

5 先在画板的空白处单击取消选择,再在工具箱中点选 钢笔工具,然后在画面中绘制出一个四边形,如图 2-62 所示。

图 2-61 修剪后的结果

图 2-62 绘制四边形

6 在【控制】选项栏中单击 按钮,将选择的尖角节点转换为平滑节点,如图 2-63 所示;接着在工具箱中点选 直接选择工具,在画面中单击另一个节点,以选择它,如图 2-64 所示,再在【控制】选项栏中单击 按钮,将选择的尖角节点转换为平滑节点,结果如图 2-65 所示。

图 2-63 转换节点

图 2-64 选择节点

图 2-65 转换节点

7 用直接选择工具在画面中拖动右上角的控制点向下至适当位置,以调整图形的形状,如图 2-66 所示,然后拖动右下角的控制点向上至适当位置,以调整图形的形状,调整好后的结果如图 2-67 所示。

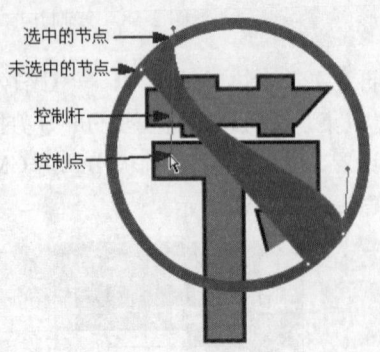

图 2-66 调整形状

图 2-67 调整后的结果

8 用前面同样的方法分别选择左下边的两个尖角节点,依次在【控制】选项栏中单击 按钮，将尖角节点转换为平滑节点，转换后的结果如图 2-68 所示，然后将其调整为如图 2-69 所示的形状。

图 2-68 转换节点后的结果

图 2-69 调整图像

9 在工具箱中点选 选择工具，并按 Shift 键在画面中单击修剪过的对象，以同时选择它们，再在菜单中执行【对象】→【排列】→【置于底层】命令，以得到如图 2-70 所示的效果，然后在空白处单击取消选择，完成编辑，画面效果如图 2-71 所示。

 用户也可以用直接选择工具移动图形对象。只需将指针移到没有选择的图形对象内指针呈 状时单击以选择所有节点，然后按下鼠标左键向所需的方向移动即可。
在选取某个或多个节点时，如果图形上所有的节点呈被选中状态，可用直接选择工具框选要选择的某个或多个节点，也可先取消选择，再单击要选择的节点。如果图形上所有的节点呈未选中状态，可用直接选择工具框选多个节点或单击某个节点。

图 2-70 排列对象

图 2-71 取消选择后的效果

2.3 编组选择工具

利用 编组选择工具，可以选定一个组内的对象、或一个复合组内的一个组、或一个图稿中的一个组集。在组集中每单击一次，都会将这个组集中下一个组或对象添加到选区内。也可以将所选的对象移动到其他任何一个地方，也可用于取消图形的选择。

2.3.1 创建组

将一些对象群组在一起便创建了组，这样以便于一起移动、调整、编辑和管理。将一个组与另一个对象或组进行群组便创建了组集，同样是以便于编辑、调整和管理。

Howto 创建组

1 按 Ctrl+O 键打开配套光盘中的"/范例源文件/CH02/04.ai"文件，如图 2-72 所示。

2 在工具箱中点选 选择工具，接着在画面的下方按下鼠标左键向上方拖出一个虚框以框住所要选择的对象，图 2-73 所示，松开鼠标左键后即可将框选住的所有对象选择，如图 2-74 所示。

图 2-72　打开的图形文件

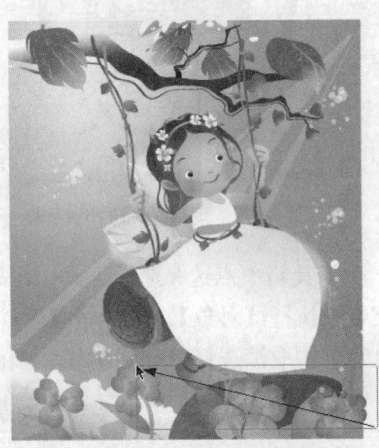

图 2-73　框选对象

3 按 Shift 键在人物上单击，取消它的选择，如图 2-75 所示，接着在菜单中执行【对象】→【编组】命令或按 Ctrl+G 键，将选择的对象创建成一组集。

图 2-74　选择的对象

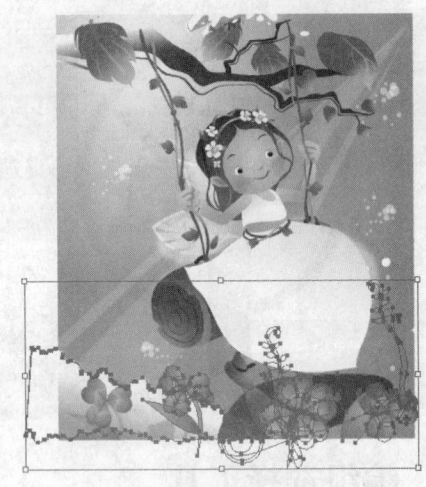

图 2-75　将对象编组

2.3.2　使用编组选择工具

使用 编组选择工具可以选择对象或组。

Howto 选择组中的对象或组

1 在工具箱中点选 编组选择工具，并在空白处单击取消对图形的选择，然后在编组图形中单击某一朵花的花瓣，即可选择这朵花，如图 2-76 所示。

2 如果再次在这朵花上单击一次，则会将这朵花所在组选择，如图 2-77 所示。

图 2-76 选择对象

图 2-77 选择对象

2.4 魔棒工具

利用 魔棒工具可以选取具有相同（相似）填充颜色（或描边颜色、描边粗细、混合模式）的图形对象。

Howto 使用魔棒工具选取填充颜色

1 在工具箱中双击 魔棒工具，弹出【魔棒】面板，用户可以在其中决定是否选择填充颜色与设置所需的容差值，如图 2-78 所示。

 【魔棒】面板中的【容差】选项是用来控制选定的颜色范围，值越大，颜色区域越广；勾选【填充颜色】选项则可以选取出填充颜色相同（或相似）的图形。

2 移动指针到画面中单击某一对象，即可选择颜色相同或相似的对象，如图 2-79 所示。

图 2-78 【魔棒】面板

图 2-79 选择相同或相似的对象

2.5 套索工具

利用 套索工具可以框选出所需的节点（或对象与某一段路径），也可以用于取消对图形对象选择。按下左键拖动时，在套索工具拖动轨迹上经过的所有路径段将被同时选中。

Howto 使用套索工具选取路径

1 从工具箱中点选 套索工具，先按 Ctrl 键在画面的空白处单击取消图形的选择，再在图形上按下鼠标左键拖移，如图 2-80 所示。

2 松开鼠标左键后即可把套索工具经过的路径选择，同时还选择了该工具所经过的一些节点，如图 2-81 所示。

图 2-80 拖移时的状态

图 2-81 选择的对象

如果按 Shift 键在图形上拖动，即可把其它对象添加到选区。如果按 Alt 键在选区内拖动则会把所选节点从选区中减去。

2.6 使用菜单命令选择对象

使用【选择】菜单中的各命令可以选择当前文档中的全部对象或取消对象的选择或反向选择，也可以选择具有相同的混合模式、填色和描边、填充颜色、不透明度、描边颜色、描边宽度、样式等对象，还可以将选择进行存储与编辑。

2.6.1 选择和取消选择

利用【选择】菜单中的【全部】命令可以选择当前文档中的所有对象，用【取消选择】命令可以将当前选择的对象取消选择，取消选择后还可利用【重新选择】命令重新选择。

如果在画面中有一部分对象（把它称为 A）已经被选择，但是又想对该选择部分外的所有对象（把它称为 B）进行编辑，可以利用【选择】菜单中的【反向】命令来选。

Howto 选择和取消选择对象

1 按 Ctrl+O 键打开配套光盘中的"/范例源文件/CH02/05.ai"文件，如图 2-82 所示，然后在菜单中执行【选择】→【全部】命令或按 Ctrl+A 键，即可将画面中所有对象选择，如图 2-83 所示。

2 在菜单中执行【选择】→【取消选择】命令（或按 Ctrl+Shift+A 键），即可将所有对象取消选择。

图 2-82　打开的图形文件

图 2-83　全部选择的画面效果

3　在工具箱中点选 选择工具，接着在画面中单击要选择的对象以选择它，如图 2-84 所示，然后在菜单中执行【选择】→【反向】命令，即可将另外一部分对象选择，同时取消先选择的对象，如图 2-85 所示。

图 2-84　选择对象

图 2-85　反向选择后的画面效果

2.6.2　选择相同属性的对象

利用【选择】菜单下【相同】子菜单中的各命令可以选择具有相同属性的对象，如相同混和模式、填色和描边、填充颜色、不透明度、描边颜色、描边粗细、样式、符号实例或链接块系列的对象。

Howto　选择相同属性的对象

1　先用 选择工具在画面的空白处单击取消选择，再在画面中选择一个对象，如图 2-86 所示，可在菜单中执行【选择】→【相同】→【填充颜色】命令，即可将画面中所有相同填充颜色的对象选择，如图 2-87 所示。

图 2-86　选择对象

图 2-87　选择相同描边颜色的对象

2 先用选择工具在画面的空白处单击取消选择，再在画面中单击一个设定了不透明度的对象，如图 2-88 所示，再在菜单中执行【选择】→【相同】→【不透明度】命令，即可选择不透明度相同的所有对象，如图 2-89 所示。

图 2-88　选择对象

图 2-89　选择相同不透明度的对象

2.6.3　存储所选对象

可以将已有的选择存储起来，以便下次应用与编辑。

在菜单中执行【选择】→【存储所选对象】命令，弹出【存储所选对象】对话框，并在其中的【名称】文本框中给该选择对象进行命名，如图 2-90 所示，命好名后单击【确定】按钮，即可将该选择对象存储起来了。

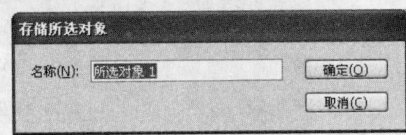

图 2-90　【存储所选对象】对话框

如果通过一段时间的编辑，又想重新选择"所选对象 1"，可在菜单中执行【选择】→【所选对象 1】，即可选择"所选对象 1"。

2.7　本章小结

本章主要是结合简单的实例来对选择工具与相关选择命令的操作方法与作用进行详细的讲解，同时还讲解了一些操作技巧。通过本章的学习，读者可以利用选择工具、直接选择工具、编组选择工具、魔棒工具或套索工具在文件中选择一个对象、多个对象、对象的一部分、对象的某个节点或多个节点等，并且还可以利用【选择】菜单对来选择对象、存储所选对象、重新选择等操作。

快速准确地选择所需的对象，对于图形的编辑处理是至关重要的。熟练掌握本章的内容使读者能在编辑处理图形的过程中提高工作效率。

2.8　本章习题

一、填空题

1. 利用【选择】菜单下【相同】子菜单中的各命令可以选择具有相同属性的对象，如相同＿＿＿＿、＿＿＿＿、＿＿＿＿、不透明度、＿＿＿＿、描边粗细、＿＿＿＿、符号实例或链接块系列的对象。

2. 利用魔棒工具可以选取具有相同（相似）填充颜色（或＿＿＿＿、＿＿＿＿、

_____）的图形对象。

二、选择题

1. 利用【选择】菜单中的哪个命令可以选择当前文档中的所有对象？　　　　（　　）
    A.【全部】命令　　　　B.【取消选择】命令　　C.【重新选择】命令　　D.【反向】命令
2. 利用以下哪个工具，可以选定一个组内的对象、或一个复合组内的一个组、或一个图稿中的一个组集？　　　　　　　　　　　　　　　　　　　　　　　　　　　　（　　）
    A. 选择工具　　　　B. 直接选择工具　　　C. 魔棒工具　　　　D. 编组选择工具
3. 按以下哪个组合键可将所有选择的对象取消选择？　　　　　　　　　　　（　　）
    A. 按 Shift+A 键　　　　　　　　　　B. 按 Ctrl+Alt+A 键
    C. 按 Ctrl+A 键　　　　　　　　　　D. 按 Ctrl+Shift+A 键
4. 按以下哪个键用选择工具拖动选框可以将对象进行 45 度旋转？　　　　　（　　）
    A. 按 Shift 键　　　B. 按 Ctrl 键　　　C. 按 Ctrl+Shift 键　　D. 按 Ctrl+Alt 键
5. 可以使用以下哪个工具删除选中节点和连结该节点的两条或一条线段，也可以删除选中的线段？　　　　　　　　　　　　　　　　　　　　　　　　　　　　　　（　　）
    A. 选择工具　　　　B. 直接选择工具　　　C. 魔棒工具　　　　D. 编组选择工具

第 3 章　Illustrator 的辅助功能

教学目标

学习和掌握 Illustrator CS4 的辅助功能，包括如何查看图形、使用辅助工具和创建新窗口等。

教学重点与难点

- ➢ 查看图形
- ➢ 使用参考线、标尺与网格
- ➢ 在对象之间拷贝属性
- ➢ 创建新窗口

3.1　查看图形

Illustrator CS4 提供了抓手工具、缩放工具、缩放命令和【导航器】面板等多种方式，使用户可以方便地按照不同的放大倍数查看图形的不同区域。用户还可以为同一个图形建立多个窗口（注：可以以不同的放大倍数显示）。还可以更改屏幕的显示模式，以更改 Illustrator CS4 工作区域的外观。

3.1.1　缩放工具

在绘制图形时通常需要将图形放大许多倍来绘制局部细节或进行精细调整。另一种情况就是文件比较大，无法在程序窗口中完全显示，但又需要对该文件进行编辑与修改，所以需要将其先缩小以查看全局，再局部放大以进行编辑与修改。

Howto　使用缩放工具查看图形

1 按 Ctrl+O 键打开配套光盘中的"/范例源文件/CH3/逛街.ai"文件，如图 3-1 所示，即可将其打开到程序窗口中，如图 3-2 所示。

2 如果需要将图像局部放大，在工具箱中点选 🔍 缩放工具，再移动指针到画面中需要放大的部分按下鼠标左键拖出一个矩形框，如图 3-3 所示；松开鼠标左键后即可将该区域放大，如图 3-4 所示。

TIPS 在工具箱中双击 🔍 缩放工具，即可将图形以 100% 显示。

3 如果要缩小图形，则需按下 Alt 键在画面中单击，每单击一次缩小一级，缩小后的画面如图 3-5 所示。

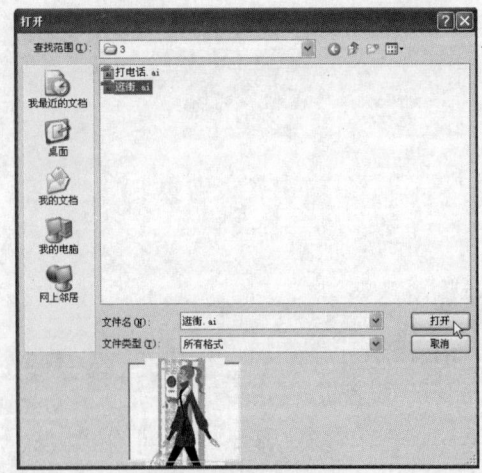

图 3-1　【打开】对话框

图 3-2　打开的文件

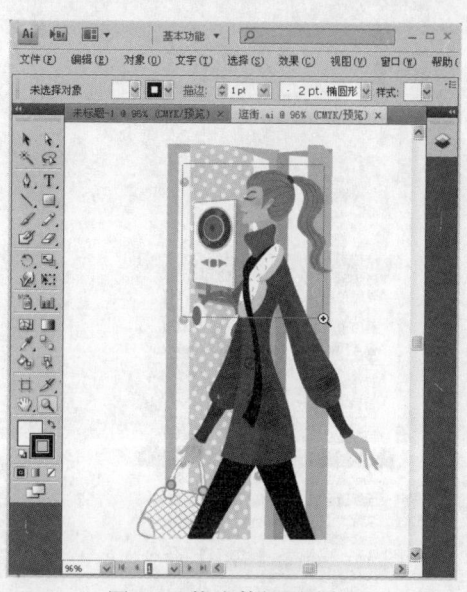

图 3-3　拖出的矩形选框

图 3-4　放大后的画面效果

图 3-5　缩小后的画面效果

3.1.2　缩放命令

用户也可以使用菜单命令来对图形进行缩放。

Howto　使用缩放命令对图形进行缩放

1　在菜单中执行【视图】→【缩小】命令（或按快捷键 Ctrl+ -），如图 3-6 所示，可以以图形的当前显示区域为中心缩小比例，如图 3-7 所示。

2　在菜单中执行【视图】→【放大】命令（或按快捷键 Ctrl+ -），可以以图形的当前显示区域为中心放大比例。

3　在菜单中执行【视图】→【画板适合窗口大小】命令（或按快捷键 Ctrl+ 0），使画板以最合适的大小和显示比例在文档窗口中显示。

图 3-6 选择【缩小】命令

图 3-7 缩小后的画面效果

4 在菜单中执行【视图】→【实际大小】命令（或按快捷键 Ctrl+1），使图形以 100%的比例显示。

3.1.3 抓手工具

如果打开的图形很大，或者在操作中将图形放大，以至于窗口中无法显示完整的图形时，或要查看或修改图像的各个部分时，可以使用抓手工具来移动图像的显示区域，就如同它是摆在前面的一幅画。

Howto 使用抓手工具移动图像的显示区域

1 按 Ctrl+O 键打开配套光盘中的"/范例源文件/CH3/打电话.ai"文件，再在工具箱中点选缩放工具，并移向画面如图 3-8 所示时单击两次，以将其放大，如图 3-9 所示。

图 3-8 将缩放工具移入画面时的状态

图 3-9 放大后的画面效果

2 在工具箱中点选抓手工具，如图 3-10 所示，移动指针到画面中按下鼠标左键向下拖动，如图 3-11 所示，到达适当位置后松开鼠标左键，即可将要显示的区域显示在文档窗口中。

图 3-10　选择抓手工具　　　　图 3-11　移动画面后的效果

 在工具箱中双击抓手工具，使画板以最适当的显示比例完整地显示图形。按空格键可以随时切换到抓手工具。

3.1.4　【导航器】面板

使用【导航器】面板可以对图形进行快速的定位和缩放。

Howto　使用导航器面板对图形定位和缩放

1 以上节范例为例，在菜单中执行【窗口】→【导航器】命令，显示【导航器】面板，如图 3-12 所示，左下角显示的百分比是当前图形的显示比例。用户也可以在其中直接输入所需的显示比例。

2 用鼠标直接拖动底部的缩放滑块，可连续修改图形的显示比例。单击 （缩小）或 （放大）按钮，可以用预设的比例缩放图形的显示比例，效果与使用缩放工具一样。

图 3-12　【导航器】面板

3 【导航器】面板中红色方框内的区域代表当前窗口中显示的图形区域，而框外部分则表示没有显示在窗口中的图形区域。将鼠标指针移到面板红色方框中按下左键拖动，可移动红色方框，并在图形中快速定位。也可以直接在需要显示的区域上单击，这样即可使该区域在窗口中显示。

3.1.5　切换屏幕显示模式

Illustrator CS4 中有 3 种不同的屏幕显示模式，分别为正常屏幕模式、带有菜单栏的全屏模式和全屏模式。在工具箱中单击底部的 按钮，会弹出一个菜单，如图 3-13 所示，可以从中选择所需的模式，

图 3-13　屏幕的几种显示方式

或直接按 F 键来实现 3 种不同屏幕显示模式的转换。

（1）正常屏幕模式：选择该命令时，工具箱中就会显示 按钮，表示当前模式为正常屏幕模式，也就是当前文档窗口适合当前程序窗口。这种模式下，Illustrator 的所有组件，如菜单栏、标题栏和状态栏都将显示在屏幕上，如图 3-14 所示。

图 3-14　正常屏幕模式

（2）带有菜单栏的全屏模式：选择该命令时，工具箱中就会显示 按钮，表示当前模式为带有菜单栏的全屏模式。这种模式下，Illustrator 的应用程序栏、文档标题栏和任务栏被隐藏起来，如图 3-15 所示。

图 3-15　带有菜单栏的全屏模式

（3）全屏模式：选择该命令时，工具箱中就会显示▭按钮，表示当前模式为全屏模式。文档窗口最大化显示在显示器屏幕中，如图 3-16 所示，同时隐藏了工具箱、【控制】选项栏与控制面板，不过可以指向左边或右边来显示工具箱与控制面板。

图 3-16 全屏模式

3.2 如何使用参考线、标尺与网格

Illustrator CS4 提供了很多辅助用户绘制图形的工具，大多在【视图】菜单中。这些工具对图形不做任何修改，但是对用户绘制的图形有所参考。这些工具可以用于测量和定位图形，熟练应用可以提高绘制图形的效率。

3.2.1 参考线与标尺

为了精确绘制图形，Illustrator CS4 提供了"参考线、智能参考线、标尺与网格"等功能，帮助用户在操作过程中迅速准确的定位坐标点，而且参考线可以设置成垂直的、水平的、斜向的以及默认值效果的，还可以在屏幕上任意移动以及改变它的方向。

智能参考线是我们在创建与编辑对象时显示的临时对齐参考线，可以在菜单中执行【视图】→【智能参考线】命令，显示/隐藏它。参考线可帮助用户参照其他对象或画板来对齐、编辑和变换对象或画板。

 通过"创建零点标尺"的方法能重新设定标尺的零点位置。

Howto 创建零点标尺

1 将光标移至"水平"与"垂直"标尺栏的交点位置处，按下左键不放，向页面中拖动，此时，在屏幕上拉出了两条相交垂直线。

2 拖至适当位置处松开鼠标左键，标尺上的零点就将被设定于此处，其水平直线与垂直标尺的相交点便是垂直标尺的零点位置；垂直直线与水平标尺的交点便是水平标尺的零点位置了。

Howto 设置参考线

1 按 Ctrl+O 键打开配套光盘中的"/范例源文件/CH3/城市.ai"文件，再在菜单中执行【编辑】→【首选项】→【参考线与网格】命令，弹出如图 3-17 所示的【首选项】对话框。

2 在【首选项】对话框中双击【参考线】栏中的颜色块，弹出如图 3-18 所示的【颜色】对话框，并在其左上角的基本颜色中单击红色，然后再单击【确定】按钮，返回到【首选项】对话框中，单击【确定】按钮。

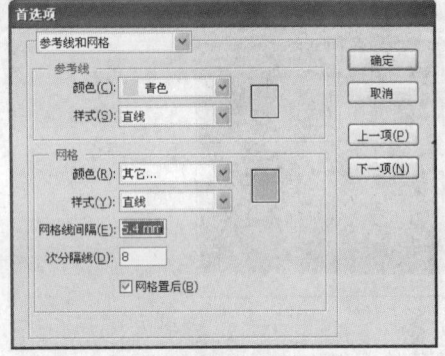
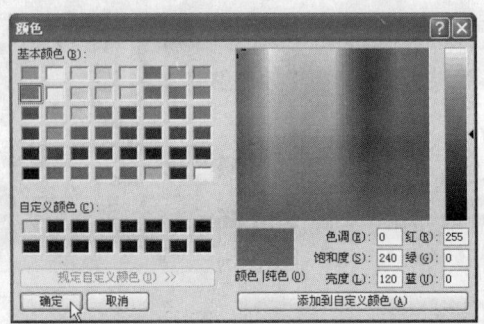

图 3-17 【首选项】对话框　　　　　　　　图 3-18 【颜色】对话框

TIPS 用户也可以直接在【首选项】对话框中【参考线】栏的【颜色】下拉列表中选择所需的颜色。还可以根据需要在【样式】下拉列表中选择所需的选项（如：直线或点线）。

3 按 Ctrl+R 键显示标尺栏，再将指针移到水平标尺栏上按下左键向画面拖出一条直线到适当位置如图 3-19 所示，松开鼠标左键即可得到一条水平参考线，如图 3-20 所示。

图 3-19 拖移时的状态　　　　　　　　图 3-20 拖出的参考线

4 参考线是可以被移动的，接着在工具箱中点选 选择工具，再移动指针到参考线上按下左键向下拖动，将参考线拖至适当的位置，如图 3-21 所示，松开鼠标左键即可。

图 3-21 移动参考线

 如果要锁定参考线，可将指针移到参考线上右击，在弹出的快捷菜单中单击【锁定参考线】命令，即可将参考线锁定，这样，参考线就不会被随意移动了。

Howto 改变参考线的方向

1 在工具箱中双击 旋转工具，弹出【旋转】对话框，并在其中设定【角度】为 30 度，也可勾选【预览】复选框即时查看参考线旋转的角度，如图 3-22 所示，单击【确定】按钮，就可将参考线进行了 30 度的旋转。

2 还可以复制参考线，只需要在【旋转】对话框中单击【复制】按钮，就可将参考线在旋转的同时复制了一条参考线，如图 3-23 所示。

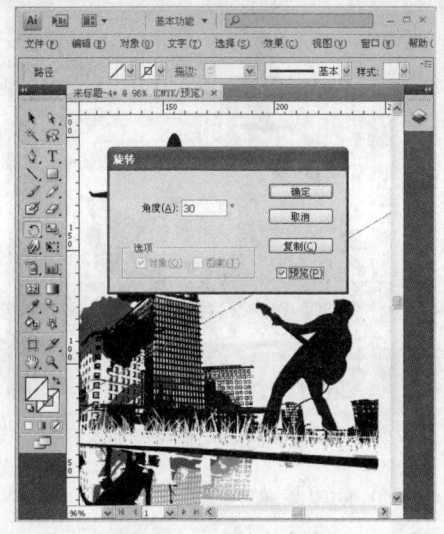 

图 3-22 旋转参考线　　　　　　　　　　图 3-23 旋转并复制的参考线

3.2.2 网格

Howto 显示与更改网格颜色与间隔

1 在菜单中执行【视图】→【显示网格】命令，在文档窗口中就会显示如图 3-24 所示的网格。如果要隐藏网格，可在菜单中执行【视图】→【隐藏网格】命令。

图 3-24 显示网格

2 如果要对网格进行设置，可在菜单中执行【编辑】→【首选项】→【参考线与网格】命令，弹出【首选项】对话框，并在其中设定网格【颜色】为"淡蓝色"，【网格线间隔】为"5.4mm"，【次分隔线】为"8"，如图 3-25 所示，单击【确定】按钮，在窗口中的网格线也就相应的发生了变化，如图 3-26 所示。

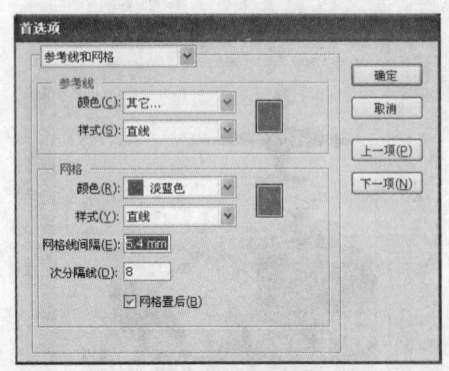

图 3-25 【首选项】对话框

图 3-26 改变网格颜色后的效果

可以按 Ctrl+' 键来显示/隐藏网格。按 Ctrl+; 键来显示/隐藏参考线。

3.2.3 度量工具

度量工具可以测量图形中任何两点之间的距离、宽度、高度和角度。

Howto 使用度量工具

1 按 Ctrl+O 键打开配套光盘中的"/范例源文件/CH3/吉他.ai"文件，如图 3-27 所示。

2 在菜单中执行【窗口】→【信息】命令或按 Ctrl+F8 键，显示【信息】面板，接着在工具箱中点选 度量工具，如图 3-28 所示，再移动指针到需要测量对象的起点处按下左键向终点处拖动，在拖动的同时【信息】面板中随时记录下指针移动时的信息，如图 3-29 所示，到达目标位置后松开鼠标左键，即可在【信息】面板中查看相关信息。如：宽度为 – 126.142mm，高度为 129.487mm，距离为 180.772，角度为 134.25 度。

图 3-27 打开的图形文件

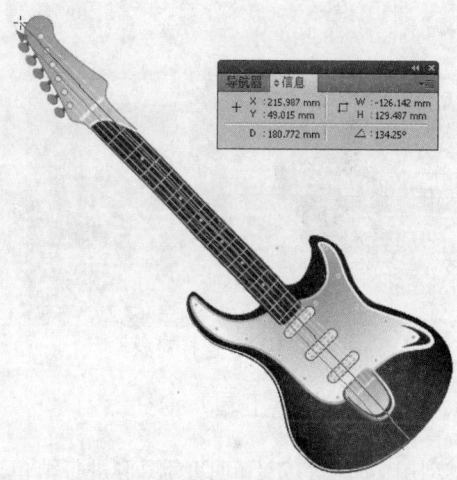

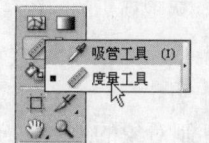

图 3-28 选择度量工具　　　　　　　　图 3-29 测量时显示的结果

3.3 在对象之间拷贝属性

用户可从一个 Illustrator 档案中的任何对象，使用吸管工具复制外观和颜色属性——包括透明度、动态特效和其他属性。用户可以利用实时上色工具，将复制的属性套用至对象。

根据默认值，吸管工具和实时上色工具会影响对象的所有属性。可以使用工具的选项对话框来设置它所影响的程度。也可以使用吸管工具和实时上色工具来复制和粘贴文字属性。

3.3.1 吸管工具

利用吸管工具可以从其他已经存在文档中的图形内吸取颜色，以给该文档中所选的图形对象填充颜色。同时也可利用它复制对象的属性。

Howto 使用吸管工具复制对象属性

1 按 Ctrl+O 键打开配套光盘中的"/范例源文件/CH3/图案.ai"文件，如图 3-30 所示。

2 在工具箱中点选 直接选择工具，如图 3-31 所示，再移动指针到画面中单击如图 3-32 所示的图形，然后按着 Shift 键单击另一个要应用同一种属性的对象，如图 3-33 所示。

图 3-30　打开的图形文件　　图 3-31　选择直接选择工具　　图 3-32　选择对象

3 在工具箱中点选 吸管工具，再移动指针到要吸取颜色的图形上单击，即可将前面选择对象的属性改为吸管工具所单击的对象的属性，如图 3-34 所示。

图 3-33　选择对象　　　　　　　　　　　图 3-34　吸取所需的颜色

3.3.2 实时上色工具

利用实时上色工具可以对图形进行填色。也可以利用它们复制对象的属性。

Howto 使用实时上色工具复制对象属性

1 先按 Ctrl 键在画面的空白处单击取消对象的选择，再用吸管工具在画面中单击要复制对象属性的对象，如图 3-35 所示。

2 从工具箱中点选 实时上色工具，按 Ctrl 键在画面中左下方的白色五角星上单击，以选择它，如图 3-36 所示，然后松开 Ctrl 键用实时上色工具在白色五角星内单击，即已将其填充色改为用吸管工具吸取的属性，如图 3-37 所示。

图 3-35　吸取对象的属性　　　　　　　　图 3-36　选择对象

3 在键盘上按 I 键切换到吸管工具，接着在画面中另一个对象上单击，可以用吸管工具吸取的属性改变选择对象的属性，如图 3-38 所示。

图 3-37　用实时上色工具应用吸取的颜色

图 3-38　改变对象属性

3.4　创建新窗口

用户可以为一个图形创建多个窗口，从而可以在不同的视图窗口中查看文档的不同部分。

Howto 为一个图形创建新窗口

1 在菜单中执行【窗口】→【新建窗口】命令，即可创建一个新窗口，如图 3-39 所示。

图 3-39　创建一个新窗口

2 在菜单中执行【窗口】→【排列】→【平铺】命令，即可将程序窗口的多个绘图窗口进行平铺，如图 3-40 所示。

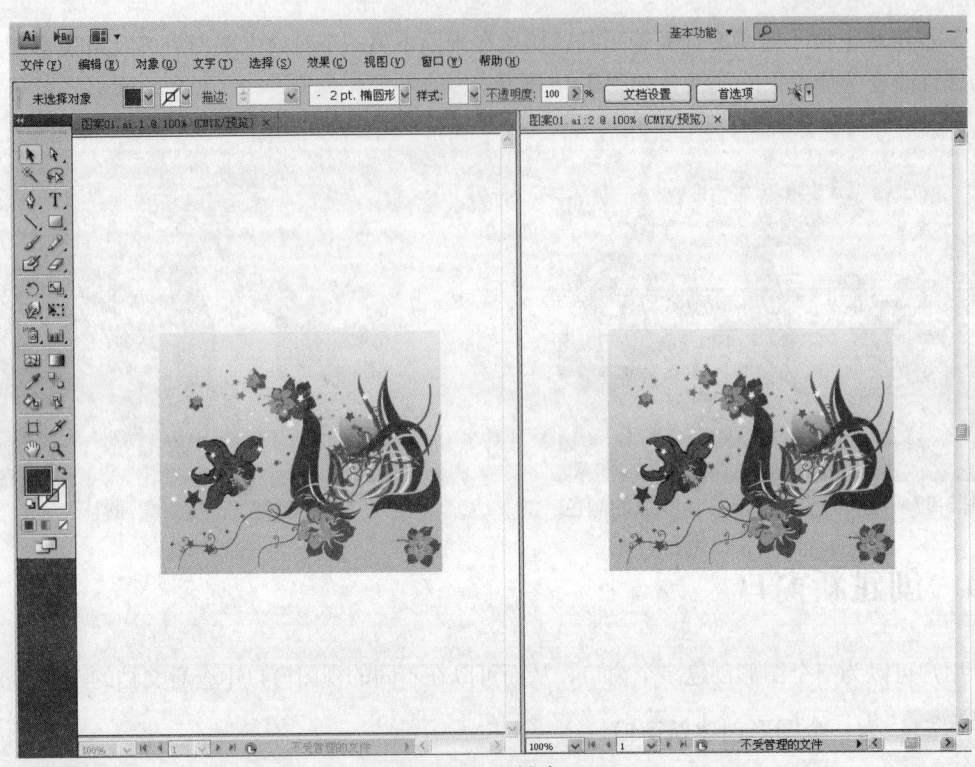

图 3-40 平铺窗口

3 在图案 01.ai:1 窗口的左下角【缩放级别】下拉列表中选择"300%",即可将该窗口的显示比例设置为 300%,而图案 01.ai:2 窗口的显示比例没有发生变化,如图 3-41 所示。

图 3-41 放大一个窗口后的画面

3.5 本章小结

本章通过简单的实例介绍了抓手工具、缩放工具、【导航器】面板、切换屏幕显示模式等图形查看工具，以及标尺、参考线、网格、度量工具、吸管工具、实时上色工具等辅助工具的操作方法与功能。

3.6 本章习题

一、填空题

1. Illustrator CS4 提供了_____、缩放工具、_____命令和_____面板等多种方式，使用户可以方便地按照不同的放大倍数查看图形的不同区域。
2. 使用_____复制外观和颜色属性——包括透明度、动态特效和其它属性。用户可以利用_____，将复制的属性套用至对象。
3. Illustrator CS4 中有 3 种不同的屏幕显示模式，分别为_____、_____和_____。

二、选择题

1. 按以下哪组快捷键可以以图形的当前显示区域为中心放大比例？（   ）
   A. 按 Ctrl+ +键　　B. 按 Ctrl+ -键　　C. 按 Ctrl+ *键　　D. 按 Ctrl+ \键
2. 按以下哪组快捷键可以以图形的当前显示区域为中心缩小比例？（   ）
   A. 按 Ctrl+ +键　　B. Ctrl+ *键　　C. 按按 Ctrl+ -键　　D. 按 Ctrl+ \键
3. 按以下哪组快捷键可以显示或隐藏标尺栏？（   ）
   A. 按 Ctrl+T 键　　B. 按 Ctrl+R 键　　C. 按 Ctrl+G 键　　D. 按 Ctrl+C 键
4. 按以下哪组快捷键可以显示或隐藏参考线？（   ）
   A. 按 Ctrl+' 键　　B. 按 Ctrl+；键　　C. 按 Ctrl+\键　　D. 按 Ctrl+R 键

第 4 章 基础绘图与绘画

教学目标

掌握各种绘图与绘画工具的作用与操作方法及其应用。其中包括：钢笔工具、铅笔工具、直线段工具、弧形工具、螺旋线工具、矩形网格工具、极坐标网格工具、矩形工具、圆角矩形工具、椭圆工具、多边形工具、星形工具与斑点画笔工具。

教学重点与难点

➢ 绘制路径
➢ 调整路径
➢ 绘制基本图形
➢ 描绘图形
➢ 用钢笔工具与铅笔工具绘图
➢ 用斑点画笔工具绘画

4.1 关于路径

路径是由一条或多条线段或曲线所组成。节点（锚点）是定义路径中每条线段的开始和结束点，通过它们来固定路径。通过移动节点，可以修改路径段，以及改变路径的形状。路径既可以是开放的，也可以是封闭的。封闭的路径是一条连续的、没有起点或终点的路径。开放的路径具有不同的端点，如：一条直线线条。

一条开放路径的开始节点和最后节点叫做端点。如果要填充一条开放路径，则程序将会在两个端点之间绘制一条假想的线条并且填充该路径。

路径可以有两种锚点——尖角控制点和平滑控制点。在尖角控制点上，路径会突然地改变方向。在平滑控制点上，路径段会连接为一条连续曲线。用户可使用尖角控制点和平滑控制点的任意组合，绘制一条路径。用户如果在绘制时绘制出错误的控制点，随时都可以更改。一个尖角控制点可连接直线段或曲线段。

在 Illustrator CS4 中，使用绘图工具绘制所需的所有对象，无论是孤立的直线、曲线或是规则的、不规则的几何形状，甚至使用文字工具所创建的文字，它们的轮廓均可以称为路径。绘制一条路径之后，可通过改变它的大小、形状、位置和颜色并对它进行编辑。

4.2 用钢笔工具绘制路径

利用钢笔工具可以绘制各种各样的图形（包括：简单的、复杂的和精确的）和路径。钢笔工具可以让用户建立直线和相当精确的平滑、流畅曲线。

4.2.1 用钢笔工具绘制曲线

Howto 用钢笔工具绘制曲线

1 开启 Illustrator CS4 程序，按 Ctrl+N 键新建一个文档。

2 从工具箱中点选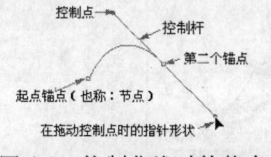钢笔工具，在画面中先单击一点作为起点，然后在第二点处按下左键并向所需的方向拖动，即可得到一条平滑的曲线，如图 4-1 所示。

3 在第三点处按下左键并向所需的方向拖动，同样得到一条曲线段，如图 4-2 所示，按 Ctrl 键在空白处单击即可完成曲线的绘制，如图 4-3 所示。

图 4-1　绘制曲线时的状态　　图 4-2　绘制曲线时的状态　　图 4-3　绘制好的曲线

4.2.2 用钢笔工具绘制直线

Howto 用钢笔工具绘制直线

1 使用钢笔工具，在画面中单击一点作为起点，然后移动指针到第二点处单击，如图 4-4 所示。

2 按 Ctrl 键在路径以外的空白处单击取消选择，即可得到一条直线，如图 4-5 所示。

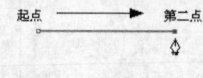 
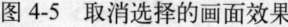

图 4-4　绘制直线段　　　　　　　图 4-5　取消选择的画面效果

 如果设置的描边颜色为无，则不会看到刚绘制的直线。

4.2.3 用钢笔工具勾画轮廓

Howto 用钢笔工具勾画轮廓

1 按 Ctrl+O 键打开配套光盘中的"/范例源文件/CH4/01.ai"文件，如图 4-6 所示。

2 在工具箱中点选钢笔工具，并将描边设为黑，填色设为无，接着在人物头部的适当位置单击一点作为起点，再移动指针到第 2 点处按下左键进行拖移，以调整曲线路径以适合头部，接着按 Alt 键拖动该节点上的控制点，以缩短控制杆，再移动指针到第 3 点处进行拖动，这样一直沿着人物轮廓进行勾画，如果要勾画很短的曲线路径时，可以将一端控制杆删除（方法是：将指针指向要删除控制杆的节点上指针呈 状时单击），直到绘制好后返回到起点处指针呈 状时按下左键进行拖移，以调整曲线路径的形状来适合人物的轮廓，得到所需的形状后松开左键，即可完成人物轮廓的

图 4-6　打开的图形文件

绘制，如图4-7所示。

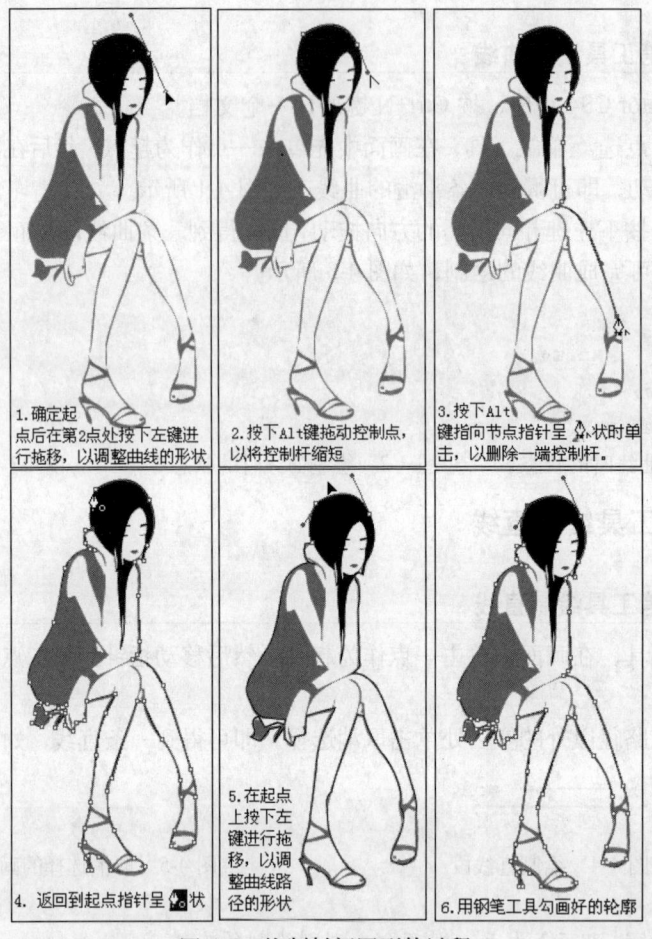

图4-7 绘制封闭图形的过程

（1）在绘制路径时，如果要删除末端控制杆，可指向锚点指针呈 状时单击即可将末端控制杆删除。如果要绘制封闭图形可在绘制好形状后返回到起点指针呈 状时单击，即可得到一个封闭的路径。
（2）使用钢笔工具移到选择路径上的路径段上，当指针呈 状时单击可添加一个锚点；当移动指针指向节点呈 状时单击，可删除该锚点。
（3）也可使用直接选择工具对绘制好的路径进行调整。

4.3 用铅笔工具绘制路径

使用铅笔工具可以绘制开放的和封闭的路径，就如同在纸上用铅笔绘图一样。这对速写或建立手绘外观很有帮助。当用户完成绘制路径后，如果需要对路径进行修改，可立刻进行。

锚点是用铅笔工具绘制时所设定的；用户不用决定锚点的位置。但是在路径绘制完成时，可以对其做调整。锚点的数目是由路径的长度和复杂度，以及【铅笔工具选项】对话框的保真度设置所决定的。这些设置可控制鼠标或绘图板上数字笔移动铅笔工具的敏感度。

4.3.1 绘制开放式路径

Howto 使用铅笔工具绘制开放式路径

1 按 Ctrl 键在空白处单击取消选择,从工具箱中点选 铅笔工具,移动指针到人物背后的适当位置,指针呈 状,如图 4-8 所示。

2 按下左键进行拖移,达到所需的形状后,如图 4-9 所示,松开鼠标左键,即可得到一条开放式的线条,如图 4-10 所示。

图 4-8　指向目标起点　　　　图 4-9　拖移时的状态　　　　图 4-10　绘制好的开放式路径

4.3.2 更改曲线（路径）形状

Howto 使用铅笔工具更改曲线形状

1 将指针移到曲线上,当指针呈 状时,按下左键向所需的方向拖移,达到所需的形状,如图 4-11 所示,松开左键即可将曲线的形状进行了修改,如图 4-12 所示。

图 4-11　在曲线上拖移时的状态　　　　图 4-12　修改曲线后的效果

2 有时并不需要改变其形状,而是需要从曲线上直接绘制另一条曲线,可以在工具箱中双击 铅笔工具,弹出如图 4-13 所示的【铅笔工具选项】对话框,并在其中取消【编辑所选路径】选项的勾选,单击【确定】按钮。再在刚绘制并选择的曲线上进行绘制,这样就不会修改曲线而是另绘制一条曲线了,如图 4-14 所示。

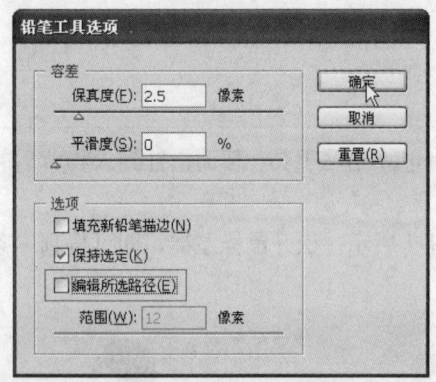

图 4-13 【铅笔工具选项】对话框

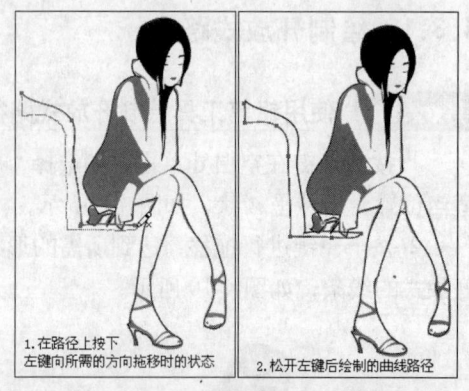

图 4-14 绘制另一条曲线

【铅笔工具选项】对话框选项说明：

- **保真度**：用来控制鼠标或数字笔必须移动的距离，让 Illustrator CS4 将新的锚点加入路径中。"保真度"的范围从 0.5 到 20 像素；数值越高，路径越平滑且越简单。
- **平滑度**：使用工具时，"平滑度"可控制所使用的平滑量。"平滑度"的范围从 0% 到 100%，数值越高，路径越平滑。
- **保持选定**：用来决定 Illustrator CS4 是否要保留绘制好后对路径的选取。
- **编辑所选路径**：决定是否可使用铅笔工具来改变（修改）现有（当前选择）的路径。
- **范围**：决定如果要使用铅笔工具来编辑现有路径时，用户的鼠标或数字笔与该路径之间的接近程度。只有在选取【编辑所选路径】选项时才能使用此选项。

4.3.3 用铅笔工具绘制一棵树

在本例中主要应用到铅笔工具、选择工具、渐变面板和颜色面板等工具与命令，制作流程如图 4-15 所示，最终效果如图 4-16 所示。

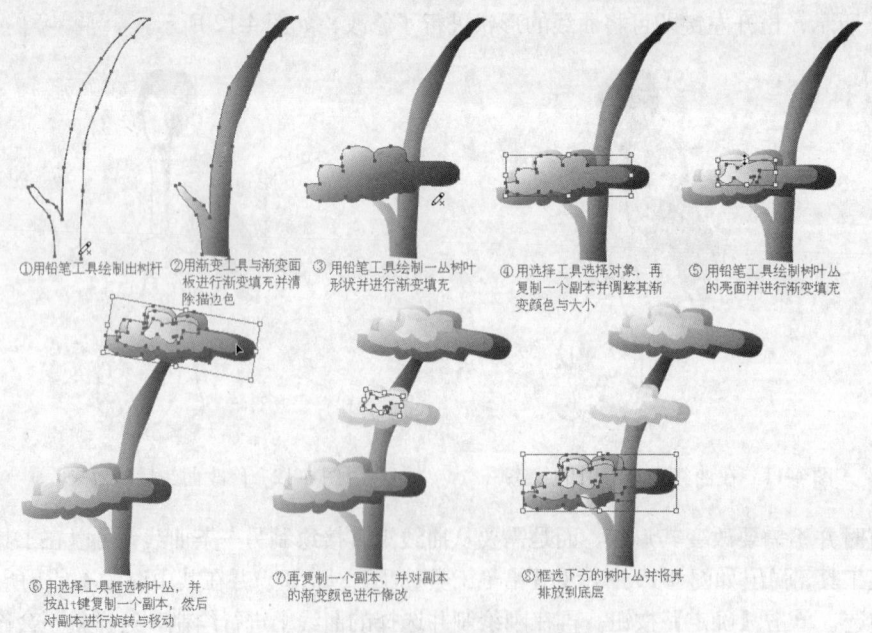

图 4-15 制作流程图

第 4 章 基础绘图与绘画 *61*

图 4-16 最终效果图

Howto 使用铅笔工具绘制一棵树

1 按 Ctrl+N 键新建一个文档，接着在工具箱中点选 铅笔工具，采用默认值，在画板中绘制出树枝杆，如图 4-17 所示。

2 在右边的控制缩览按钮栏中单击 按钮，显示【渐变】面板，并在其中的【类型】列表中选择"线性"，如图 4-18 所示，然后在渐变滑杆下方中间位置单击添加一个色标(又称：渐变滑块)，再双击该色标，弹出【颜色】面板，此时显示的为灰度模式的渐变滑杆，如图 4-19 所示，如果要采用 CMYK 模式的渐变滑杆，请单击右上角的 按钮，弹出下拉菜单，并在其中选择【CMYK】命令，如图 4-20 所示。

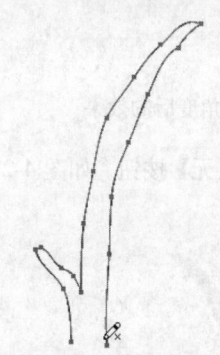

图 4-17 绘制枝杆

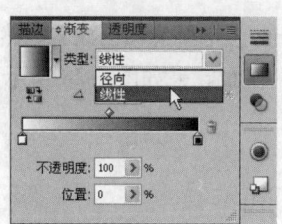

图 4-18 【渐变】面板

图 4-19 【渐变】面板

3 接着在 CMYK 色谱上单击所需的颜色，以设置该色标的颜色，如图 4-21 所示，此时的画面效果如图 4-22 所示。

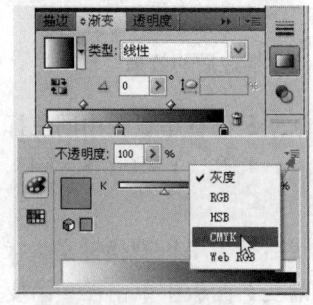

图 4-20 【渐变】面板

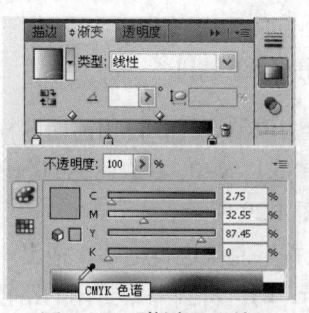

图 4-21 【渐变】面板

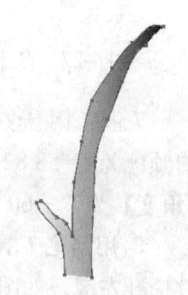

图 4-22 渐变填充后的效果

4 在【渐变】面板中将右边的色标向左拖至适当位置，再双击它，以弹出【颜色】面板，同样在 CMYK 色谱上单击所需的颜色，如图 4-23 所示，以得到如图 4-24 所示的效果。

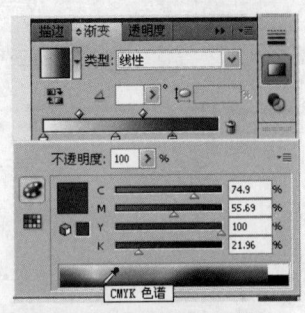
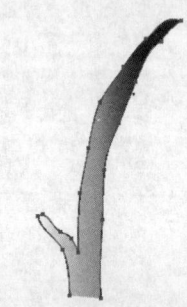

图 4-23　【渐变】面板　　　　　　　　图 4-24　渐变填充后的效果

5 在【渐变】面板中设置【渐变角度】为"－10"度，如图 4-25 所示，以改变渐变方向，更改渐变方向后的画面效果如图 4-26 所示。

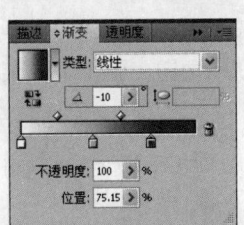
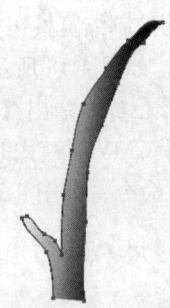

图 4-25　【渐变】面板　　　　　　　　图 4-26　改变渐变角度后的效果

6 在工具箱中单击【描边】按钮，使它为当前颜色设置，然后再单击【无】按钮，如图 4-27 所示，即可将图形的描边颜色设为无，画面效果如图 4-28 所示。

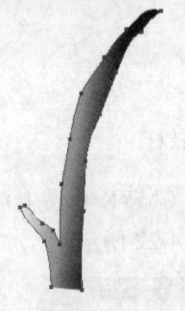

图 4-27　在工具箱中选择【无】按钮　　　图 4-28　清除描边后的效果

7 按 Ctrl 键在空白处单击取消选择，再用前面同样的方法在【渐变】面板中设置中间色标的颜色为 C=58.82、M=0、Y=85.1、K=0，右边色标的颜色为 C=86.27、M=43.92、Y=100、K=7.45，【角度】为"－60"度，如图 4-29 所示。

8 用铅笔工具在树枝上按下左键进行拖移，拖出一丛树叶的形状后按下 Alt 键指针呈 状时松开左键，如图 4-30 所示，即可得到一个封闭的路径；然后在【渐变】面板中单击任一渐变滑块，即可给刚绘制的封闭路径进行渐变填充，结果如图 4-31 所示。

第 4 章 基础绘图与绘画 63

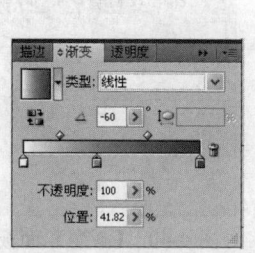
图 4-29 【渐变】面板

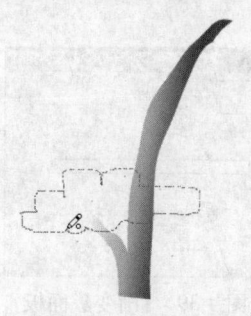
图 4-30 绘制对象

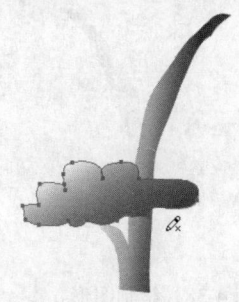
图 4-31 渐变填充后的效果

9 在工具箱中点选 选择工具，在键盘上按 Ctrl+C 键进行拷贝，再按 Ctrl+F 键将其内容贴在前面，然后移动指针到右上角的控制柄上指针呈 状时按下左键向左下方拖动，到达所需位置，如图 4-32 所示，再移动指针到左下角的控制柄上指针呈 状时按下左键向右上方拖动，以缩小副本，结果如图 4-33 所示。

10 接着移动指针到上边中间控制柄上指针呈 状时按下左键向下拖动，然后再拖动下边中间控制柄向上至适当位置，以缩小副本，缩小后的结果如图 4-34 所示。

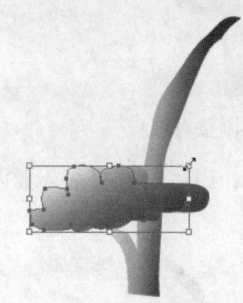
图 4-32 调整对象

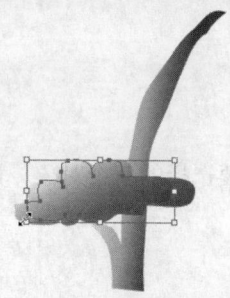
图 4-33 调整对象

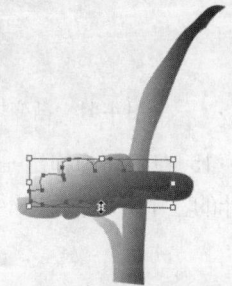
图 4-34 复制一个副本

11 在【渐变】面板中双击右边的色标，弹出【颜色】面板，并在其中的 CMYK 色谱上单击所需的颜色，如图 4-35 所示，再在【渐变】面板中双击中间的色标，弹出【颜色】面板，并在其中的 CMYK 色谱上单击所需的颜色，如图 4-36 所示，这样就将副本的渐变颜色进行了更改，结果如图 4-37 所示。

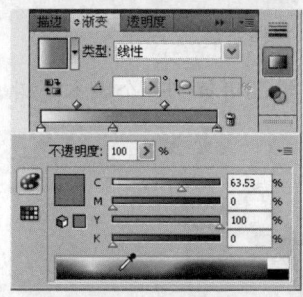
图 4-35 编辑渐变

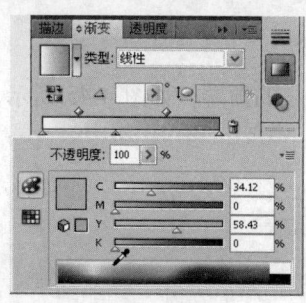
图 4-36 编辑渐变

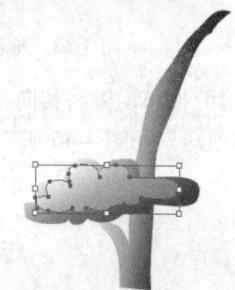
图 4-37 更改渐变后的效果

12 用铅笔工具在表示树叶的图形上绘制一个封闭的图形，如图 4-38 所示，用来表示这丛树叶亮面。

13 在【渐变】面板中拖动右边的色标到面板外，以将其删除，删除后的结果如图 4-39 所示，然后将中间的色标向右拖至右端，如图 4-40 所示，以得到如图 4-41 所示的渐变效果。

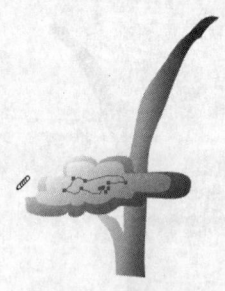
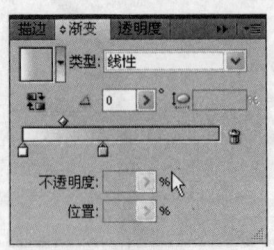
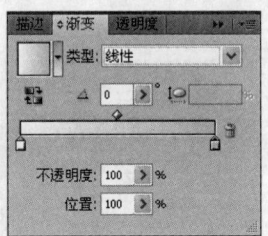

图 4-38 绘制图形　　　　图 4-39 【渐变】面板　　　　图 4-40 【渐变】面板

14 在工具箱中点选 选择工具，移动指针到上边中间控制柄上指针呈 状时按下左键向上拖动，以放大副本，放大后的结果如图 4-42 所示。

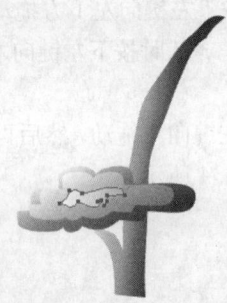
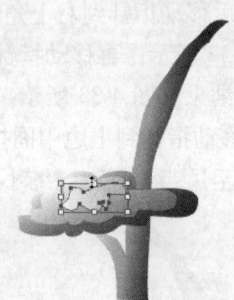

图 4-41 渐变填充后的效果　　　　图 4-42 调整对象

15 在画面中拖出一个虚框框住要选择的三个对象，如图 4-43 所示，以同时选择表示整丛树叶的三个对象，如图 4-44 所示。

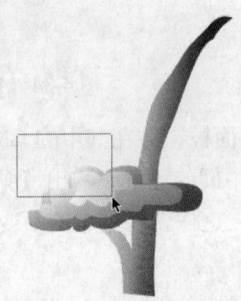
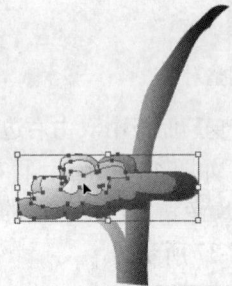

图 4-43 拖出一个虚框　　　　图 4-44 选择对象

16 按 Alt 键将其向上拖至树枝的顶端，如图 4-45 所示，松开左键即可复制一个副本至树枝的顶端，如图 4-46 所示。

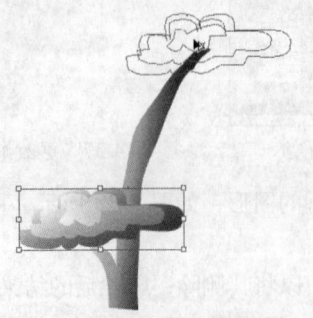
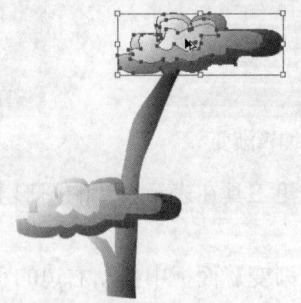

图 4-45 按 Alt 键拖动对象　　　　图 4-46 复制的对象

17 移动指针到选框的右上角控制柄旁边,指针呈 状时按下左键向下拖至适当位置,以将其进行适当旋转,如图 4-47 所示,然后移动指针到选框中按下左键将其拖至适当位置,移动后的结果如图 4-48 所示。

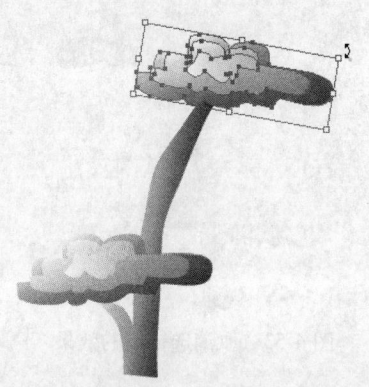 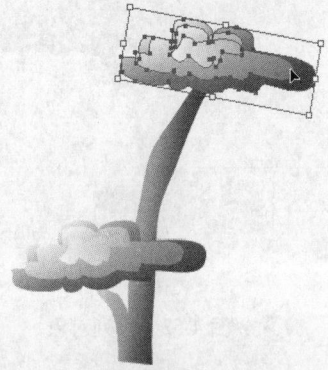

图 4-47　旋转对象　　　　　　　　图 4-48　移动对象

18 按 Alt 键将其向下拖动到适当位置,以复制一个副本,再将其适当缩小,如图 4-49 所示;然后将其移动到适当位置,如图 4-50 所示。

图 4-49　复制并缩小对象　　　　　　图 4-50　拖动对象

19 用前面同样的方法依次将这丛树叶的三个对象的渐变颜色进行更改,更改后的效果如图 4-51 左所示。

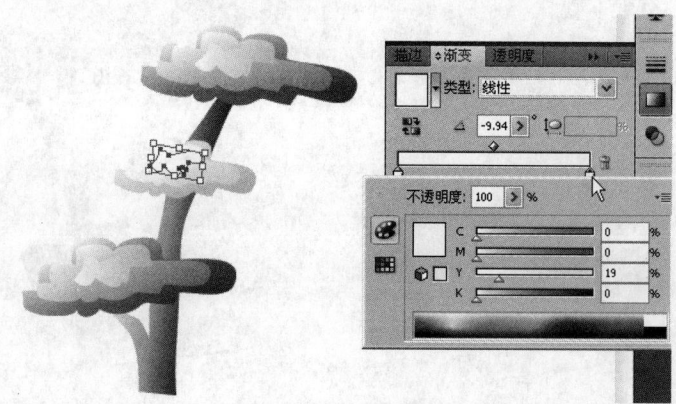

图 4-51　更改颜色

20 用选择工具在画面中框选下方的一丛树叶,再在菜单中执行【对象】→【排列】→【置于底层】命令,将其置于底层,结果如图 4-52 所示,然后在空白处单击取消选择,画面效果如图 4-53 所示。这样,我们的树就绘制完成了。

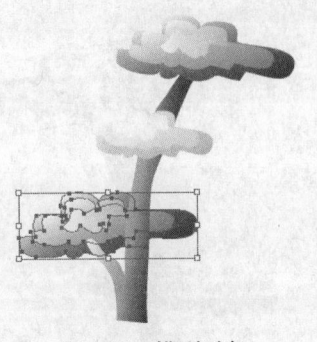

图 4-52 排列对象

图 4-53 取消选择后的效果

4.4 绘制简单线条与形状

Illustrator CS4 提供了两组工具,可用来建立简单的线条和几何形状。第一组工具包括 直线段工具、 弧形工具、 螺旋线工具、 矩形网格工具和 极坐标网格工具。第二组工具包括 矩形工具、 圆角矩形工具、 椭圆工具、 多边形工具和 星形工具。这些工具都很容易使用,而且可帮助用户快速的绘制基本对象。

4.4.1 绘制直线

利用直线段工具,可以绘制出任一长度的直线段。可以在画面中拖动鼠标来绘制任一角度或任一长度的直线,也可以利用【直线段工具选项】对话框来绘制确定长度或角度的直线段。

Howto 绘制确定长度或角度的直线段

1 先在工具箱中将描边 置于当前颜色设置,并将【颜色】面板中单击黑色,使描边为黑色,再点选 直线段工具,然后在画面中适当位置确定要绘制直线的起点,再在该起点处按下鼠标左键向直线延伸的方向拖动,如图 4-54 所示,到达一定长度后松开左键后,即可得到一条直线段,如图 4-55 所示,按 Ctrl 键在空白处单击可取消对直线段的选择,如图 4-56 所示。

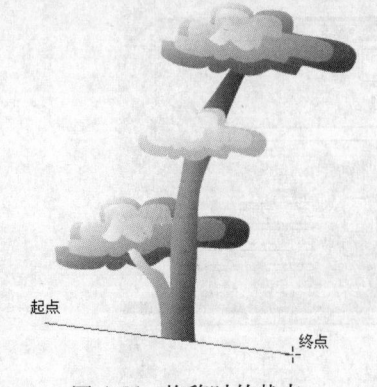

图 4-54 拖移时的状态

图 4-55 绘制直线段

2 按着 Shift 键可以绘制 45 度的整数倍方向的直线段，如图 4-57 所示。

 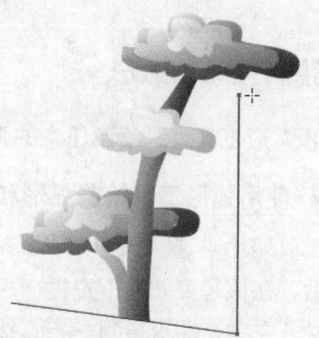

图 4-56 绘制好的直线段　　　　　　图 4-57 绘制直线段

 按下 Alt 键可以绘制以某一点为中心向两端延伸的直线段。按下～键的同时在画面的适当位置以逆时针或顺时针拖动鼠标，可以绘制多条直线段。按下 Alt+～键可以绘制多条通过同一点并向两端延伸的直线段。

3 也可以利用【直线段工具选项】对话框，直接绘制直线段，在画板内单击一点，以确定起点，接着弹出如图 4-58 所示的【直线段工具选项】对话框，并在其中的【长度】文本框中输入 "50mm"，【角度】文本框中输入 "0°"（也可以在圆圈内拖动鼠标来改变角度），单击【确定】按钮，即可得到一条长 50mm 的水平直线，如图 4-59 所示。

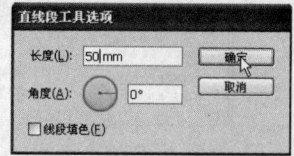

图 4-58 【直线段工具选项】对话框　　　　图 4-59 绘制固定长度的直线段

【直线段工具选项】对话框选项说明：
● **长度**：用来指定线条的总长度。
● **角度**：指定从线条的参考点起算的角度。
● **线段填色**：指定是否使用目前的填色颜色来填色线条。

4 如果要改变直线的颜色，在【颜色】面板设定描边为 C=0、M=100、Y=0、K=0，如图 4-60 所示，即可将直线的颜色改为所需设置的颜色，如图 4-61 所示。

 如果【颜色】面板没有显示在程序窗口中，可以在菜单中执行【窗口】→【颜色】命令或按 F6 键，或在右边的控制缩览按钮栏中单击 (颜色)按钮。

5 如果要改变直线的粗细，在【控制】选项栏的【描边】下拉列表选择 "8pt"，即可将直线的粗细进行了更改，如图 4-62 所示。

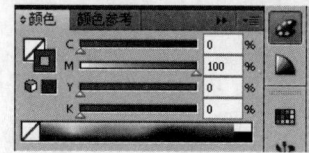

图 4-60 【颜色】面板　　图 4-61 改变颜色后的画面效果　　图 4-62 改变描边粗细后的画面效果

用户也可以在【描边】面板中设置直线的粗细与其他属性。

4.4.2 绘制弧线和弧形

利用 弧形工具可以绘制任意的弧形和弧线。它的绘制方法与绘制直线段相同。

Howto 使用弧形工具绘制弧形和弧线

1 在工具箱中点选 弧形工具,在画面中确定所需绘制弧线的起点后,在该起点处按下左键向所需的方向拖动,到达一定长度后松开左键,即可得到一条弧线,如图4-63所示。

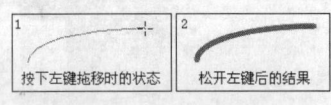

图4-63 绘制弧线

 这里是我们前面刚设置了描边粗细,并且采用了上节的同一个文件,因此现在所绘制的弧线的粗细为前面设置的8pt,描边颜色为C=0、M=100、Y=0、K=0。如果新建了一个文档则又返回到默认值。

2 在【控制】选项栏中设置描边为"CMYK绿",描边粗细为"1pt",如图4-64所示,以将弧线的粗细与颜色进行更改,然后按Alt+~键在画面中拖动鼠标,得到所需的线条后松开鼠标左键,即可得到多条弧线,如图4-65所示。

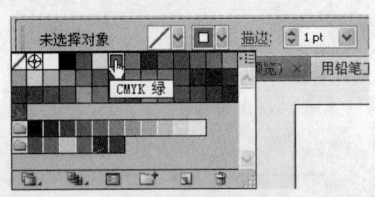

图4-64 【色板】面板

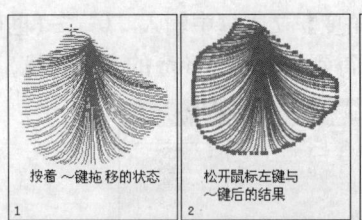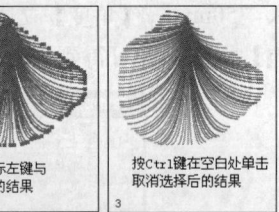

图4-65 绘制多条弧线

 按Alt键在画面中拖动可以绘制以参考点为中心向两边延伸的弧形或弧线。在绘制弧形或弧线时按下空格键可以移动弧形或弧线。按~键可以创建多条弧线和多个弧形。按下Alt+~键可以绘制多条通过同一点并向两端延伸的弧形或弧线。用弧形工具在绘制图形时按C键可以在开启和封闭弧形间切换,按F键可以翻转弧形,使原点维持不动,按↑向上键或↓向下键,可以增加或减少弧形角度。按Alt、~或Alt+~键绘制弧形或弧线技巧,同样可以应用到矩形、圆角矩形、椭圆、星形与多边形等基本图形中。

3 如果在画面中单击,则会弹出【弧线段工具选项】对话框,并在其中设置【X轴长度】为"50mm",【Y轴长度】为"50mm",在【类型】下拉列表中选择【闭合】,拖动凹凸滑杆上的滑块至-70处,如图4-66所示,单击【确定】按钮,即可得到如图4-67所示的封闭图形。

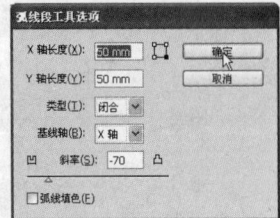

图4-66 【弧线段工具选项】对话框

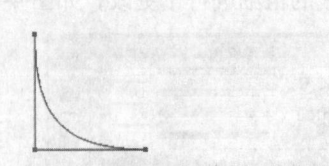

图4-67 绘制弧形

【弧线段工具选项】对话框选项说明：
- X 轴长度：用来指定弧形的 x 坐标轴的长度。
- 轴长度：用来指定弧形的 y 坐标轴的长度。
- 类型：用来指定对象拥有开放路径或封闭路径。
- 基线轴：用来指定弧形的方向。选择"X轴"或"Y轴"，这取决于用户要沿水平 (x) 坐标轴或垂直 (y) 坐标轴绘制弧形的基线而定。
- 凹 斜率 凸：用来指定弧形斜度的方向。如果为凹入斜面，可输入负值。如果为凸斜面，请输入正值。斜率为 0 时会建立一条直线。
- 弧线填色：使用目前的填色颜色来给弧形填色。

4.4.3 绘制螺旋形

使用 螺旋线工具可以用所给的半径和圈数——即开始到完成螺旋形状所需转动的数目，来建立螺旋形对象。

Howto 使用螺旋形工具建立螺旋形对象

1 从工具箱中点选 螺旋线工具，接着在弧形顶点上单击，以该端点为螺旋线的中心点，弹出【螺旋线】对话框，并在其中设置【半径】为"10mm"，【衰减】为"80"，【段数】为"8"，如图 4-68 所示，单击【确定】按钮，即可得到如图 4-69 所示的螺旋线。

【螺旋线】对话框选项说明：
- 半径：用来指定螺旋线中心点至最外侧点的距离。
- 衰减：用来指定螺旋线的每一圈与前一圈相比之下，必须减少的数量。
- 段数：用来指定螺旋线拥有的区段数。螺旋形状的每一整圈包含四个区段。
- 样式：用来指定螺旋线的方向。

2 接着在画面的右上方适当位置按下左键拖出一条螺旋线，如图 4-70 所示。

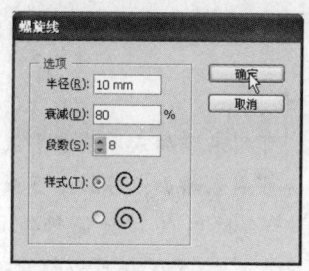
图 4-68 【螺旋线】对话框

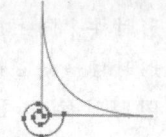
图 4-69 绘制螺旋线

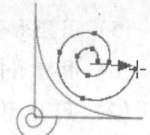
图 4-70 绘制螺旋线

4.4.4 绘制网格

使用网格工具可以快速绘制矩形或极坐标网格。 矩形网格工具可以建立尺寸和分隔线数量都已指定的矩形网格。指定网格尺寸和分隔线数目，然后在画板上任意拖动（即按下鼠标左键移动鼠标）以建立网格。 极坐标网格工具可以建立尺寸和分隔线数量都已指定的同心圆。指定网格尺寸和分隔线数目，然后在画板上任意拖动以建立网格。

Howto 使用矩形网格工具绘制网格

1 在工具箱中点选 矩形网格工具，接着在画板的适当位置单击，弹出如图 4-71 所示的

【矩形网格工具选项】对话框,并在其中设定【宽度】为"100mm",【高度】为"70mm",水平分割线的【数量】为"6",垂直分割线的【数量】为"3",其他不变,单击【确定】按钮,即可得到一个指定大小,以及指定行与列的矩形网格,如图4-72所示。

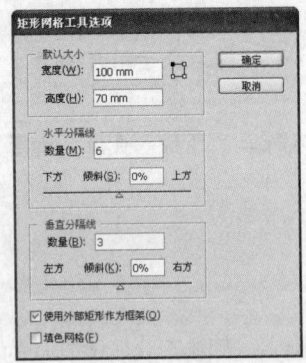

图4-71 【矩形网格工具选项】对话框

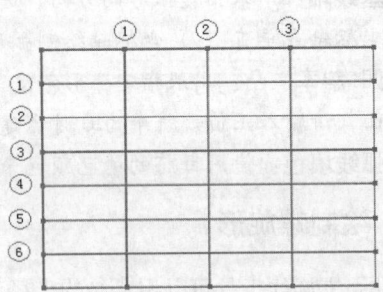

图4-72 绘制好的网格

【矩形网格工具选项】对话框选项说明:

- **宽度和高度**:【宽度】用来指定整个网格的宽度。【高度】用来指定整个网格的高度。
- **水平分隔线**:在【数量】文本框中输入希望在网格上下之间出现的水平分隔线数目。然后输入【偏离量】数值,以决定水平分隔线偏向上侧或下侧的方式。
- **垂直分隔线**:在【数量】文本框中输入希望在网格左右之间出现的垂直分隔线数目。然后输入【偏离量】数值,以决定垂直分隔线偏向左侧或右侧的方式。
- **使用外部矩形作为框架**:可以决定是否用一个矩形对象取代上、下、左、右的线段。
- **填色网格**:用目前的填色填满网格线(否则填充色就会被设定为无)。

(1) 按Shift键用网格工具在画面中拖动可以绘制出正方形或圆形网格。

(2) 按Alt键用网格工具可以绘制出以参考点向两边延伸的网格。

(3) 按Shift+Alt键用网格工具可以绘制出从参考点向两边延伸的网格,同时将网格限制为正方形或圆形极坐标。

(4) 用矩形网格工具绘制图形时按下空格键可以移动网格。

(5) 用矩形网格工具绘制图形时按↑向上键或↓向下键,可用来增加或删除水平线段。

(6) 用矩形网格工具绘制图形时按→向右键或←向左键,可用来增加或移除垂直线段。

(7) 用矩形网格工具绘制图形时按下 F 键可以让水平分隔线的对数偏斜值减少10%。按下 V 键可以让水平分隔线的对数偏斜值增加 10%。按下 X 键可以让垂直分隔线的对数偏斜值减少 10%。按下 C 键可以让垂直分隔线的对数偏斜值增加10%。

2 也可以直接在画板中拖出一个矩形网格,其大小可随时调整,但是矩形网格的行与列需在【矩形网格工具选项】对话框中先设定,或采用前面已经设置好的参数。

3 如果想要得到一个填充颜色固定的矩形网格,先取消上一图形的选择,再在【颜色】面板中设定【填色】为"湖蓝色",【描边】为"蓝色",如图4-73所示;同样在画面中单击,弹出【矩形网格工具选项】对话框,并在其中设定【宽度】为"100mm",【高度】为"50mm",水平分割线的【数量】为"5",垂直分割线的【数量】为"3",垂直分割线的【左方 倾斜】为"10%",勾选【填色网格】选项,其他不变,如图4-74所示,单击【确定】按钮,即可得到大小为100×50mm的矩形网格,如图4-75所示。

第 4 章 基础绘图与绘画

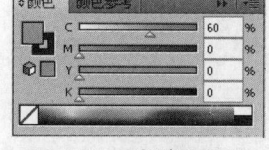
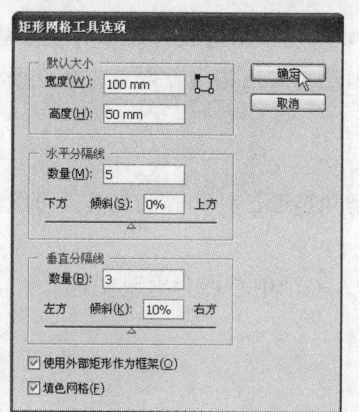
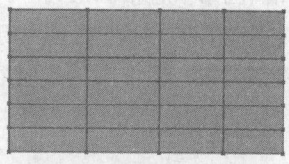

图 4-73 【颜色】面板　　图 4-74 【矩形网格工具选项】对话框　　图 4-75 绘制好的网格

Howto　使用极坐标网格工具绘制网格

1　在工具箱中点选 ⊕ 极坐标网格工具，可以直接采用默认值或前面已经设置好的参数，在画板的适当位置拖出一个极坐标网格，如图 4-76 所示。

2　也可以在画板的适当位置单击弹出如图 4-77 所示的对话框，并在其中设置【宽度】为"70mm"，【高度】为"70mm"，同心圆分隔线的【数量】为"4"，【内倾斜】为"−30%"，径向分隔线的【数量】为"7"，其他不变，单击【确定】按钮，即可得到如图 4-78 所示的极坐标网格。

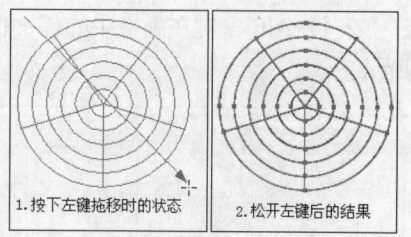

图 4-76 绘制极坐标网格

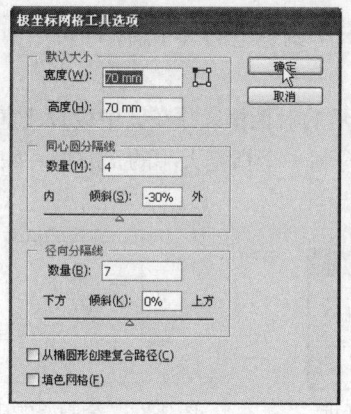
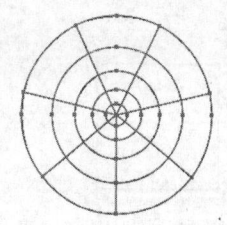

图 4-77 【极坐标网格工具选项】对话框　　图 4-78 绘制好的极坐标网格

【极坐标网格工具选项】对话框选项说明：

- **宽度和高度**：【宽度】用来指定极坐标网格的宽度。【高度】用来指定极坐标网格的高度。
- **同心圆分隔线**：在【数量】文本框中输入希望在网格中出现的同心圆分隔线数目。然后输入向内或向外偏离的数值，以决定同心圆分隔线偏向网格内侧或外侧的方式。
- **径向分隔线**：在【数量】文本框中输入希望在网格圆心和圆周之间出现的放射状分隔线数目。然后输入向下或向上偏离的数值，以决定放射状分隔线偏向网格的顺时针或逆时针方向的方式。

- **从椭圆形创建复合路径**：可以将同心圆转换为单独的复合路径，而且每隔一个圆就填色。
- **填色网格**：用目前的填色颜色填满网格（否则填充色就会被设定为无）。

4.4.5 绘制矩形和椭圆形

Illustrator 提供了矩形工具、圆角矩形工具和椭圆工具，可以快速建立矩形（包括正方形）和椭圆形（包括圆形）。

当用户用这些工具创建对象时，一个中心点会出现在对象中。可利用此点来拖动对象，或将该对象与图稿中的其他组件对齐。

1. 矩形工具

Howto 使用矩形工具绘制矩形

1 按 Ctrl+N 键新建一个文档，再从工具箱中点选■矩形工具，在画板的适当位置拖动出一个矩形，其大小根据自己的需要而定，如图 4-79 所示。

2 按 Alt+~ 键在画板中的任一位置快速向外拖动，可以绘制出多个同心矩形，如图 4-80 所示。

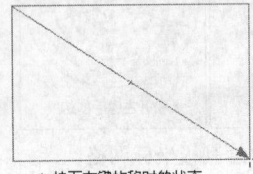
1.按下左键拖移时的状态
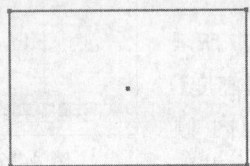
2.松开左键后的结果

图 4-79 绘制矩形

图 4-80 绘制出多个同心矩形

3 按 Alt+Shift 键在画板的某一点上按下左键向外拖动，到达适当大小后，即可由中心向外绘制一个正方形，如图 4-81 所示。

4 也可以在画板中的适当位置单击弹出如图 4-82 所示的对话框，并在其中设置【宽度】为"50mm"，【高度】为"50mm"，单击【确定】按钮，即可得到一个指定大小的正方形，如图 4-83 所示。

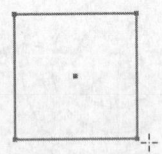
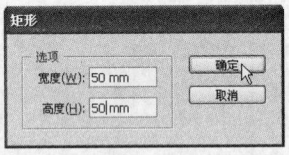
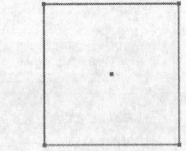

图 4-81 绘制一个同心正方形　　图 4-82 【矩形】对话框　　图 4-83 绘制好的正方形

【矩形】对话框选项说明：
- **宽度**：用来指定矩形或正方形的宽度。
- **高度**：用来指定矩形或正方形的高度。

(1) 按住 Shift 键时拖动鼠标，可以限制工具往 45 度角的倍数移动，也可以在使用矩形工具绘制正方形（使用椭圆工具绘制圆形）。

(2) 如果要在绘制时移动一个矩形或椭圆形，可按住空格键。

(3) 在绘制图形时按住 Alt 键和拖动鼠标可以从中心向外绘制图形。

2. 圆角矩形工具

Howto 利用圆角矩形工具绘制圆角矩形

1 先新建一个文档，接着从工具箱中点选 圆角矩形工具，在画板的适当位置按下左键向对角拖移，到一定大小后松开鼠标左键，即可得到一个圆角矩形，如图 4-84 所示。

2 显示【图形样式】面板，并在其中单击右上角的 按钮，再在弹出的菜单中选择【打开图形样式库】下的【3D 效果】命令，如图 4-85 所示，然后再在【3D 效果】图形样式库中单击所需的效果（如：3D 效果 21），如图 4-86 所示，即可为刚绘制的图形添加了样式，结果如图 4-87 所示。

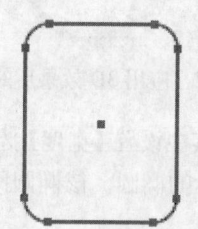

图 4-84 绘制圆角矩形

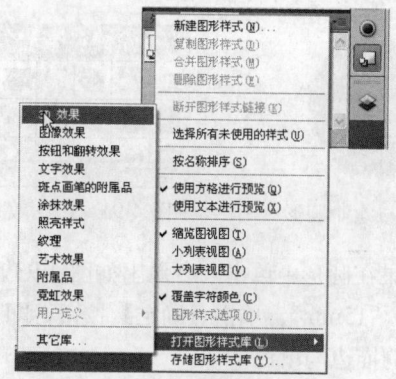

图 4-85 选择【3D 效果】命令

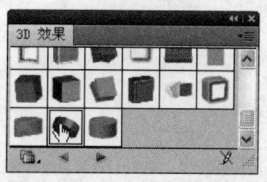

图 4-86 【3D 效果】面板

图 4-87 应用 3D 效果后的画面效果

3 在画板的其他空白处单击，则会弹出如图 4-88 所示的对话框，并在其中设置【宽度】为"30mm"，【高度】为"30mm"，【圆角半径】为"5mm"，单击【确定】按钮，即可得到如图 4-89 所示的圆角矩形。

 该矩形应用了上步中的图形样式的填色与描边。

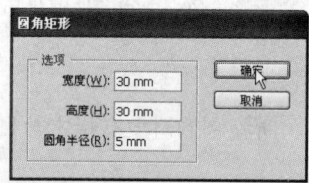

图 4-88 【圆角矩形】对话框

图 4-89 绘制好的圆角矩形

【圆角矩形】对话框选项说明：

- **圆角半径**：用来指定矩形所拥有的圆角半径数值。该圆角半径数值代表在矩形或正方形的转角上所绘制的假想圆形半径。设定【圆角半径】为"0"则会创建矩形或正方形。

3. 椭圆工具

Howto 利用椭圆工具可以绘制椭圆或圆

1 从工具箱中点选椭圆工具,按 Alt+Shift 键在画板中某点上按下左键向外拖动,到达适当大小后松开左键,即可由指定点向外绘制出一个圆形,如图 4-90 所示。

> 该圆形应用了前面图形样式的填色与描边。

2 在【3D 效果】图形样式库中单击所需的效果(如:3D 效果 18),如图 4-91 所示,即可为刚绘制的图形添加了样式,结果如图 4-92 所示。

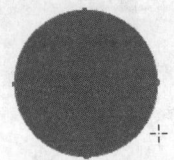
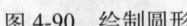
图 4-90　绘制圆形

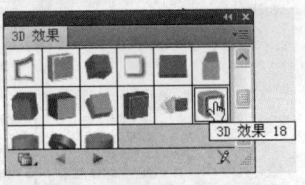
图 4-91　【3D 效果】面板

图 4-92　应用 3D 效果后的画面效果

3 如果在圆形中单击则会弹出如图 4-93 所示的对话框,并在其中设置【宽度】为"30mm",【高度】为"15mm",单击【确定】按钮,即可得到如图 4-94 所示的椭圆。该椭圆同样应用了图形样式的描边与填色。

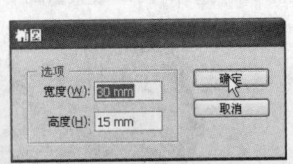
图 4-93　【椭圆】对话框

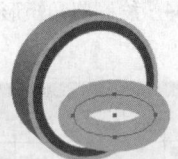
图 4-94　绘制圆形

4 在【3D 效果】图形样式库中单击所需的效果(如:3D 效果 17),如图 4-95 所示,即可为刚绘制的图形添加了样式,结果如图 4-96 所示。

图 4-95　【3D 效果】面板

图 4-96　应用 3D 效果后的画面效果

4.4.6　绘制多边形

使用多边形工具可以绘制指定边数的多边形,所绘制的对象有指定数目的等长边,且每边与对象中心的距离都相等。

Howto 使用多边形工具绘制指定边数的多边形

1 先在空白处单击取消选择,再在工具箱中单击按钮,使填色与描边颜色为默认值,然后点选多边形工具,在画板中的一点上按下左键向另一点拖移,到一定大小后松开鼠标左键,即可得到一个六边形,如图 4-97 所示。

2 如果要绘制指定边数的多边形，则需在画板的任一位置（或所需位置）单击，弹出如图 4-98 所示的对话框，并在其中设置所需的半径和边数，设置好后单击【确定】按钮，即可得到一个有 10 边的多边形，如图 4-99 所示。

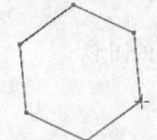　　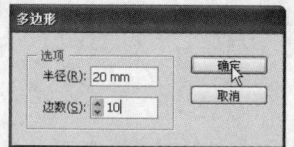　　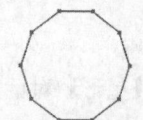

图 4-97　绘制六边形　　　　图 4-98　【多边形】对话框　　　　图 4-99　绘制多边形

【多边形】对话框选项说明：
● **半径**：用来指定中心点与每条线条结束点之间的距离。
● **边数**：用来指定多边形的边数量。

3 在【3D 效果】图形样式库中单击所需的效果（如：3D 效果 12），如图 4-100 所示，即可为刚绘制的图形添加了样式，结果如图 4-101 所示。

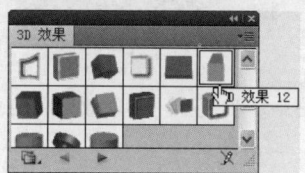　　　　　　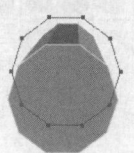

图 4-100　【3D 效果】面板　　　　　图 4-101　应用 3D 效果后的画面效果

4.4.7　绘制星形

利用 星形工具可以绘制出已给定的点数和大小的星形对象。

Howto　使用星形工具绘制已定点数和大小的星形对象

1 在空白处单击取消选择，再在工具箱中单击 按钮，使填色与描边为默认值，从工具箱中点选 星形工具，接着在画面中应用样式的 10 边形中按下左键向外拖移，到达所需大小后松开左键，得到如图 4-102 所示的星形，在【控制】选项栏中设定填充颜色为"柔和黑色晕影"，如图 4-103 所示，即可将星形填充色进行更改，结果如图 4-104 所示。

　　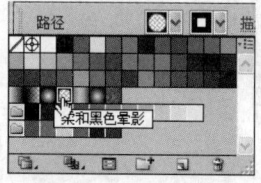　　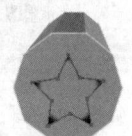

图 4-102　绘制星形　　　　图 4-103　【色板】面板　　　　图 4-104　填充颜色后的效果

2 如果要指定星形的半径与角点数，可在画面中单击，它会弹出如图 4-105 所示的对话框，并在其中根据需要设置所需的参数，设置好后单击【确定】按钮，即可得到所需的图形，如图 4-106 所示。

 这里绘制星形应用了上步刚设置的填色。

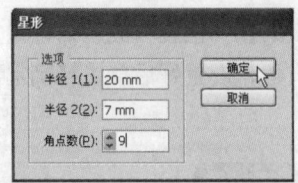

图 4-105 【星形】对话框　　　　　图 4-106 绘制好的图形

【星形】对话框选项说明：
- 半径 1：用来指定中心点至最内侧控制点的距离。
- 半径 2：用来指定中心点至最外侧控制点的距离。
- 角点数：用来指定星形拥有的点数。

3 在【3D 效果】图形样式库中单击所需的图形样式（如：3D 效果 21），如图 4-107 所示，即可为刚绘制的图形添加了样式，结果如图 4-108 所示。

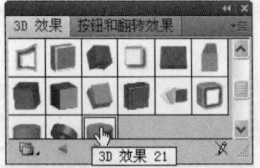

图 4-107 【3D 效果】面板　　　　　图 4-108 应用了 3D 效果后的画面效果

4.5 斑点画笔工具

使用 斑点画笔工具可绘制填充的形状，以便与具有相同颜色的其他形状进行交叉和合并。使用斑点画笔工具可以实现手工绘画。

Howto 使用斑点画笔工具绘制填充的形状

1 按 Ctrl+N 键新建一个文档，再显示【颜色】与【色板】面板，先在【颜色】面板中使填色为当前颜色设置，再在【色板】面板中单击"CMYK 青"色块，如图 4-109 所示，然后用钢笔工具在画面中绘制出一个图形，如图 4-110 所示。

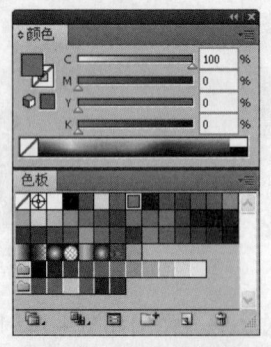

图 4-109 【颜色】与【色板】面板　　　　　图 4-110 绘制一个图形

2 在工具箱中 直接选择工具，接着在画面中对图形进行调整，在调整过程中如果需要添加锚点，可用钢笔工具在路径上单击即可，调整好后的形状如图 4-111 所示。

3 用钢笔工具与直接选择工具在画面中绘制出帽顶形状，如图 4-112 所示。

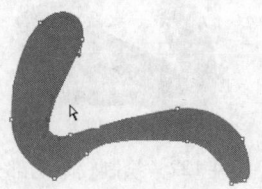
图 4-111　调整对象

图 4-112　绘制图形

4 在工具箱中点选 选择工具，并在菜单中执行【对象】→【排列】→【置于底层】命令或按 Ctrl+Shift+[键，将帽顶置于底层，如图 4-113 所示，接着在【颜色】面板中先使描边为当前颜色设置，再设置描边为黑色，如图 4-114 所示，再选择前面绘制的对象，同样将其描边颜色设为黑色，并在空白处单击取消选择，结果如图 4-115 所示。

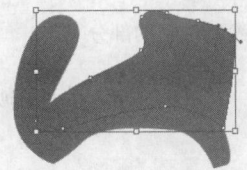
图 4-113　排列对象

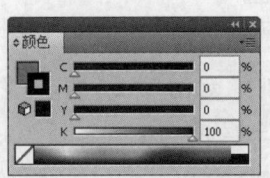
图 4-114　【颜色】面板

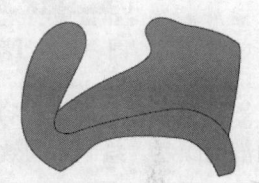
图 4-115　取消选择后的效果

5 在【色板】面板中单击所需的颜色，以设置描边颜色，如图 4-116 所示，在工具箱中点选 斑点画笔工具，再在帽口上按下左键向上拖移，如图 4-117 所示，到达所需的位置后松开左键，即可绘制出一条粗线条，结果如图 4-118 所示。

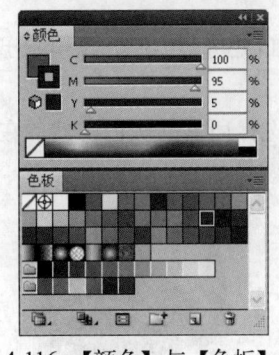
图 4-116　【颜色】与【色板】面板

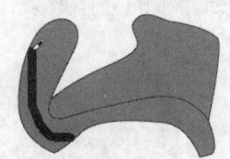
图 4-117　拖移时的状态

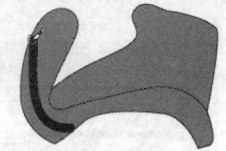
图 4-118　松开左键后的结果

6 用上步同样的方法再绘制多次，以绘制出较暗的部分，结果如图 4-119、图 4-120 所示。

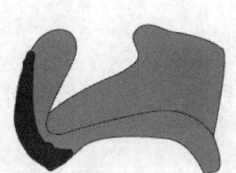
图 4-119　绘制较暗的部分

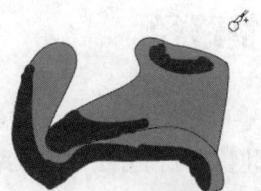
图 4-120　绘制较暗的部分

7 在【颜色】面板中设置所需的描边颜色，如图 4-121 所示，然后在较暗部分的边缘处进行绘制，来加强立体效果，绘制后的效果如图 4-122 所示。

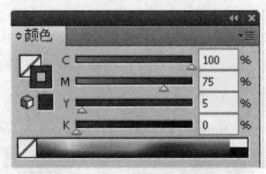 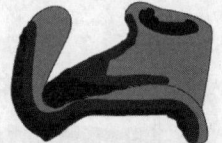

图 4-121 【颜色】面板　　　　　图 4-122 绘制较暗的部分

8 在【颜色】面板中设置所需的描边颜色，如图 4-123 所示，然后在帽口处进行绘制，以绘制出帽子内部的颜色，绘制后的效果如图 4-124 所示。

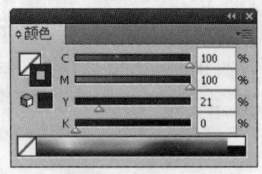 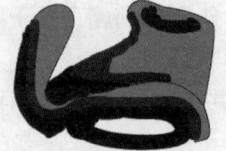

图 4-123 【颜色】面板　　　　　图 4-124 绘制较暗的部分

9 在【颜色】面板中将描边调暗，如图 4-125 所示，然后在帽口处进行绘制，以绘制出帽子内部的颜色，绘制后的效果如图 4-126 所示。

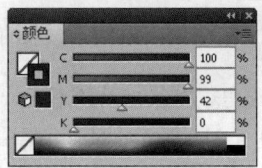 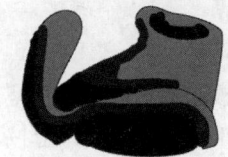

图 4-125 【颜色】面板　　　　　图 4-126 绘制较暗的部分

10 在【颜色】面板中将描边调暗，如图 4-127 所示，然后在帽口处进行绘制，以绘制出帽子内部阴影的颜色，绘制后的效果如图 4-128 所示。

11 使用前面同样的方法在【颜色】与【色板】面板中设置与选择所需的颜色，然后在画面中由深到浅的给帽子上色，以加强帽子的立体效果，绘制好后的效果如图 4-129 所示。

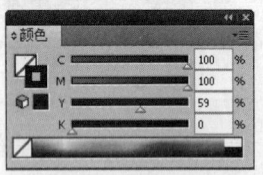 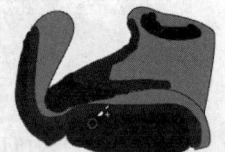 

图 4-127 【颜色】面板　　图 4-128 绘制较暗的部分　　图 4-129 绘制好后的效果

4.6 调整路径

一般情况下调整路径的第一步是选取一个或多个路径线段或锚点，然后再对其进行调整。用户可以使用下列任何方法来更改路径的形状：

（1）增加和删除锚点。
（2）用平滑工具来平滑路径中的线段。
（3）用路径橡皮擦工具来擦除路径中的线段。
（4）使用转换锚点工具，在平滑锚点和尖角锚点之间转换。

(5) 移动曲线段所连接的方向控制点。
(6) 用改变形状工具来整体调整选取的控制点和路径。
(7) 使用【简化】命令以移除路径上多余的锚点，而不改变该路径的形状。
(8) 用剪刀工具分割路径。
(9) 用【平均】命令将锚点移到一个位置，该位置是锚点的目前位置的平均值。
(10) 连接一开放路径的结束点以建立一个封闭路径，或合并两个开放路径的结束点。
(11) 也可使用铅笔工具来调整路径。

4.6.1 调整路径工具

利用调整路径工具可以对绘制的路径进行调整，即可以把直线路径调为曲线路径，也可以在路径上添加锚点或减去锚点，也可以把尖角曲线调整为平滑曲线。调整路径工具包括：添加锚点工具，删除锚点工具和转换锚点工具，如图 4-130 所示。

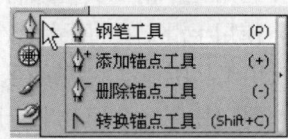

图 4-130　调整路径工具

1. 添加锚点工具

添加锚点工具用于在线段上添加锚点，事实上，在工具箱中点选添加锚点工具或钢笔工具时，只要将指针移到线段上的非锚点处指针都呈 状，然后单击就可添加一个新的锚点，从而把一条线段一分为二。

2. 删除锚点工具

删除锚点工具用于删除一个不需要的锚点，事实上，在工具箱中点选删除锚点工具或钢笔工具时，只要将指针移到线段上的锚点处指针呈 状，单击就可将该锚点删除，如果该锚点为中间锚点，则原来与它相邻的两个锚点将连成一条新的线段。

3. 转换锚点工具

转换锚点工具用于平滑点与角点之间的转换，从而实现平滑曲线与锐角曲线或直线段之间的转换。

Howto　使用转换锚点工具实现转换

1 新建一个文档，接着在工具箱中点选 椭圆工具，并在画板中绘制一个椭圆，如图 4-131 所示，再在工具箱中点选 添加锚点工具，接着移动指针到椭圆右下角适当位置指针呈 状时单击，添加一个锚点，如图 4-132 所示。

2 在工具箱中点选 转换锚点工具，再移动指针到椭圆刚添加锚点的控制点上按下左键向左拖移，如图 4-133 所示，松开鼠标左键后即可调整曲线的形状，如图 4-134 所示。

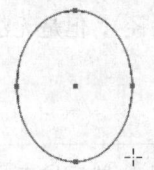　　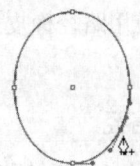　　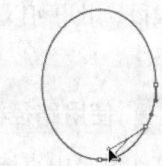

图 4-131　绘制椭圆　　　　图 4-132　添加锚点　　　　图 4-133　拖移控制点时的状态

3 在工具箱中点选 删除锚点工具，再移动指针到刚添加的锚点上呈 状（如图 4-135 所示）时单击，即可将该锚点删除，结果如图 4-136 所示。

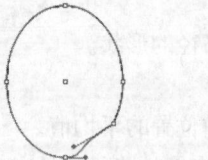 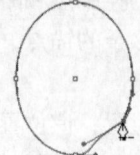 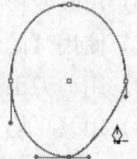

图 4-134　调整形状后的结果　　　图 4-135　指向锚点时的状态　　　图 4-136　删除锚点后的结果

4.6.2　平滑工具

利用 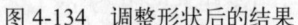 平滑工具可以将直线或曲线变得更平滑，平滑工具其实是一种修饰工具。

使用平滑工具可平滑路径的线段，同时保留路径的原始形状。它的原理是让原始路径更接近使用工具所拖动的新路径，且视需要删除或增加原始路径中的锚点。

可以使用多个回合来应用平滑工具，使路径慢慢变得平滑。平滑量是由【平滑工具选项】对话框中的平滑度设定所决定的。

Howto　使用平滑工具使路径变得平滑

1　在工具箱中点选 平滑工具，将指针移到图形需要平滑的地方上按下左键拖移，如图 4-137 所示，松开鼠标左键后即可将经过的曲线段进行了平滑，如图 4-138 所示。

2　如果要更改该工具的选项，可在工具箱中双击 平滑工具，弹出【平滑工具选项】对话框，可以在其中根据需要设置所需的参数，如图 4-139 所示，设置好后单击【确定】按钮即可。

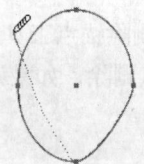 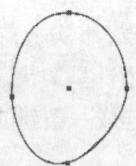 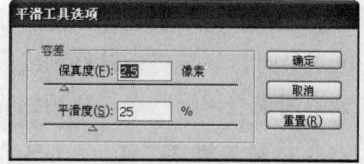

图 4-137　拖移时的状态　　　图 4-138　平滑后的画面效果　　　图 4-139　【平滑工具选项】对话框

【平滑工具选项】对话框选项说明：

- **保真度**：用来控制鼠标或数字笔必须移动的距离，让 Illustrator 将新的锚点加入路径中。【保真度】的范围从 0.5 到 20 像素；数值越高，路径越平滑且越简单。
- **平滑度**：可控制所套用的平滑量。【平滑度】的范围从 0% 到 100%，数值越高，路径越平滑。

4.6.3　路径橡皮擦工具

利用 路径橡皮擦工具能够擦除现有路径的全部或者其中的一部分，也可以将一条线段分为多条线段。用户可以在绝大数路径上使用路径橡皮擦工具（包括画笔路径），但是无法用在文字或网格上。

Howto　使用路径橡皮擦工具擦除路径

1　在工具箱中点选 路径橡皮擦工具，将指针移到需要擦除的线段上，然后按下左键向需要擦除的地方拖动，如图 4-140 所示；到所需的位置时松开左键，即可将拖动时路径起点与终点之间的线段擦除，如图 4-141 所示。

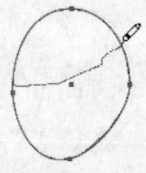 

图 4-140　拖移时的状态　　　　图 4-141　擦除后的画面效果

2 也可以在开放式路径上单击，以将路径分为两条开放式的路径，如图 4-142 所示；可以用 直接选择工具，先在空白处单击取消选择，再单击右上边的路径，即可看到只选择了右上边的路径，而左下边的路径并没有被选中，如图 4-143 所示。

3 可以使用直接选择工具修改打断后的路径，如：指向一个锚点单击，以选择它，然后将其拖动到适当位置，即可调整该路径的形状，如图 4-144 所示。

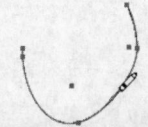 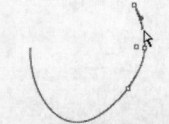 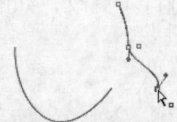

图 4-142　打断路径　　　图 4-143　选择打断后路径　　　图 4-144　移动锚点

> 如果在封闭的路径上单击，即可将整条路径清除。

4.6.4　改变形状工具

使用 改变形状工具可以更改选择路径的形状。如果一个路径已经被选择就可用改变形状工具来选择一个或数个锚点以及部分路径，然后整个调整选取的控制点和路径。但如果是封闭的路径则需用直接选择工具来选择路径，并且路径上所有的或绝大多数节点呈未被选择状（即节点呈空白方框）。

Howto　使用改变形状工具改变路径的形状

1 从工具箱中点选 改变形状工具，将指针移到路径上指针呈 状时按下左键向下拖移，得到所需的形状后松开左键，即可将路径的形状进行了更改，同时添加了一个锚点，如图 4-145 所示。

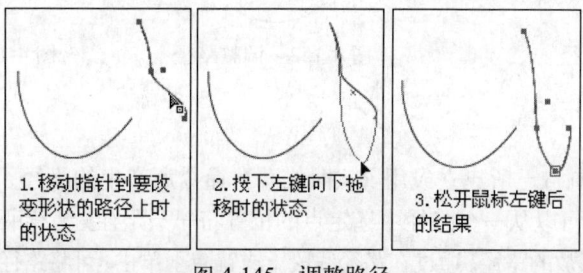

图 4-145　调整路径

2 从工具箱中点选 弧形工具，接着在画面中绘制出八条弧线，以组合成一个女人头结构，如图 4-146 所示；接着用 椭圆工具在脸部下方适当位置绘制出一个椭圆，表示嘴，如图 4-147 所示。

图 4-146　绘制对象　　　　　　　　图 4-147　绘制对象

3 按 Ctrl 键在画面中单击头顶的弧线，以选择它，再在工具箱中点选 改变形状工具，指向右上方的锚点并按下左键向下拖移，得到所需的形状后松开左键，即可将路径的形状进行了更改，如图 4-148 所示；然后指向路径的中间，指针呈 状时按下左键向上拖移，得到所需的形状后松开左键，即可将路径的形状进行了更改，同时添加了一个锚点，如图 4-149 所示。

4 接着指向左下方的锚点并按下左键向左拖移，得到所需的形状后松开左键，即可将路径的形状进行了更改，如图 4-150 所示。

  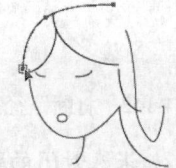

图 4-148　绘制对象　　　　图 4-149　调整路径　　　　图 4-150　调整路径

5 在状态栏的【缩放级别】列表中选择"200%"，以将画面放大，再按 A 键选择直接选择工具，然后在画面中单击表示嘴的椭圆，以选择它，如图 4-151 所示。

6 在工具箱中点选 改变形状工具，指向椭圆上方的锚点并按下左键向下拖移，得到所需的形状后松开左键，即可将路径的形状进行了更改，如图 4-152 所示。然后在状态栏的【缩放级别】列表中选择"100%"，以将画面缩小，再按 Ctrl 键在空白处单击取消选择，结果如图 4-153 所示。

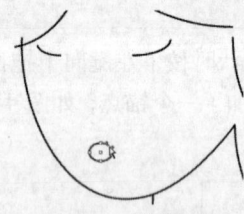 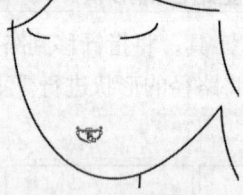 

图 4-151　选择路径　　　　图 4-152　调整路径　　　　图 4-153　取消选择后的效果

4.6.5　分割路径

用户有时想要分割自己所建立或用【实时描摹】命令所产生的路径。

利用 剪刀工具可以从一个路径中选定点的位置将一条路径分割为两条或多条路径，也可以将封闭的路径剪成开放的路径。通过在路径线段上或锚点上单击，可将路径剪成两条或多条路径。

利用 美工刀工具可以将一个封闭的路径（区域）裁开为两个独立的封闭路径；也可以将一个封闭的路径部分裁开，但它还是一个封闭的路径。可以使用直接选择工具来调整这个路径的形状。

但是用美工刀工具和剪刀工具无法分割一个文字路径。

1. 剪刀工具

Howto 使用剪刀工具分割路径

1 新建一个文档，从工具箱中点选 ⬭ 椭圆工具，按 Shift 键在画板中绘制一个圆形，如图 4-154 所示。

2 从工具箱中点选 ✂ 剪刀工具，移动指针到路径上需要剪开的地方单击，即可将椭圆剪断，如图 4-155 所示。

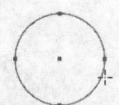 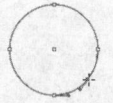

图 4-154　绘制椭圆路径　　　　　　　图 4-155　剪断路径

3 在工具箱中点选 ▶ 直接选择工具，接着移动指针到刚剪断的锚点上按下左键向下方拖移，到达所需的位置后松开左键，即可将其锚点移至另一个地方，从而看到椭圆已经被剪断了，同时还添加了两个锚点，如图 4-156 所示，再在【3D 效果】图形样式库中单击所需的图形样式（如：3D 效果 6），如图 4-157 所示，即可为选择的曲线应用了效果，结果如图 4-158 所示。

　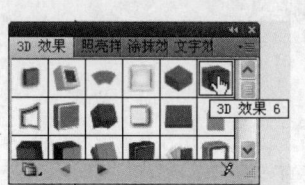　

图 4-156　选择路径　　图 4-157　【3D 效果】面板　　图 4-158　应用 3D 效果后的画面效果

2. 美工刀工具

Howto 使用美工刀工具分割路径

1 在工具箱中点选 🔪 美工刀工具，在剪断过的路径的上边适当位置按下左键进行拖移，绘制出一条裂痕，如图 4-159 所示，松开左键后将这个图形分割为两部分，如图 4-160 所示。

2 在工具箱中点选 ▶ 选择工具，接着在画面的空白处单击取消选择，再在上边部分上单击，以选择它，然后将其向上拖出，即可看到它已经从图形中分割出来了，如图 4-161 所示。

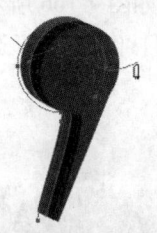　　

图 4-159　拖移时的状态　　图 4-160　分割后的结果　　图 4-161　移动对象

4.6.6 连接端点

利用【连接】命令会连接开放路径的两个端点，以建立一个封闭路径，或合并两个开放路径的端点（终始点）。

如果要连接两个重叠（一个在另一个上方）的端点，它们会被取代为一个单一的锚点。如果要连接两个非重叠的端点，则会在两个控制点之间绘制一条路径。

Howto 使用连接命令连接开放路径的端点

1 在工具箱中点选 ⬚铅笔工具，接着在画面中绘制一条开放式路径，如图 4-162 所示，再在工具箱中单击⬚按钮，使填色与描边颜色为默认值，使描边时黑色，填色为白色，结果如图 4-163 所示。

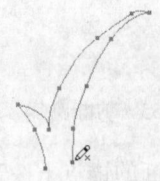 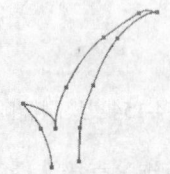

图 4-162 绘制开放式路径　　　　　　图 4-163 设置描边后的效果

2 如果要将开放路径的两个端点连接起来，可先用直接选择工具框选这两个节点，如图 4-164 所示。

3 在菜单中执行【对象】→【路径】→【连接】命令或在控制选项栏中单击⬚按钮，即可将两个端点连接起来了，如图 4-165 所示。

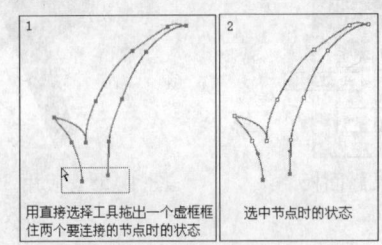 

图 4-164 选择节点　　　　　　　　　图 4-165 连接节点

4.6.7 简化路径

利用【简化】命令可以将路径上多余的锚点移除，而不会改变该路径的形状。移除不必要的锚点可简化用户的图稿、减少档案大小，并更快地显示和打印它。

Howto 使用简化命令移除路径上多余的锚点

1 按 Ctrl+O 键打开配套光盘中的"/范例源文件/CH02/04.ai"文件，如图 4-166 所示，接着在工具箱中点选⬚选择工具，在画面中先框选屋顶，如图 4-167 所示，再按 Shift 键框选下方表示云的对象，以同时选择它们，如图 4-168 所示。

图 4-166 打开的图形　　　　图 4-167 选择对象　　　　图 4-168 选择对象

2 在菜单中执行【对象】→【路径】→【简化】命令，弹出【简化】对话框，并在其中先勾选【显示原路径】和【预览】选项，再设定【曲线精度】为"33%"，其他不变，如图 4-169 所示，单击【确定】按钮，则得到如图 4-170 所示的结果，并可看到已经移除了许多锚点，选择的图形已经简化了。

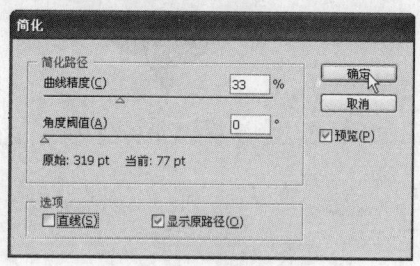

图 4-169 【简化】对话框　　图 4-170 简化后的结果

【简化】对话框选项说明：

- 【曲线精度】文本框：在其中输入一个介于 0%和 100%之间的数值，可以设定简化后的路径与原始路径的相近程度。较高的百分比会建立较多的控制点，外观更相近。除了曲线的结束点（端点）和转角控制点之外（除非在【角度阈值】中输入数值），任何既有的锚点都会被忽略。
- 【角度阈值】文本框：在其中输入一个介于 0 和 180°度之间的数值，可以控制转角的平滑度。如果一转角控制点的角度小于角度阈值，则该转角控制点不会改变。此选项有助于保持角度鲜明的转角，即使【曲线精度】的数值较低。
- 【直线】选项：在对象的原始锚点之间建立直线。如果转角控制点的角度大于【角度阈值】中所设定的数值，则转角控制点会被移除。
- 【显示原路径】选项：在简化的路径时可以预览到原始路径。
- 【预览】选项：在画面中显示简化路径的效果。

4.6.8 平均锚点

利用【平均】命令可将两个或更多锚点（在同一路径或不同路径上）移动至某位置，该位置是由其目前位置平均后所得的。

Howto 使用平均命令移动路径上的锚点

1 使用 ◊ 钢笔工具在画面中绘制出一个树叶形状的图形，并在【渐变】面板中设置所需的渐变，如图 4-171 所示。

2 在工具箱中点选 ◊ 直接选择工具，并在画面中拖出一个虚框框住要选择的节点，如图 4-172 所示，松开左键后即可选择这些节点，如图 4-173 所示。

3 在菜单中执行【对象】→【路径】→【平均】命令，弹出【平均】对话框，并在其中选择【垂直】选项，如图 4-174 所示，单击【确定】按钮，即可得到如图 4-175 所示的结果。

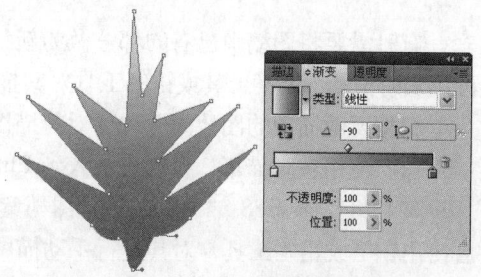

图 4-171 绘制图形并填充渐变颜色

图 4-172　拖出一个虚框

图 4-173　框选的节点

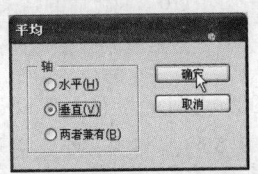
图 4-174　【平均】对话框

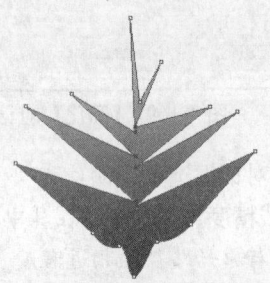
图 4-175　平均锚点后的结果

4 在菜单中执行【窗口】→【图形样式库】→【文字效果】命令，弹出【文字效果】面板，并在其中选择"波形"效果，如图 4-176 所示，即可为刚编辑的对象添加效果，如图 4-177 所示。

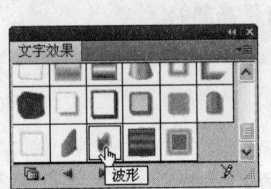
图 4-176　【图像效果】面板

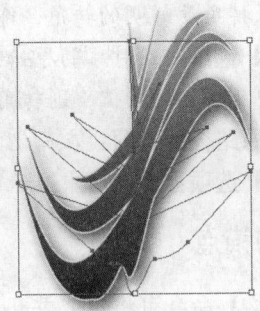
图 4-177　应用图像效果后的画面效果

4.7　描图

　　有时需要将图稿中已有的部分做为新绘图的基础。所以先应将该图形放入到 Illustrator 中，再用实时描摹、钢笔工具或铅笔工具对其描图。可以先建立一个图层，以做为一个模板来使用。

　　根据要做描图的图稿来源和要对其描图的方式，可使用下列方法对图稿描图：

　　(1) 使用实时描摹，自动对放入到 Illustrator 中的任何点阵图做描图。

　　(2) 将任何 EPS、PDF 或点阵图档案置入到 Illustrator 中，并将其做为一个模板图层，然后使用钢笔或铅笔工具，对其进行手动描图。

4.7.1　实时描摹

　　使用【实时描摹】命令自动地描绘输入到 Ilustrator CS4 的任何位图图像。

先选取要描绘的对象，再在【控制】选项栏中单击【实时描摹】按钮，它就会自动描绘出封闭路径。

Howto 使用实时描摹命令描绘对象的封闭路径

1 按 Ctrl+N 键新建一个文件，再在【文件】菜单中执行【置入】命令，弹出【置入】对话框，并在其中选择需要进行描摹的图像文件与勾选【链接】选项，如图 4-178 所示，再单击【置入】按钮，即可将配套光盘中的 "/范例源文件/CH04/01.JPG" 文件置入到画板中，如图 4-179 所示，此时【控制】选项栏中就会显示相关图像的一些选项，如图 4-180 所示。

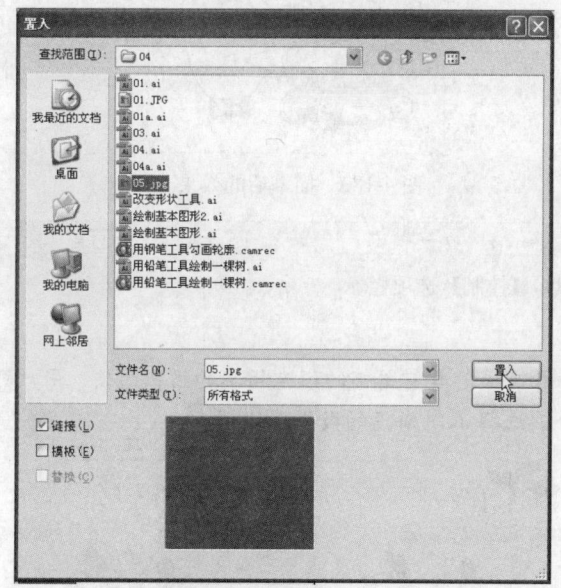

图 4-178 【置入】对话框　　　　图 4-179 置入的位图图像

图 4-180 【控制】选项栏

【控制】选项栏选项说明：

- **链接的文件**：单击【链接的文件】链接文字，会弹出【链接】面板，用户可在其中根据需要设置所需的选项，如图 4-181 所示。
- **嵌入**：当在画面中选择了置入的链接图像文件时，该按钮呈可用状态，单击该按钮，即可将置入的图像保留在【链接】面板中，并标记有嵌入的链接图标 。

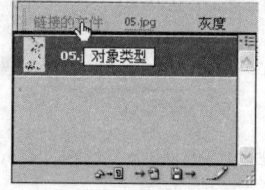

图 4-181 【链接】面板

- **编辑原稿**：当在画面中选择了置入的链接图像文件时，该按钮呈可用状态，单击该按钮，可以对图像文件进行编辑。
- **实时描摹**：单击该按钮可以将选择的图像进行描摹。
- **蒙版**：单击该按钮可以将一些不需要的部分隐藏。

2 在【控制】选项栏中单击【实时描摹】后的小三角形按钮，弹出下拉菜单，如图 4-182 所示，并在其中选择【漫画图稿】命令，即可对选择的图像进行描摹，描摹后的效果如图 4-183 所示，描摹后的【控制】选项栏，如图 4-184 所示。

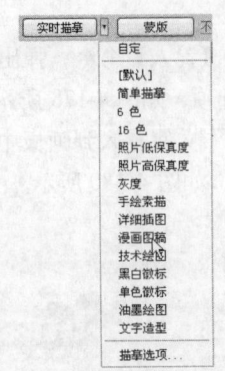

图 4-182　实时描摹预设选项　　　　图 4-183　描摹后的效果

图 4-184　【控制】选项栏

【控制】选项栏选项说明：

- **预设**：在【预设】列表中提供一些用于特定类型图稿的预先指定的描摹选项，用户可以直接选用，如图 4-185 所示的为分别选择不同预设的效果对比图。

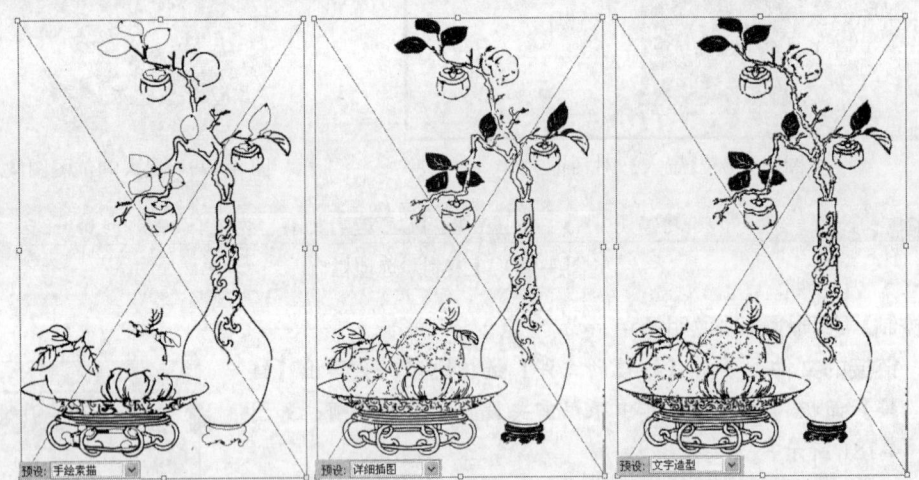

图 4-185　使用不同预设描摹后的效果

- （描摹选项对话框）按钮：单击该按钮会弹出如图 4-186 所示的【描摹选项】对话框，用户可以在其中选择所需的选项对描摹进行控制。
  - **预设**：在该列表中可以选择预设描摹类型。
  - **模式**：在该列表中可以选择描摹结果的颜色模式。
  - **阈值**：在该文本框中可以输入用于从原始图像生成黑白描摹结果的值。所有比阈值亮的像素转换为白色，而所有比阈值暗的像素转换为黑色。

 该选项只在【模式】为"黑白"时可用。

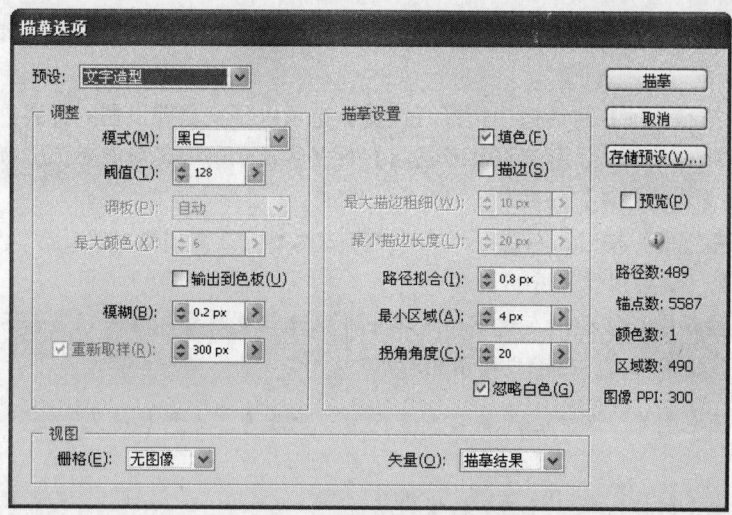

图 4-186 【描摹选项】对话框

- **调板**：在该列表中可以选择用于从原始图像生成颜色或灰度描摹的调板。要让 Illustrator 决定描摹中的颜色，可以选择"自动"选项。要为描摹使用自定调板，必选择一个色板库名称。该选项只在【模式】为"颜色"或"灰度"时可用。色板库必须打开才能显示在【调板】菜单中。
- **最大颜色**：在该文本框中可以设置在颜色或灰度描摹结果中使用的最大颜色数。该选项只在【模式】为"颜色"或"灰度"且面板设置为"自动"时可用。
- **输出到色板**：选择该选项可以在【色板】面板中为描摹结果中的每种颜色创建新色板。
- **模糊**：生成描摹结果前模糊原始图像。选择此选项在描摹结果中减轻细微的不自然感并平滑锯齿边缘。
- **重新取样**：生成描摹结果前对原始图像重新取样至指定分辨率。该选项对加速大图像的描摹过程有用，但将产生降级效果。当用户创建预设时不存储重新取样分辨率。
- **填色**：选择该选项可以在描摹结果中创建填色区域。
- **描边**：选择该选项可以在描摹结果中创建描边路径。
- **最大描边粗细**：在该文本框中可以指定原始图像中可描边的特征最大宽度。大于最大宽度的特征在描摹结果中成为轮廓区域。
- **最小描边长度**：在该文本框中可以指定原始图像中可描边的特征最小长度。小于最小长度的特征将从描摹结果中忽略。
- **路径拟和**：在该文本框中可以指定描摹形状和原始像素形状间的差异。较低的值创建较紧密的路径拟和；较高的值创建较疏松的路径拟和。
- **最小区域**：在该文本框中可以指定将描摹的原始图像中的最小特征。例如，值为 4 指定小于 2×2 像素宽高的特征将从描摹结果中忽略。
- **拐角角度**：在该文本框中可以指定原始图像中转角的锐利程度，即描摹结果中的拐角锚点。
- **栅格**：在该列表中可以指定如何显示描摹对象的位图组件。此视图设置不会存储为描摹预设的一部分。

> **矢量**：在该列表中可以指定如何显示描摹结果。此视图设置不会存储为描摹预设的一部分。

> **在【描摹选项】对话框中选择【预览】选项以预览当前设置的结果**：如果要设置默认描摹选项，需在打开【描摹选项】对话框前取消选择所有对象。设置完选项后，单击【存储预设】按钮。

- （栅格视图）按钮：在该下拉菜单中可以选择更改源图像的显示方式，如：无图像、原始图像、调整图像或透明图像。
- （矢量视图）按钮：在该下拉菜单中可以选择更改描摹结果的显示方式，如：无描摹结果、描摹结果、轮廓或描摹轮廓。

> 要查看原始图像，用户必须将"矢量视图"更改为"无描摹结果"或"轮廓"。

- **扩展**：单击该按钮可以将描摹转换为路径。
- **实时上色**：单击该按钮可以将描摹转换为"实时上色"对象。

3 在【控制】选项栏中单击 （矢量视图）按钮，并在弹出的下拉菜单中选择【描摹轮廓】命令，如图4-187所示，即可对图像的轮廓进行描摹，结果如图4-188所示。

4 如果要对描摹的对象进行上色，请在【控制】选项栏中单击【实时上色】与【扩展】按钮，将选择的描摹对象转换为单独的路径，以便我们对其进行单独上色，如图4-189所示。

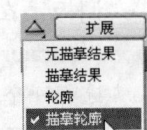

图4-187 选择【描摹轮廓】命令

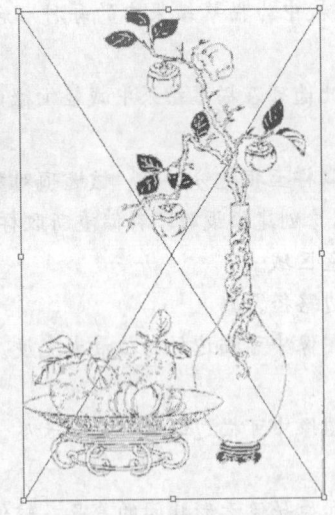

图4-188 描摹后的结果

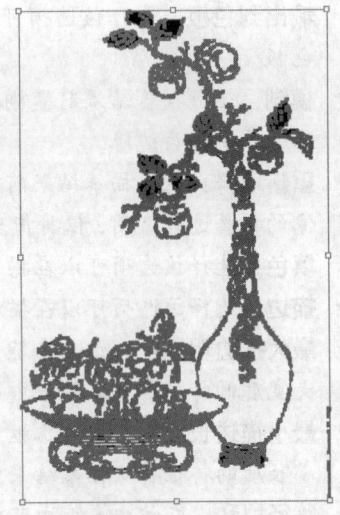

图4-189 将描摹对象转换为单独的路径

5 在菜单中执行【对象】→【取消编组】命令，将这个编组解散，接着在工具箱中点选直接选择工具，并在画面的空白处单击取消选择，再按Shift键框选出要填充颜色的对象，如图4-190所示，然后在【色板】面板中单击所需的颜色，如图4-191所示，给选择的对象进行颜色填充，再在空白处单击取消选择，得到如图4-192所示的效果。

6 按Shift键框选出要填充颜色的对象，然后在【色板】面板中单击所需的颜色，给选择的对象进行颜色填充，得到如图4-193所示的效果。

第 4 章 基础绘图与绘画

图 4-190 选择对象 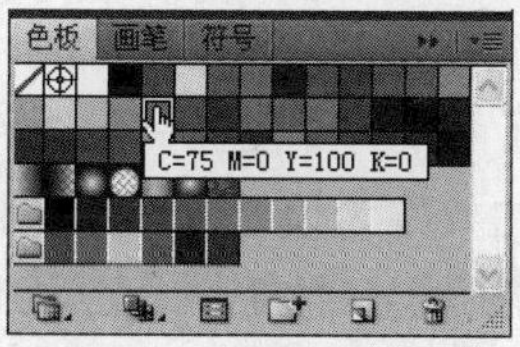　　图 4-191 【色板】面板 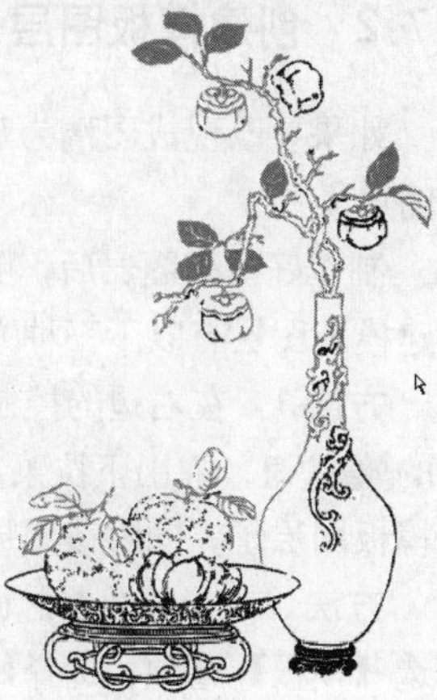　　图 4-192 取消选择后的效果

图 4-193 填充颜色

7 在画面的空白处单击取消选择，再按 Shift 键框选或单击要填充颜色的对象，然后在【色板】面板中单击所需的颜色，给选择的对象进行颜色填充，得到如图 4-194 所示的效果；再次在空白处单击取消选择，得到如图 4-195 所示的效果。

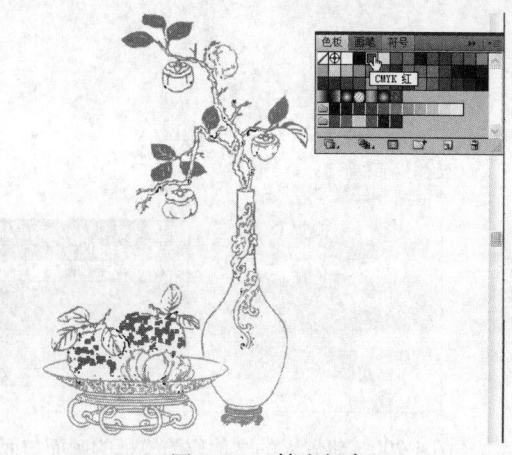

图 4-194 填充颜色

图 4-195 取消选择后的效果

4.7.2 创建模板图层

如果要以现成图稿为基础来制作新图稿，例如对其描图或由其建立插图，可先创建一个模板图层。

制作好模板图层后，可以在【图层】面板的弹出菜单中执行【模板】命令来显示或隐藏它，创建模板图层有以下三种方法：

方法 1 在右边的控制缩览按钮栏中单击 按钮，显示【图层】面板，并在其中单击右上角的 按钮，弹出下拉菜单，并在其中选择【模板】命令，如图 4-196 所示，即可将该图层改为模板图层了，同时该图层前显示了两个 图标，如图 4-197 所示。

方法 2 在【图层】面板中双击要作为模板的图层，弹出【图层选项】对话框，并在其中勾选【模板】选项，选择好后单击【确定】按钮，如图 4-198 所示，同样可将选择的图层改为模板图层。

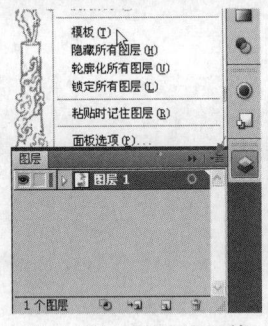
图 4-196 【图层】面板

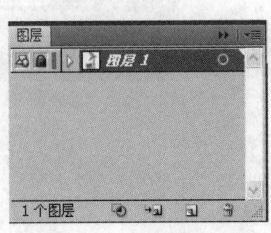
图 4-197 【图层】面板

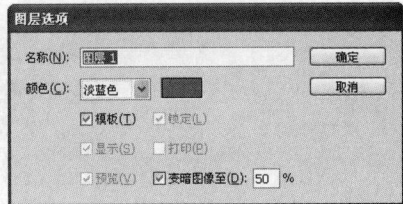
图 4-198 【图层选项】对话框

方法 3 在菜单中执行【文件】→【置入】命令，弹出【置入】对话框，并在其中选择要作为模板的文件，选择好后再在对话框的下方勾选【模板】选项，如图 4-199 所示，再单击【置入】按钮，即可在【图层】面板中创建了一个新模板图层，同时所置入的文件将作为模板使用，如图 4-200 所示。

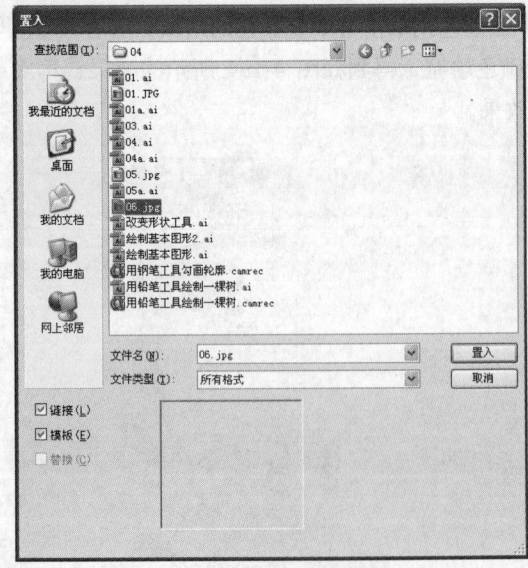
图 4-199 【置入】对话框

图 4-200 将置入的文件作为模板的画面与面板

如果要将模板图层转为一般图层，可在【图层】面板中双击模板图层，并在弹出的【图层选项】对话框中取消【模板】的选择，再单击【确定】按钮即可。

如果要显示或隐藏模板，在【图层】面板中单击 图标即可。

4.8 本章小结

本章首先介绍了路径的概念，接着结合实例介绍了如何使用钢笔工具或铅笔工具绘制路径，如何使用调整路径工具调整路径。然后还结合实例介绍了如何使用直线段工具、弧形工具、螺旋线工具、矩形网格工具、极坐标网格工具、矩形工具、圆角矩形工具、多边形工具、椭圆工具、星形工具等基本绘图工具来绘制基本图形。熟练掌握这些工具的操作方法与作用对今后的绘图起着举足轻重的作用。

4.9 本章习题

一、填空题

1. 路径是由_____或_____或_____组成。节点（锚点）是定义路径中每条线段的开始和结束点，通过它们来固定路径。

2. 使用铅笔工具可以绘制_____和_____路径，就如同在纸上用铅笔绘图一样。

二、选择题

1. 以下哪个工具可以让用户建立直线和相当精确的平滑、流畅曲线？　　　　（　　）
   A. 笔刷工具　　　　B. 铅笔工具　　　　C. 直线段工具　　　　D. 钢笔工具

2. 按以下哪个键在画面中拖动可以绘制以参考点为中心向两边延伸的弧形或弧线？
   　　　　　　　　　　　　　　　　　　　　　　　　　　　　　　　　（　　）
   A. 按 Alt 键　　　　B. 按 Ctrl+Alt 键　　C. 按 Shift+Alt 键　　D. 按 Ctrl+～键

3. 使用以下哪个命令自动地描绘输入到 Ilustrator 的任何位图图像？　　　（　　）
   A.【实时描摹】命令　B.【实时上色】命令　C.【实时描写】命令　D.【实时描绘】命令

4. 利用以下哪个工具能够擦除现有路径的全部或者其中的一部分，也可以将一条线段分为多条线段？　　　　　　　　　　　　　　　　　　　　　　　　　　　（　　）
   A. 路径橡皮擦工具　B. 铅笔工具　　　　C. 橡皮擦工具　　　　D. 钢笔工具

5. 调整路径工具包括以下哪几个工具？　　　　　　　　　　　　　　　　（　　）
   A. 添加锚点工具　　B. 删除锚点工具　　C. 转换锚点工具　　　D. 钢笔工具

第 5 章 文 本 处 理

教学目标

熟悉和掌握如何使用 Illustrator CS4 中的文字工具来制作艺术字体与文字处理。

教学重点与难点

- 使用文字工具
- 字符格式化
- 段落格式化
- 创建路径与区域文字
- 创建轮廓
- 编辑与修改文字

Illustrator CS4 最强大的功能之一就是文本特性。用户可以快捷地更改文本的尺寸、形状、以及比例；将文本精确地排入任何形状的对象；此外也可以将文本沿不同形状的路径横向或纵向排列。通过本章的学习，读者能够熟练的应用文字进行排版、制作艺术字体和文字处理等。

5.1 使用文字工具

利用文字工具可以创建横向的点文字和段落文字以及编辑文字。

5.1.1 创建点文字

Howto 使用文字工具创建点文字

1 先新建一个文档，接着从工具箱中点选 T 文字工具，在画板中单击出现一闪一闪的光标，再在键盘上输入所需的文字如："现代收藏"，如图 5-1 所示。

2 按住 Ctrl 键单击画板的任何一个地方，都可以确认文字输入，结果如图 5-2 所示。

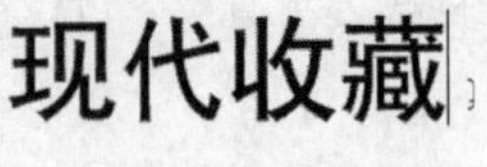

现代收藏| 现代收藏

图 5-1 输入文字 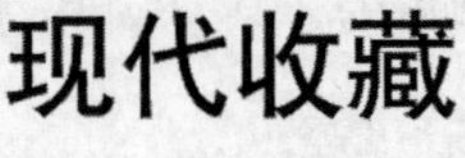   图 5-2 输入好的文字

如果要对文字进行编辑，则需选择所需格式化的文字或段落，然后在【文字】菜单中或在【字符】面板中或在【段落】面板中来设置它的字体、字体大小、字符缩放、字符间距、行距、文本对齐和缩进等。

也可以在工具箱中单击其他工具来确认文字输入。

5.1.2 修改文字

Howto 使用文字工具修改文字

1 将指针指向要修改的文字前，当指针呈I状，如图 5-3 所示时单击，即可出现一闪一闪的光标，如图 5-4 所示。

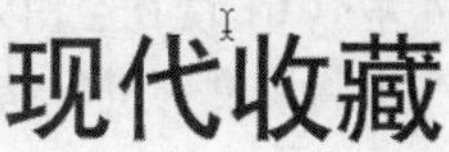

2 在键盘上输入所需的文字，如："文物"，如图 5-5 所示，按 Ctrl 键在画面的空白处单击确认文字输入，结果如图 5-6 所示。

图 5-3　指向文字间的指针状态

图 5-4　单击显示光标 　　　图 5-5　输入文字 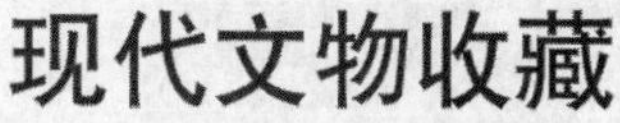　　　图 5-6　确认文字输入

如果在工具箱中点选 直接选择工具，同样可确认文字输入并且文字还处于选择状态。如果某个文字输入错了，需将指针移到要清除的文字后单击出现光标，再在键盘上按退格键（←），按一下可取消（清除）一个文字（或字母），按两下则可清除两个文字。如果将指针移到要清除的文字前单击出现光标，则需按 Delete 键删除，同样是每按一次删除一个文字。

5.1.3 创建段落文本

Howto 使用文字工具创建段落文本

1 先新建一个文档，再从工具箱中点选 T 文字工具，在画面中拖出一个文本框如图 5-7 所示；然后在【字符】面板中设置【字体】为"文鼎 CS 中黑"，【字体大小】为"12pt"，如图 5-8 所示。

图 5-7　用文字工具拖出的文本框 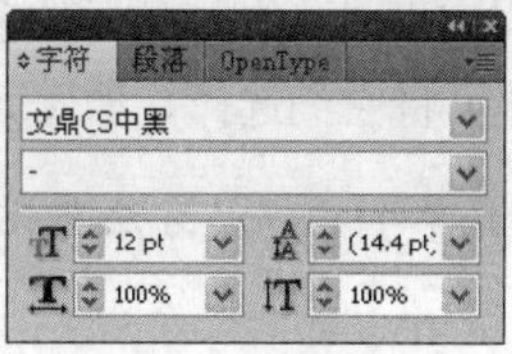　　　图 5-8　【字符】面板

2 设置好字符格式后就直接在键盘上输入所需的文字，在需要另起一段时，可以按 Enter 键；输入了一些文字后文本框明显的小了，如图 5-9 所示，如果再输入文字就看不到文字了，并且会在文本框上显示出一个图标 ，如图 5-10 所示。

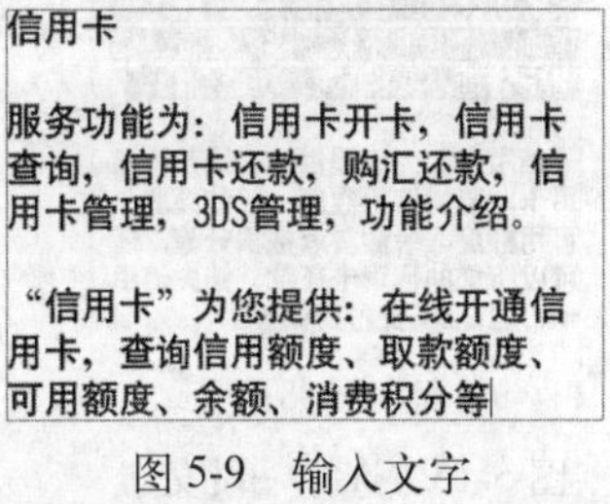

图 5-9　输入文字 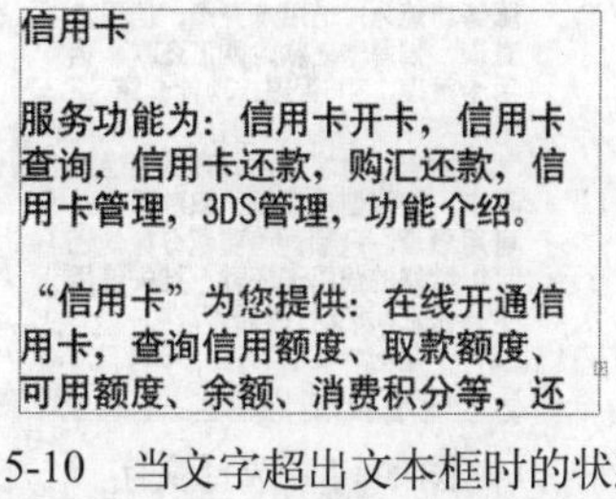　　　图 5-10　当文字超出文本框时的状态

3 在工具箱中点选 选择工具，再移动指针到右下角的控制点上，当指针呈双向箭头状时按下左键向右下角拖动，以将文本框拖大，如图 5-11 所示，这样就可以看到隐藏的文字了，如图 5-12 所示。

4 按 Ctrl 键在空白处单击以确认文字输入并取消文字的选择，结果如图 5-13 所示；再按 Ctrl+S 键将该文件进行储存，并命名为"信用卡.ai"。

图 5-11　拖大文本框 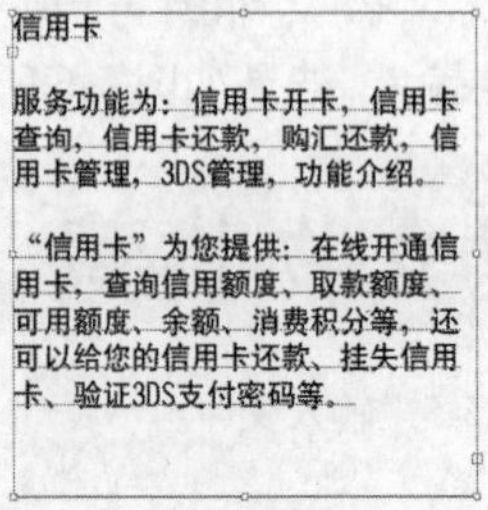　　　图 5-12　调整文本框到适当大小后的结果 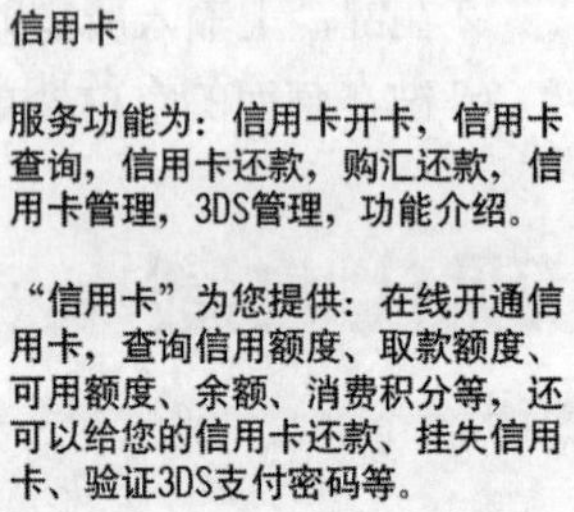　　　图 5-13　取消选择后的效果

5.2　字符格式化

Illustrator CS4 可精确控制各种字符属性，包含字体、字体大小、行距、特殊字距、字距微调、基线微调、水平与垂直缩放、间距，以及字母方向。也可在输入新文字前就设定属性，或重设以改变现有的文字外观。也可一次为数个所选的文字对象设定属性。

5.2.1　选择文字

如果要对文字进行编辑与设定字符属性，就需要选择文字。

1. 选择单个文字或多个文字

以上节输入的文字为例，如果在文本框中要选择"信用卡"这几个字，那么就需在工具箱中点选 文字工具，在"信"的前面按下左键向右拖至"卡"的后面，以将它们全部选择成反白显示，即可将它们选择，如图 5-14 所示。

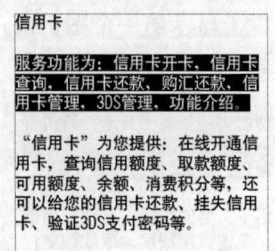

选择单个文字的方法与此相同。

2. 选择一段文字

方法 1　用户可以用选择多个文字的方法来选择一段文字——从段前按下左键向段尾拖动。
方法 2　在要选择的段中连击三下鼠标左键，即可选择一整段文字，如图 5-15 所示。

图 5-14　选择文字　　　　　图 5-15　选择一段文字

3. 选择整篇文章

先用文字工具在要选择的文字上单击，表示已经使该篇文章处于当前可编辑状态，然后按 Ctrl+A 键即可选择这篇文章。

5.2.2 设置字体

字体是许多字符的组合（文字、数字和符号），这些字符会使用相同的粗细、宽度和样式。当选取某一个字体时，可独立选取其字体系列以及其字体样式。字体系列是可在整体字体设计中共享的字体集合（例如 Times 字体）。字体样式是指个别字体在字体系列中的变化，如一般、粗体或斜体。各种字体可使用的字体样式各有不同。

可使用【字符】面板或【文字】菜单来选取字体。

Howto　设置字体

1 按 Ctrl+N 键新建一个文件，在工具箱中点选 T 文字工具，接着移动指针到画面中单击出现光标，然后输入"牛气冲天"，如图 5-16 所示。

2 按 Ctrl+A 键选择所有刚输入的文字，如图 5-17 所示，接着在菜单中执行【窗口】→【文字】→【字符】命令，显示【字符】面板，然后在【字体】下拉列表中选择"文鼎 CS 行楷"，如图 5-18 所示，即可将文字的字体设定为文鼎 CS 行楷，效果如图 5-19 所示。

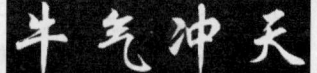

图 5-16　输入文字

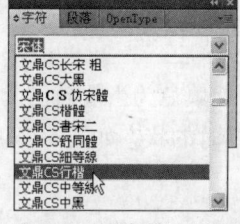

图 5-17　选择文字　　　图 5-18　【字符】面板　　　图 5-19　改变字体后的效果

5.2.3 设置字体大小

可以使用【字符】面板或在【文字】菜单选择【大小】下的各命令来设置所需的字体大小。用户可指定字体大小为 0.1 到 1296 点（默认值为 12 点），增量为 0.001 点。

选择文字后，只需在【字符】面板中的【字体大小】下拉列表中选择"48pt"，如图 5-20 所示，即可将文字的大小设定为 48pt，效果如图 5-21 所示。

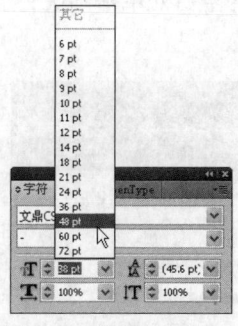

图 5-20　设置字体大小　　　图 5-21　改变字体大小后的效果

5.2.4 设置字符间距

可以在【字符】面板中设定文字与文字之间的间距。

只需在【字符】面板的 （设置所选字符的字符间距调整）下拉列表中选择"100"，如图5-22所示，即可将字与字之间的字距调为100，效果如图5-23所示。

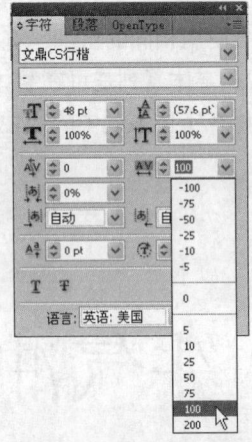

图5-22 选择字体的字距

图5-23 改变字距后的效果

5.2.5 设置文本颜色

可以根据需要在工具箱或【颜色】面板或【色板】面板中设定所需的填充或描边颜色。

Howto 设置文本颜色

1 显示【颜色】面板，并在其中使填色为当前颜色设置，再设定填色为 C=0、M=47.06、Y=90.98、K=0，如图5-24所示，选择时的状态如图5-25所示。

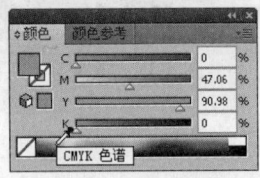

图5-24 【颜色】面板

图5-25 改变填充颜色后的效果

2 显示【描边】面板，并在其中的【粗细】下拉列表中选择"1 pt"，在【颜色】面板中单击描边使它为当前颜色设置，并在 CMYK 光谱上单击吸取所需的颜色（如：红色），如图5-26所示，选择时的文字状态，如图5-27所示；按住 Ctrl 键在画面的空白处单击确认文字更改，即可得到如图5-28所示的效果。

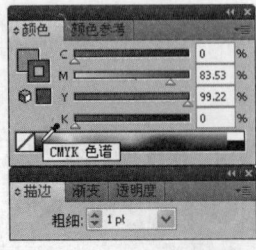

图5-26 设置描边颜色

图5-27 设置描边颜色后的效果

图5-28 取消选择后的效果

5.2.6 添加文字效果

可以为文字添加多种效果，如：阴影、内发光、外发光等。

Howto 添加文字效果

1 按 Ctrl 键单击文字以选择它，然后在菜单中执行【效果】→【风格化】→【投影】命令，弹出【投影】对话框，并在其中勾选【预览】选项，以便随时预览设置值的效果，如图 5-29 所示，单击【确定】按钮，即可得到如图 5-30 所示的效果。

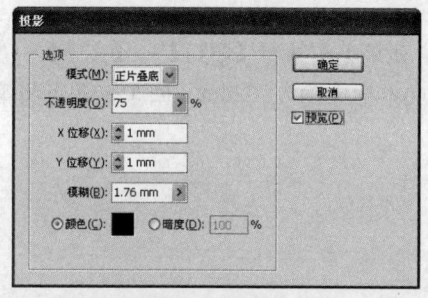

图 5-29 【投影】对话框

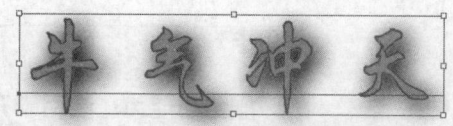

图 5-30 添加投影后的效果

2 在菜单中执行【效果】→【变形】→【膨胀】命令，弹出【变形选项】对话框，并在其中勾选【预览】选项，接着设定【弯曲】为"36%"，【水平】为"5%"，【垂直】为"10%"，如图 5-31 所示，单击【确定】按钮，即可得到如图 5-32 所示的效果。

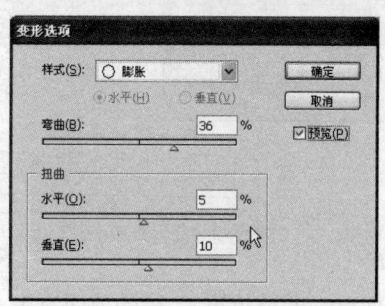

图 5-31 【变形选项】对话框

图 5-32 变形后的效果

3 按 Ctrl 键在空白处单击取消选择，即可得到如图 5-33 所示的效果。

图 5-33 取消选择后的效果

 用户还可以在【字符】面板中将文字进行水平或垂直缩放，在文字间插入空格，设置文字间的比例间距等。

5.3 段落格式化

Illustrator CS4 包含许多针对大范围文字（如以直栏编排的文字）所设计的功能。这些功能让用户可设定段落排列与文字对齐方式、改变段落间距、设定定位点记号,以及设定文字刚好填满特定宽度。甚至可使用连字功能,指定段落中单字的断字位置。

要应用段落格式时,并不需要选取整个段落,只要选取该段中的任一个单字或字符,或在段落中放置插入点即可。

5.3.1 设置首行缩进

这里以前面输入的段落文本为例,按 Ctrl+O 键从配套光盘中打开"/范例源文件/CH5/信用卡.ai"文件。

在第 2 段的任何位置单击,以使该段为当前段,再在菜单中执行【窗口】→【文字】→【段落】命令,显示【段落】面板,然后在【左缩进】的文本框中输入"24pt"回车,即可将第 2 段的第一行文字向右缩进"24pt",如图 5-34 所示。

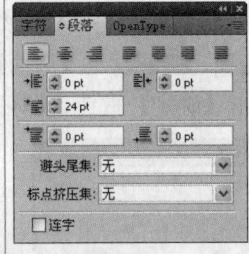

图 5-34　设置左缩进

5.3.2 设置段前间距

只需在【段落】面板中设定【段前间距】为"8pt" 回车,即可将第 2 段的前面空出 8pt 的距离,如图 5-35 所示。

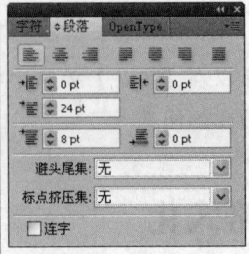

图 5-35　设置段前间距

5.3.3 文本对齐

区域文字和路径上的文字都可与文字路径的一边或两边对齐。当文字与两边对齐时，称为齐行。用户可选择让段落中除最后一行之外的所有文字齐行，也可让段落中包含最后一行的所有文字齐行。

Howto 使用文本对齐

1 在标题文字"信用卡"文字中的任一位置单击以该段为当前段，在【段落】面板中单击 ■（居中对齐）按钮，即可将文字位于文本框的水平中间，如图 5-36 所示。

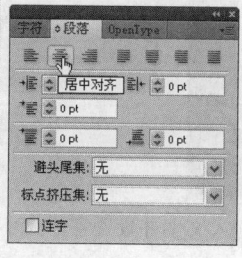

图 5-36　文本居中对齐

2 在【段落】面板中单击 ■（右对齐）按钮，即可将文字向文本框右边对齐，如图 5-37 所示。

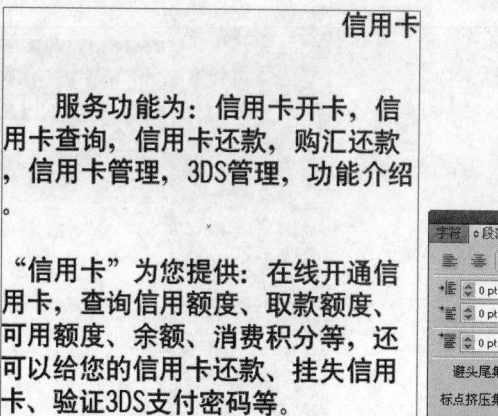
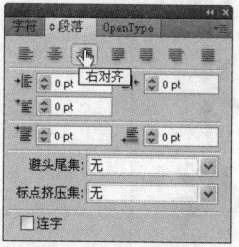

图 5-37　文本右对齐

5.4 直排文字工具

利用直排文字工具可以创建竖排文本。它的使用方法和步骤与文字工具相同。其实不管是用直排文字工具，还是用文字工具创建的文字，都可以改变文字的方向。不管用户所点选的是文字工具，还是直排文字工具，都可按 Shift 键来临时使用文字工具或直排文字工具。

Howto 使用直排文字工具创建竖排文本

1 从工具箱中点选 [T] 直排文字工具，在画板中单击出现光标，然后在键盘上输入所需的文字"城市牛仔"，选择文字后在【字符】面板中设置【字体】为"文鼎 CS 行楷"，【字体大小】为"48pt"，【水平缩放】为"100"，如图 5-38 所示。

2 在工具箱中点选 选择工具，确认文字输入，结果如图 5-39 所示。

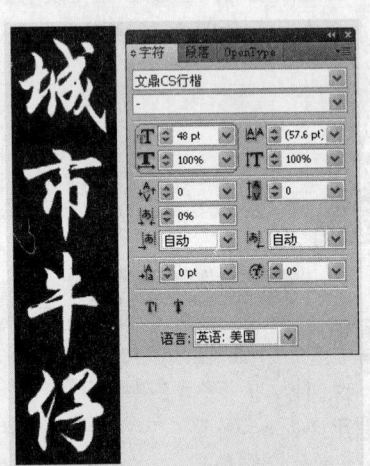

图 5-38　输入文字并设置字体大小与水平缩放　　　图 5-39　确认文字输入

3 在工具箱中点选 矩形工具，并在画面中围绕文字绘制一个矩形，如图 5-40 所示，再在菜单中执行【对象】→【排列】→【置于底层】命令，将矩形置于文字的下层，然后显示【色板】面板，并在其中单击 CMYK 绿，如图 5-41 所示。

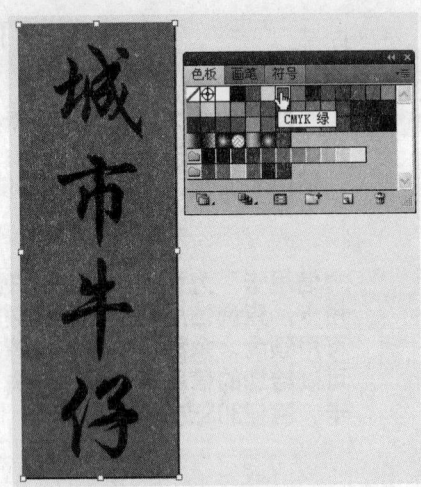

图 5-40　绘制矩形　　　　　　　　图 5-41　排列对象并填充颜色

4 在菜单中执行【窗口】→【画笔】命令，显示【画笔】面板，并在其中单击所需的画笔，以给矩形添加描边效果，如图 5-42 所示。

5 用 选择工具在文字上单击，以选择文字，再在【色板】面板中单击所需的颜色，以更改文字的颜色，如图 5-43 所示。

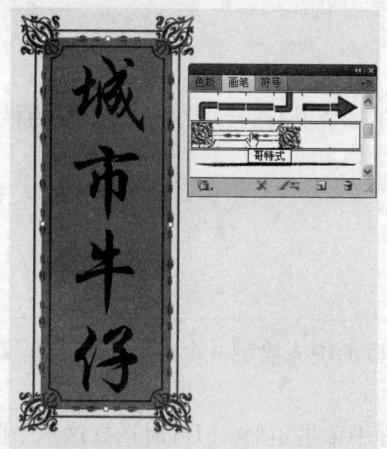 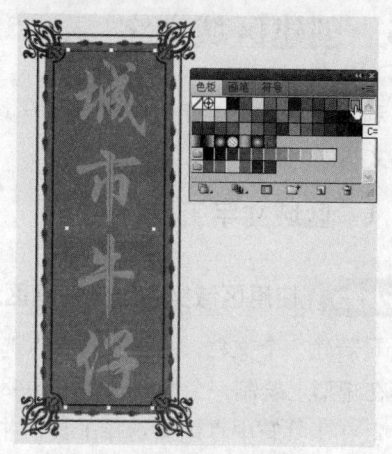

图 5-42　添加描边效果　　　　　　　　图 5-43　更改文字颜色

6　在菜单中执行【效果】→【风格化】→【投影】命令，弹出【投影】对话框，并在其中勾选【预览】选项，设置【不透明度】为"50%"，【X 位移】为"1mm"，【Y 位移】为"1mm"，其他为默认值，如图 5-44 所示，单击【确定】按钮，得到如图 5-45 所示的效果。

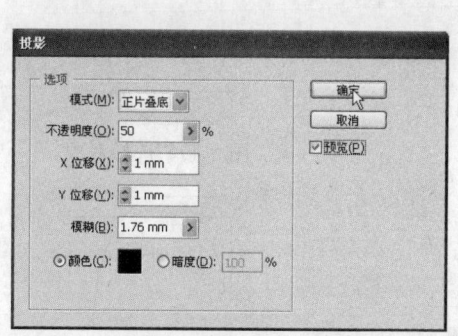 

图 5-44　【投影】对话框　　　　　　　　图 5-45　添加投影后的效果

7　显示【颜色】面板，并在其中设置描边为白色，在【描边】面板中设置【粗细】为"0.5pt"，如图 5-46 所示，在画板的空白处单击取消选择，以得到如图 5-47 所示的效果。

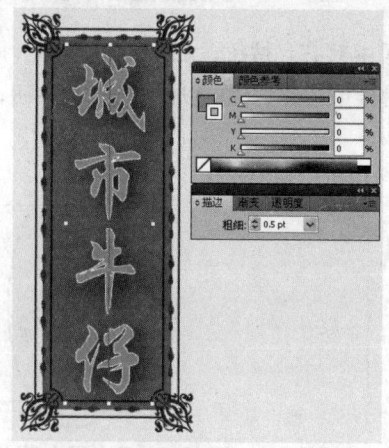 

图 5-46　改变描边颜色的效果　　　　　　图 5-47　取消选择后的效果

5.5 创建区域文字

利用▣区域文字工具或▥直排区域文字工具可以在一个现有的形状内输入所需的横排或竖排文本。

5.5.1 区域文字工具

Howto 使用区域文字工具创建区域文字

1 新建一个文档，从工具箱中点选▢矩形工具，在画面中先绘制一个矩形，再点选◯椭圆工具在矩形上绘制一个椭圆，如图 5-48 所示。

2 在工具箱中点选▸选择工具，并按 Shift 键在画面中单击矩形，以同时选择这两个图形，如图 5-49 所示；然后在【控制】选项栏的填色【色板】面板中选择"无"，如图 5-50 所示，将其填充颜色设为无，结果如图 5-51 所示。

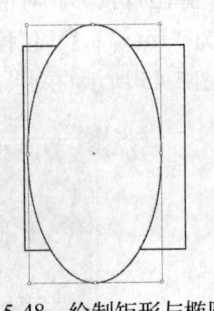
图 5-48 绘制矩形与椭圆

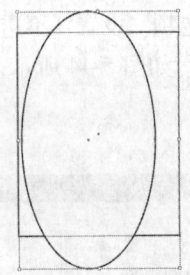
图 5-49 选择对象

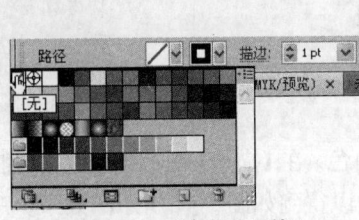
图 5-50 【色板】面板

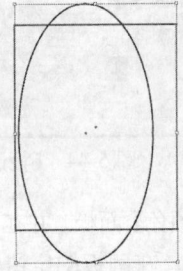
图 5-51 将填充颜色设为无的效果

3 显示【对齐】面板，并在其中单击▤（水平居中对齐）按钮，如图 5-52 所示，即可将选择的对象水平居中对齐，结果如图 5-53 所示；然后再单击▥（垂直居中对齐）按钮，将选择的对象垂直居中对齐，结果如图 5-54 所示。

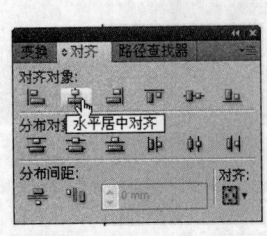
图 5-52 【对齐】面板

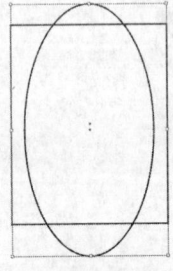
图 5-53 水平居中对齐后的效果

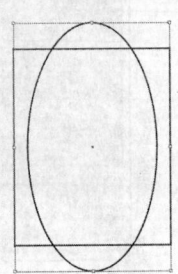
图 5-54 垂直居中对齐后的效果

4 显示【路径查找器】面板,并在其中单击 ▣ (交集)按钮,如图 5-55 所示,对选择的对象进行修剪,修剪后的结果如图 5-56 所示。

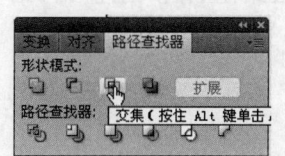

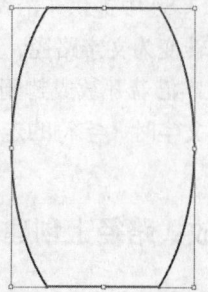

图 5-55 【路径查找器】面板　　　　图 5-56 修剪后的结果

5 从工具箱中点选 ▣ 区域文字工具,移动指针到形状路径上,当指针呈如图 5-57 所示形状时单击,即可在形状内出现一闪一闪的光标,如图 5-58 所示,然后在其中输入所需的文字,如图 5-59 所示。

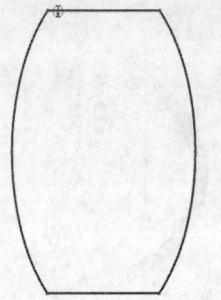 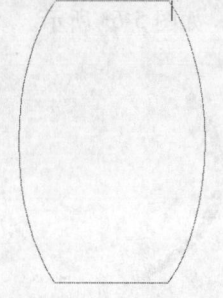 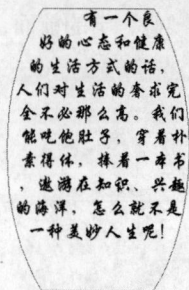

图 5-57 指向路径上指针的状态　　图 5-58 单击出现光标　　图 5-59 输入文字

 同样可以像对段落文本一样对区域文字进行编辑。

6 按 Ctrl 键在画面中空白处单击,即可得到所绘制形状的文字块,如图 5-60 所示。

图 5-60 确认文字输入后的结果

5.5.2 直排区域文字工具

利用 ▣ 直排区域文字工具可以在一个现有的形状内输入所需的竖排文本。它的使用方法与区域文字工具一样,在此不再重述。

5.6 创建路径文字

在 Illustrator CS4 中提供了沿路径创建文字功能,它就是利用 路径文字工具或 直排路径文字工具将路径转变为文字路径,从而就可以在路径上输入并编辑文字。

路径上的文字沿着开放或封闭的路径进行排放。此路径的形状可以是规则或不规则的。在路径上输入水平文字时,字符的走向会与基线平行。在路径上输入垂直文字时,字符的走向会与基线垂直。

5.6.1 在开放式路径上创建文字

Howto 在开放式路径上创建文字

1 新建一个文档,从工具箱中点选 铅笔工具,在画板中绘制一条开放式路径,如图 5-61 所示。

2 从工具箱中点选 路径文字工具,在路径上单击出现光标,然后在键盘上输入所需的文字"修改后的新医改方案最后版本有望近期公布",如图 5-62 所示,在"布"字后按下左键向上拖至"修"字的前面,以选择文字,如图 5-63 所示。

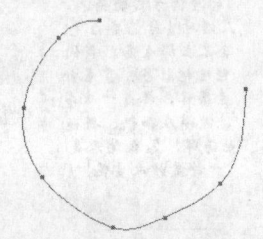
图 5-61 绘制开放式路径

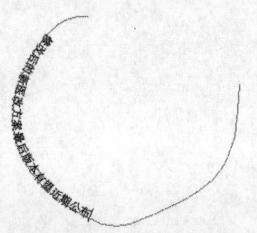
图 5-62 输入文字

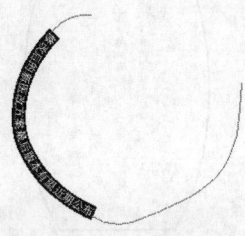
图 5-63 选择文字

3 在【字符】面板中设定【字体】为"Adobe 宋体",【字体大小】为"15pt",字距调整为"600",如图 5-64 所示,按 Ctrl 键在空白处单击以取消选择,即可得到如图 5-65 所示的文字。

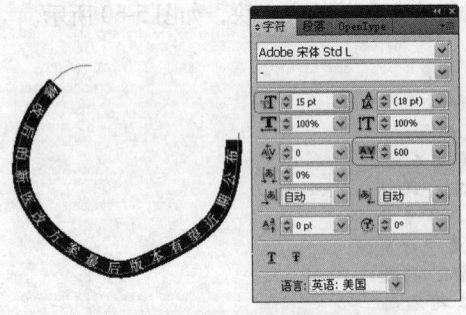
图 5-64 设置字符格式后的效果

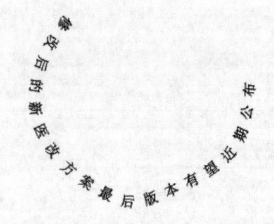
图 5-65 确认文字输入后的结果

5.6.2 在封闭式路径上创建文字

Howto 在封闭式路径上创建文字并编辑路径文字

1 按 Ctrl+O 键从配套光盘中的素材库中打开一个图形文件,如图 5-66 所示,再使用 椭圆工具围绕图形绘制一个椭圆,如图 5-67 所示。

图 5-66　打开的文件　　　　　　　图 5-67　绘制椭圆

2 从工具箱中点选 直排路径文字工具，移动指针到路径上当指针呈 状时单击出现光标，然后在键盘上输入所需的文字，如："啊敏个人巡回演唱会"，如图 5-68 所示；再选择这些文字，如图 5-69 所示。

图 5-68　输入文字　　　　　　　　图 5-69　选择文字

3 在【字符】面板中设置【字体】为"文鼎 CS 行楷"，【字体大小】为"16 pt"，如图 5-70 所示，再在工具箱中单击 选择工具，确认文字输入，结果如图 5-71 所示。

图 5-70　设置字体与字体大小　　　　　图 5-71　确认文字输入后的结果

4 移动指针到结束的直线上，当指针呈 状（如图 5-72 所示）时按下左键并向下拖动到适当位置，排放好后松开左键，即可得到如图 5-73 所示的效果。

5 在工具箱中双击 直排路径文字工具，弹出【路径文字选项】对话框，在其中勾选【预览】选项，设定【效果】为"彩虹效果"，【对齐路径】为"居中"，【间距】为"7pt"，其他不变，如图 5-74 所示，单击【确定】按钮，得到如图 5-75 所示的效果；然后按 Ctrl 键在空白处单击取消选择,隐藏路径显示,得到如图 5-76 所示的效果。

  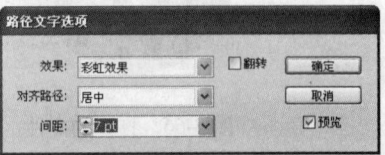

图 5-72　拖动时的状态　　　图 5-73　调整文字位置后的效果　　　图 5-74　【路径文字选项】对话框

图 5-75　改变路径文字选项后的效果　　　　　图 5-76　最终效果图

5.7　查找和替换

【查找和替换】命令可查找并取代路径上和文字容器中的文字字符串,但保留其文字样式、色彩、特殊字距以及其他的文字属性。

Howto　查找和替换文本中的文字

1 打开前面创建的区域文字,如图 5-77 所示,使用文字工具在文字上单击,如图 5-78 所示。

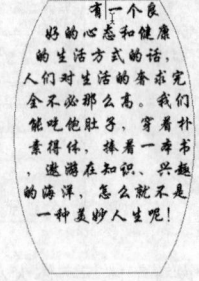

图 5-77　创建的区域文字　　　　　图 5-78　选择文字

2 在菜单中执行【编辑】→【查找和替换】命令,弹出【查找和替换】对话框,并在【查找】文本框中输入要查找的文字(如:怎么),接着在【替换为】文本框中输入为替换的文字(如:难道),如图 5-79 所示,单击【查找】按钮,即可在文件中查找到"怎么"两个文字,如图 5-80 所示。

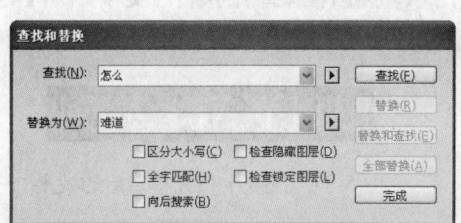

图 5-79 【查找和替换】对话框

图 5-80 查找到的文字

3 在【查找和替换】对话框中单击【查找】按钮以查找到文字后，则对话框中原来不可用的几个按钮，都成活动可用状态，如图 5-81 所示，再单击【替换】按钮，即可将"怎么"替换为"难道"，如图 5-82 所示。

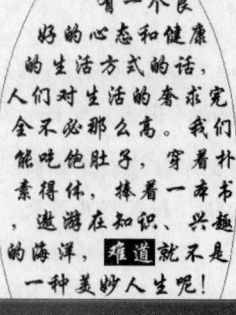

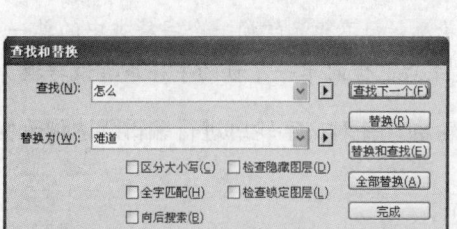

图 5-81 【查找和替换】对话框

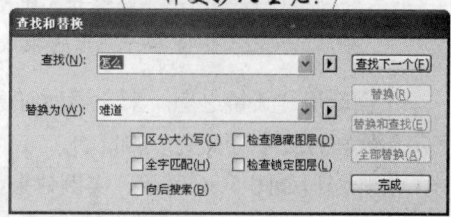

图 5-82 【查找和替换】对话框

【查找和替换】对话框选项说明：

- 【区分大小写】选项：如果选择它就只会查找大小写与"查找"字段完全符合的文字字符串。
- 【全字匹配】选项：如果选择它就只会查找与"查找"文字框中整个单字完全符合的完整词。
- 【向前搜索】选项：如果选择它，则从堆叠顺序的最下层到最上层查找档案。
- 【检查隐藏图层】选项：如果选择它，则查找在隐藏图层中的文字。当取消选取此选项时，Illustrator CS4 会忽略隐藏图层中的文字。
- 【检查锁定图层】选项：如果选择它，则查找在锁定图层中的文字。当取消选取此选项时，Illustrator CS4 会忽略锁定图层中的文字。

5.8 更改大小写

【更改大小写】命令可以改变选取字符的大小写设定。

> **Howto** 使用更改大小命令改变字符大小写设定

1 先在文件中选择要改为大写的文字，如图 5-83 所示，然后在菜单中执行【文字】→【更改大小写】→【大写】命令，即可将选择文字中的所有小写字母都改为大写，如图 5-84 所示。

图 5-83 选择文字

图 5-84 改变字母大小写后的效果

2 如果在菜单中执行【文字】→【更改大小写】→【小写】命令，即可将选择文字中的所有字母都改为小写，如图 5-85 所示。

图 5-85 改变字母大小写后的效果

5.9 创建轮廓

在 Illustrator CS4 中，可以将文字当作图形对象来修改，但是必须先利用【创建轮廓】命令将文字转变成一组复合路径。从而可以象编辑其他图形对象一样来编辑和处理这些路径。

 TIPS 将文字转换成轮廓时，这些文字会失去它们的文本属性，即在只能在最佳形态显示或打印，如果将其放大，则会出现不清晰的轮廓。所以，如果打算事后要再缩放这些文字，需在将其转换为轮廓之前，先将文字调整到所需的大小。

在一个选取范围内，必须一次把所有文字转成轮廓，而不能只转换一个字符串中的单一字母。如果只要将单一字母转换成轮廓，需先建立只包含此单一字母的字符串再做转换。

下面就用"天桥之恋"来介绍如何将文字创建成轮廓，并对文字轮廓进行编辑以达到改变文字形状和对文字进行变形的目的。

制作流程如图 5-86 所示，实例效果如图 5-87 所示：

图 5-86 制作流程图

图 5-87　实例效果

Howto　制作艺术字"天桥之恋"

1．按 Ctrl+N 键新建一个文件，从工具箱中点选 文字工具，在画板中适当位置单击并输入"天"字，再选择文字，然后在【控制】选项栏 中设置【字体】为"文鼎特粗宋简"，【字体大小】为"130"，得到如图 5-88 所示的文字。

2．使用同样的方法在画板中输入所需的文字，再按 Ctrl 键将它们依次拖动到"天"字右边，对文字进行组合排列，排列好后的效果如图 5-89 所示。

3．保持"之"字选择，在菜单中执行【文字】→【创建轮廓】命令，将文字转换为轮廓，结果如图 5-90 所示。

图 5-88　输入文字　　　图 5-89　输入文字　　　图 5-90　将文字转换为轮廓

4．在工具箱中点选 直接选择工具，先在空白处单击取消选择，再在画面中拖出一个虚框框住"之"字的横线端点，如图 5-91 所示，松开左键后即可选择所框住的节点与"桥"字，如图 5-92 所示。

图 5-91　拖出一个虚框　　　图 5-92　框选对象

5．按 Shift 键在"桥"字上单击，取消"桥"字的选择，结果如图 5-93 所示。
6．按 Shift 键将"之"字的横线端点向左拖至"天"字上，如图 5-94 所示。

图 5-93　取消"桥"字的选择　　　图 5-94　编辑节点

7 用直接选择工具在画面中按下左键拖出一个虚框框住"之"字的捺划,如图 5-95 所示,松开左键后即可选择捺划路径上的节点,如图 5-96 所示,然后在键盘上按 Delete 键将其删除,删除后的结果如图 5-97 所示。

图 5-95 拖出一个虚框

图 5-96 框选节点

图 5-97 删除框选的节点

8 按 Ctrl+O 键打开配套光盘中的"/范例源文件/CH5/花纹.ai"文件,如图 5-98 所示,按 Ctrl+A 键将所有对象选择,再按 Ctrl+C 键进行复制,如图 5-99 所示。

9 在文档标题栏中单击"天桥之恋"文字所在的文件标签,使它为当前文档窗口,再按 Ctrl+V 键将其粘贴到正在编辑"天桥之恋"文字的文档中,并排放到文字的上方,然后使用选择工具在画面中选择所需的图案,并将其拖动到文字的下方,使它与"天"字的捺划对齐,如图 5-100 所示。

图 5-98 打开的图案

图 5-99 选择对象

图 5-100 移动对象

10 在工具箱中点选 缩放工具,在画面中拖出一个虚框将"天"字与图案的相接处放大,再点选直接选择工具,在画面中单击图案左上边的一个节点,以选择它,如图 5-101 所示,然后将其拖动到"天"字的捺划上,结果如图 5-102 所示。

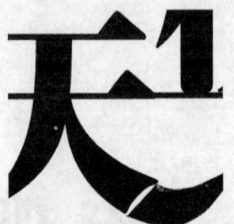
图 5-101 选择节点

图 5-102 移动节点

11 先在画面中拖出一个虚框框住要选择的两个节点,如图 5-103 所示,以选择这两个节点,再按 Shift 键单击其后的一个节点,以同时选择这三个节点,如图 5-104 所示。

12 在选择的节点上按下左键向上拖移,如图 5-105 左所示,到达所需的位置后松开左键,即可得到如图 5-105 右所示的效果。

图 5-103 框选节点　　　　　图 5-104 选择节点　　　　　图 5-105 移动选择的节点

13 使用前面同样的方法将左下方的节点选择,并将其拖动到"天"字的捺划上,结果如图 5-106 所示;调整好后在状态栏的【缩放级别】列表中选择"100%",以将画面缩小,结果如图 5-107 所示。

图 5-106 移动节点　　　　　　　　　图 5-107 编辑好的结果

14 使用选择工具在画面中单击"天"字,以选择它,再在菜单中执行【文字】→【创建轮廓】命令,以将文字转换为轮廓,结果如图 5-108 所示。

15 使用选择工具在草稿区中选择另一个图案,并将其拖动到"天"字的左上方,结果如图 5-109 所示。

图 5-108 将文字转换为轮廓　　　　　　　　图 5-109 移动对象

16 使用缩放工具将要衔接的地方放大,然后使用直接选择工具选择要移动的节点,然后将其拖动到"天"字轮廓上,如图 5-110 所示,在状态栏的【缩放级别】列表中选择"100%",以将画面缩小,然后在空白处单击取消选择,得到如图 5-111 所示的效果。

17 使用选择工具在草稿区中选择另一个图案,并将其拖动到"天"字的撇划的末端,结果如图 5-112 所示。

图 5-110 编辑对象　　　　　图 5-111 编辑后的结果　　　　　图 5-112 移动对象

18 使用缩放工具将要衔接的地方放大，然后使用直接选择工具选择"天"字的撇划上的节点，对其节点进行拖动以使"天"字的撇划与图案的起点刎合，如图5-113、图5-114、图5-115所示；调整好后在状态栏的【缩放级别】列表中选择"100%"，将画面缩小，然后在空白处单击取消选择，得到如图5-116所示的效果。

图5-113 编辑对象　　图5-114 编辑对象　　图5-115 编辑对象　　图5-116 编辑后的结果

19 使用选择工具在草稿区中选择另一个图案，并将其拖动到"天"字的上方横线的末端，结果如图5-117所示。

20 使用选择工具在画面中选择"恋"字，再在菜单中执行【文字】→【创建轮廓】命令，将文字转换为轮廓，结果如图5-118所示。

图5-117 移动对象　　　　　　　　　　　图5-118 将文字转换为轮廓

21 在工具箱中点选 直接选择工具，在"恋"字旁边拖出一个虚框框住"心"字底旁边的点，如图5-119所示，以选择该点，如图5-120所示，再在键盘上按Del键将其删除，结果如图5-121所示。

图5-119 拖出一个虚框　　　图5-120 选择的节点　　　图5-121 删除节点后的结果

22 使用上步同样的方法将点上所余的部分删除，删除后的结果如图5-122所示。

23 使用选择工具在草稿区中选择另一个图案，并将其拖动到"恋"字刚删除点的地方，结果如图5-123所示。

图5-122 删除剩余节点后的结果　　　　　图5-123 移动并调整对象

24 使用直接选择工具在画面中框选"恋"字头上的点,如图 5-124 所示,再在键盘上按 Del 键将其删除,删除后的结果如图 5-125 所示。

25 同样从草稿区拖动另一个图案至"恋"字刚删除点的地方,结果如图 5-126 所示,调整好后的画面效果如图 5-127 所示。

图 5-124　选择节点　　　　图 5-125　删除节点后的结果　　　　图 5-126　移动对象

26 使用选择工具在画面中单击"桥"字,以选择它,再在菜单中执行【文字】→【创建轮廓】命令,将文字转换为轮廓,结果如图 5-128 所示。

图 5-127　组合好后的艺术效果　　　　　　图 5-128　将文字转换为轮廓

27 先使用选择工具框选刚组合的艺术字,在菜单中执行【窗口】→【路径查找器】命令,显示【路径查找器】面板,并在其中单击【联集】按钮,如图 5-129 所示,即将选择的对象焊接为一个对象,结果如图 5-130 所示。

图 5-129　【路径查找器】面板　　　　　　图 5-130　焊接对象

28 在工具箱中点选矩形工具,并在画面中围绕刚组合的艺术字绘制一个矩形,如图 5-131 所示,然后在【控制】选项栏的填色【色板】面板中单击 C=100、M=95、Y=5、K=0 色块,使它填充为该颜色,再按 Shift+Ctrl+[键将其置于底层,得到如图 5-132 所示的效果。

图 5-131　绘制矩形　　　　　　　　图 5-132　填充颜色并更改排放位置

29 使用选择工具在画面中单击艺术字,以选择它,接着按 Ctrl+C 键进行复制,再按 Ctrl+F 键将副本粘贴至上层,画面效果并没有发生变化,结果如图 5-133 所示。

30 显示【渐变】面板,并在其中编辑所需的渐变,如图 5-134 所示,编辑好渐变后的画面效果如图 5-135 所示。

图 5-133 复制对象

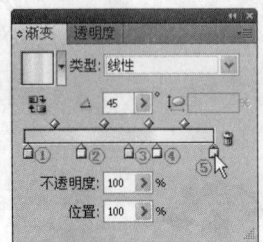

图 5-134 【渐变】面板　　　图 5-135 渐变填充后的效果

 色标 1 的颜色为 C=3.53、M=12、Y=87.06、K=0,色标 2 的颜色为 C=0.78、M=4.71、Y=22.75、K=0,色标 3 的颜色为 C=2.35、M=7、Y=57、K=0,色标 4 的颜色为 C=0、M=0、Y=15、K=0,色标 5 的颜色为 C=1.18、M=4、Y=49、K=0.。

31 在【颜色】面板中使描边为当前颜色设置,再设置颜色为 C=50、M=0、Y=100、K=0,如图 5-136 所示,以得到如图 5-137 所示的效果。

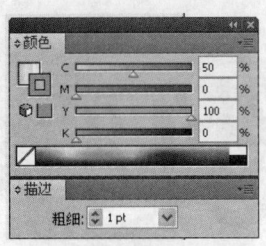

图 5-136 【颜色】面板　　　图 5-137 设置描边颜色后的效果

32 在键盘上按↑向上键 3 次,按←向左键 2 次,再在空白处单击取消选择,得到如图 5-138 所示的效果。这样我们的艺术字就制作完成了。

图 5-138 取消选择后的效果

5.10 变形文字

可以对文字进行变形，如使文字呈弧形、下弧形、上弧形、拱形、凸出、凹壳、凸壳、旗形、波形、鱼形、上升、鱼眼、膨胀、挤压或扭转等形状显示。在【效果】菜单中的【变形】效果可扭曲或变形对象，包括路径、文字、网格、渐变和点阵图。

Howto 使用变形效果对文字变形

1 按 Ctrl+O 键打开配套光盘中的"/范例源文件/CH5/01.ai"文件，如图 5-139 所示的图形文件。

2 在工具箱中点选 T 文字工具，在画面中适当位置单击并输入所需的文字（如："快乐圣诞夜"），按 Ctrl+A 键全选文字，显示【控制】选项栏中设定【字体】为"文鼎 CS 大黑"，【字体大小】为"36pt"，得到如图 5-140 所示的文字。

图 5-139 打开的图形文件

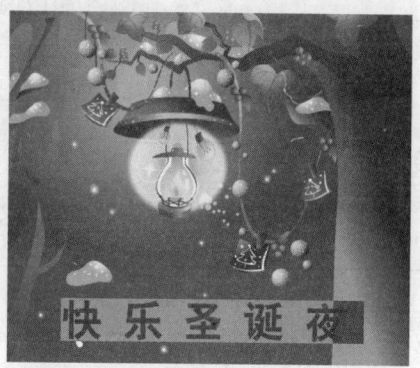

图 5-140 输入文字

3 在工具箱中单击 选择工具确认文字输入，接着在菜单中执行【效果】→【变形】→【旗形】命令，弹出【变形选项】对话框，并在其中勾选【预览】选项，以查看效果，其他不变，如图 5-141 所示，单击【确定】按钮，得到如图 5-142 所示的效果。

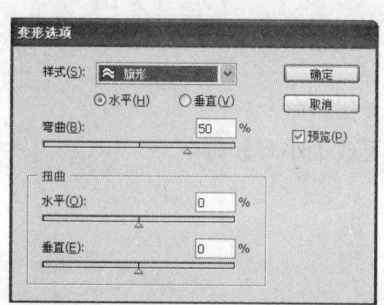

图 5-141 【变形选项】对话框

图 5-142 变形后的效果

【变形选项】对话框选项说明：
- 【水平】或【垂直】：可指定变形选项所影响的轴。
- 【弯曲】：在滑杆上拖动滑块可指定对象的弯曲量。
- 【扭曲】：可指定对象【水平】和【垂直】扭曲量。

5.11 本章小结

本章先结合简单的实例用文字工具创建点文字和段落文本，接着对文字进行字符格式化、段落格式化和效果处理，然后结合简单的实例用区域文字工具与路径文字工具创建区域文字和路径文字。再结合实例将文字创建成轮廓，并对文字轮廓进行编辑以达到改变文字形状，以及对文字进行变形。掌握这些功能对我们今后的文字处理、编辑、排版与设计起着举足轻重的作用。

5.12 本章习题

一、填空题

1. Illustrator CS4 可精确控制各种字符属性；包含_____、_____、_____、_____、字距微调、_____、水平与垂直缩放、_____，以及字母方向。

2. 利用文字工具可以创建横向的_____和_____以及编辑文字。

3. 利用_____或_____可以在一个现有的形状内输入所需的横排或竖排文本。

4. 用户可以对文字进行变形，如使文字呈_____、下弧形、_____、_____、_____、凸壳、_____、波形、_____、上升、_____、膨胀、_____或扭转等形状显示。

二、选择题

1. 利用以下哪个工具可以在一个现有的形状内输入所需的竖排文本？　　（　　）
   A. 路径文字工具　　　　　　　　B. 文字工具
   C. 直排文字工具　　　　　　　　D. 直排区域文字工具

2. 以下哪个命令可以改变选取字符的大小写设定？　　（　　）
   A.【更改大小写】命令　　　　　B.【大小写】命令
   C.【更改小写】命令　　　　　　D.【更改大写】命令

3. 以下哪个命令可查找并取代路径上和文字容器中的文字字符串，但保留其文字样式、色彩、特殊字距以及其他的文字属性？　　（　　）
   A.【查找和替换】命令　　　　　B.【查找】命令
   C.【替换】命令　　　　　　　　D.【更改大小写】命令

第 6 章　图形填色及艺术效果处理

教学目标

熟悉和掌握使用▣渐变工具、▣混合工具与▣网格工具绘制特殊效果的图形与三维图形的方法与技巧，熟练运用画笔、符号、画笔库、符号库、▣画笔工具、▣符号工具快速地绘制各种各样的画笔和符号。

教学重点与难点

- ➤ 使用画笔与符号
- ➤ 创建与编辑画笔
- ➤ 创建与编辑符号
- ➤ 绘制闪耀对象
- ➤ 在图形对象上应用渐变色与渐变网格
- ➤ 混合对象

在使用 Illustrator CS4 绘制图形时，通常需要对图形进行颜色填充和对图形进行艺术效果处理。熟练运用▣渐变工具、▣混合工具与▣网格工具，可以绘制出各种各样具有特殊效果的图形与逼真的三维图形，熟练运用画笔、符号、画笔库、符号库、▣画笔工具、▣符号工具，可以快速地绘制各种各样的画笔和符号。种类繁多的画笔与符号使用我们在设计与制作中能够节省时间、提高效益和激发创作灵感。

6.1　使用画笔

Illustrator CS4 提供多种不同的画笔，让用户可以建立各种路径外观的风格，也可以将画笔应用到现有的路径，或使用画笔工具绘制路径，并同时应用画笔。

6.1.1　关于画笔类型

在 Illustrator CS4 中有四种画笔类型——书法、散点、艺术和图案。使用这些画笔可以达成下列的效果：

(1)【书法】画笔：使用书法画笔建立的笔画，类似用笔尖呈某个角度的沾水笔，沿着路径的中心绘制出来，如图 6-1 所示。

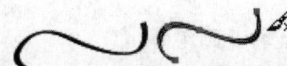

图 6-1　用书法画笔绘制的笔画

(2)【散点】画笔：使用散点画笔会将一个对象（如一个星形或一个圆圈或一个齿轮）的拷贝沿着路径散布，如图 6-2 所示。

(3)【艺术】画笔：使用艺术画笔会沿着路径的长度，平均地拉长画笔形状（如"水彩-湿"画笔）或对象形状，如图 6-3 所示。

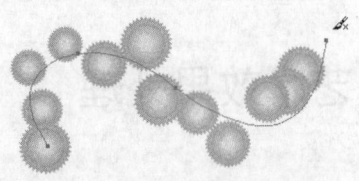
图 6-2 用散点画笔绘制的笔画

图 6-3 用艺术画笔绘制的笔画

（4）【图案】画笔：使用图案画笔可以沿着路径重复绘出一个由个别的拼贴所组成的图案。"图案"画笔最多可以包含五种拼贴，即外缘、内部转角、外部转角、图案起点和终点等拼贴，如图 6-4、图 6-5 所示。

图 6-4 用图案画笔绘制的笔画　　　　　　图 6-5 用图案画笔绘制的笔画

 【散点】画笔和【图案】画笔通常可以达成相同的效果。但它们不同的一点是，【图案】画笔会完全依循路径，而【散点】画笔则否。

6.1.2 使用【画笔】面板和画笔库

可以使用【画笔】面板来管理文件的画笔。在预设情况下，【画笔】面板会包含每一种类型的数个画笔。可以建立新画笔、修改现有的画笔，以及删除不再使用的画笔。用户所建立和储存在【画笔】面板中的画笔，只会与目前的档案相关联。每个 Illustrator CS4 档案在其【画笔】面板中，可以有不同组的画笔。

Illustrator CS4 中附有各种多变化的预设画笔。这些画笔都整理于称为画笔库的集合中。可以开启多个画笔库以便在其中进行浏览，并选取画笔。也可以建立新的画笔库。当开启画笔库时，它会出现在新面板中。用法与在【画笔】面板中一样，选取、排序、检视在画笔库中的画笔。

1. 打开画笔库

方法 1　在菜单中执行【窗口】→【画笔】命令，可以显示或隐藏【画笔】面板，在【画笔】面板中单击右上角的 按钮弹出下拉菜单，移动指针到【打开画笔库】，再弹出一个菜单，即可在其中看到已经预置了许多画笔库，只需用鼠标单击所需打开的画笔库（如：艺术效果_卷轴笔），如图 6-6 所示，即可将选择的画笔库打开到程序窗口中，如图 6-7 所示。

方法 2　在菜单中执行【窗口】→【画笔库】命令，然后在弹出的子菜单中选择所需的画笔库即可。

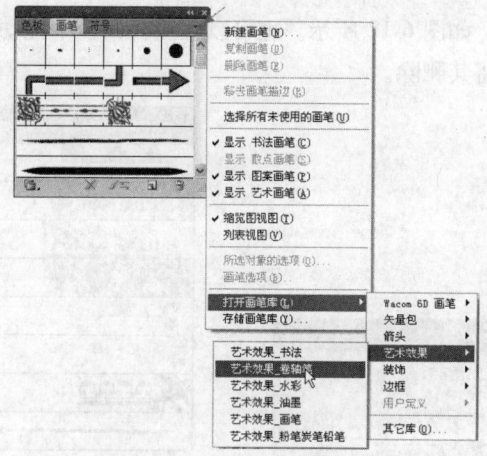
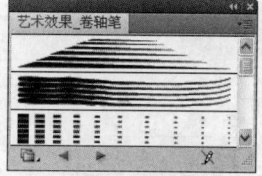

图 6-6 选择【艺术效果_卷轴笔】命令　　图 6-7 【艺术效果_卷轴笔】画笔库

2．选择画笔

如果只需选择一个画笔，在【画笔】面板或画笔库中单击所需的画笔即可。如果要选择相邻的画笔，可以先在【画笔】面板或画笔库中单击所在范围中的第一个画笔，然后按 Shift 键再单击最后一个画笔。如果要选择不相邻的数个画笔，则需按 Ctrl 键在每个要选择的画笔上单击。如果要选择未在文件中使用的所有画笔，需在【画笔】面板的弹出式菜单中选择【选择所有未使用的画笔】命令。

3．显示或隐藏画笔

用户可以查看所有的画笔，或者只查看某几种类型的画笔。如果要显示或隐藏画笔类型，可以在面板的弹出式菜单中选择下列任何一项：【显示书法画笔】、【显示散点画笔】、【显示艺术画笔】、【显示图案画笔】。

4．改变画笔顺序

在【画笔】面板中，将画笔拖动到新位置。画笔只能在其所属的画笔类型中移动，如图 6-8、图 6-9 所示。无法将书法画笔移到散点画笔中。

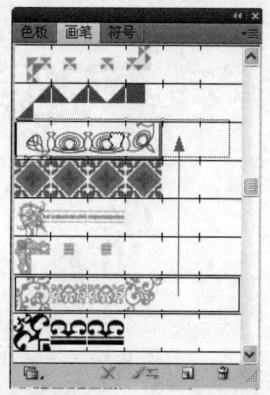
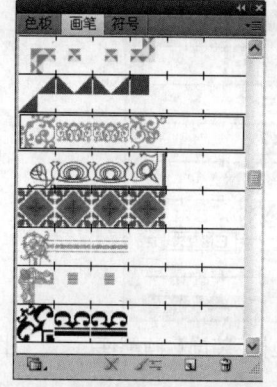

图 6-8 向另一个位置拖移时的状态　　图 6-9 改变顺序后的【画笔】面板

5．删除画笔

如果一个或一些画笔不再需要，可以先在【画笔】面板中选取要删除的画笔，如图 6-10 所示，然后在面板的底部单击 （删除画笔）按钮，接着会弹出如图 6-11 所示的对话框，并在其中单击【是】按钮，即可将选择的画笔删除，如图 6-12 所示。也可以直接在面板中拖动要删除的画笔到 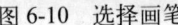（删除画笔）按钮上，同样也可将其删除。

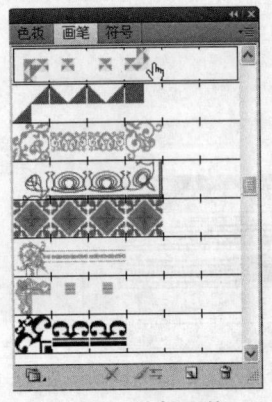
图 6-10　选择画笔

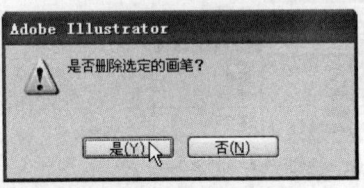
图 6-11　警告对话框

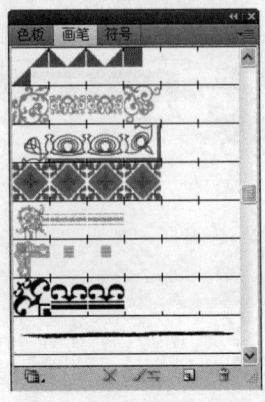
图 6-12　【画笔】面板

6.1.3　使用画笔工具绘制画笔路径

利用 画笔工具并结合【画笔】面板和画笔库可以绘制出多种预设的图形，也可以绘制自定的图形。从而可以减小绘制同种图形所花费的时间。

使用画笔工具可以同时绘制路径和应用画笔。Illustrator CS4 会在绘制时设定锚点，不需要决定锚点要放置在哪里。在路径完成时可以对其进行调整。

在路径上出现锚点的数量取决于路径的长度和复杂度，以及【画笔工具选项】对话框中的保真度。这些设定可控制鼠标或绘图板上数字笔移动画笔工具的敏感度。

Howto　使用画笔工具绘制画笔路径

1　在菜单中执行【窗口】→【画笔库】→【边框】→【边框_装饰】命令，打开【边框_装饰】画笔库，并在其中选择所需的画笔，如图 6-13 所示，从工具箱中点选 画笔工具，再在【控制】选项栏中设定描边粗细为"2pt"，然后在画板中适当位置绘制一条曲线，如图 6-14 所示，松开左键后即可应用选择的边框画笔，如图 6-15 所示。

图 6-13　【边框_装饰】画笔库

图 6-14　拖动时的状态

图 6-15　绘制好后的效果

2　在工具箱中双击 画笔工具，弹出【画笔工具选项】对话框，可以在其中根据需要设置所需的选项，如：取消【保持选定】的勾选，其他不变，如图 6-16 所示，单击【确定】按钮；接着按 Ctrl 键在空白处单击取消选择，再在【边框_装饰】面笔库中单击所需的画笔，如图 6-17 所示，然后在画面中绘制出一个四边框，以得到如图 6-18 所示的效果。

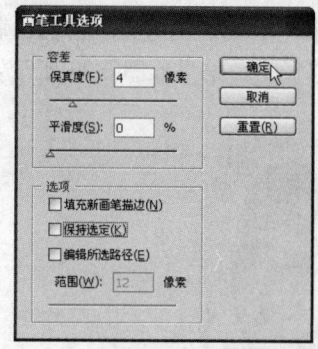 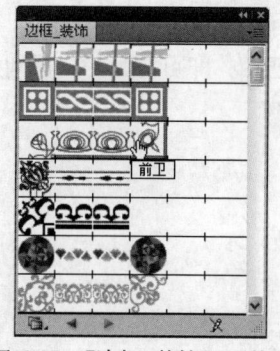 

图 6-16 【画笔工具选项】对话框　　图 6-17 【边框_装饰】面笔库　　图 6-18 应用画笔后的效果

【画笔工具选项】对话框选项说明：

- 【保真度】：它是用来设定画笔工具在绘制曲线时，所经过的路径上各点的精确度，保真度的值越小，所绘制的曲线就越粗糙，精度较低。保真度的值越大，所绘制的曲线就越逼真，精度较高。【保真度】的范围从 0.5 到 20 像素。
- 【平滑度】：它是用来指定画笔工具所绘曲线的光滑程度的一项参数。平滑值越大，所绘曲线就越平滑，否则相反。【平滑度】的范围可以从 0% 到 100%。
- 【填充新画笔描边】：选择该选项可以每次使用画笔工具绘制图形时，系统都会自动以默认颜色来填充对象的轮廓线。如果不勾选，则不填充轮廓线。
- 【保持选定】：选择该选项可每绘制一条曲线，绘制出的曲线都将处于选中状态。如果不勾选则所绘制出的曲线不被选中。
- 【编辑所选路径】：选择该选项可使用画笔工具来变更现有的路径，否则就不能。
- 【范围：_ 像素】：决定如果要使用画笔工具来编辑现有路径时，用户的鼠标或数字笔与该路径之间的接近程度。只有在选取【编辑所选路径】选项时才能使用此选项。

6.1.4 应用画笔到现有的路径

可以将画笔应用到使用任一 Illustrator CS4 绘图工具（包括钢笔、铅笔工具或任何基本形状工具）建立的路径。

Howto　应用画笔到现有路径

1　按 Ctrl+O 键打开配套光盘中的"/范例源文件/CH06/02.ai"文件，如图 6-19 所示，接着用选择工具在画面中单击最外的椭圆，以选择它，再在【边框_装饰】画笔库中单击所需的画笔，如图 6-20 所示，即可将画笔应用到椭圆路径上，如图 6-21 所示。

图 6-19 打开的图形　　图 6-20 【边框_装饰】画笔库　　图 6-21 应用画笔后的效果

2 使用选择工具在画面中单击由外向内的第 2 个椭圆,以选择它,再在【边框_装饰】画笔库中单击所需的画笔,如图 6-22 所示,即可将画笔应用到椭圆路径上,结果如图 6-23 所示。

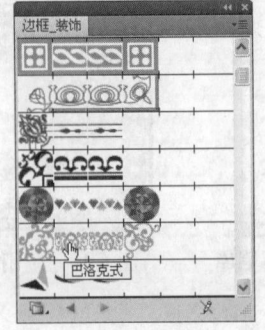

图 6-22 【边框_装饰】画笔库　　　图 6-23 应用画笔后的效果

3 按 Ctrl+Y 键进入轮廓视图,在画面中单击由外向内的第 3 个椭圆,以选择它,如图 6-24 所示,然后按 Ctrl+Y 键切换至预览视图,在【边框_装饰】画笔库中单击所需的画笔,如图 6-25 所示,即可将画笔应用到该椭圆路径上,画面效果如图 6-26 所示。

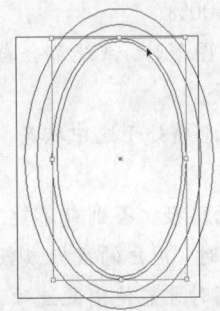

图 6-24 在轮廓视图模式中选择对象　　图 6-25 【边框_装饰】画笔库　　图 6-26 应用画笔后的效果

6.1.5　替换路径上的画笔

在 Illustrator CS4 中,可以轻易的使用不同的画笔,替换路径上的画笔描边。

Howto 替换路径上的画笔

1 使用选择工具在画面中单击最外的椭圆,以选择它。

2 在菜单中执行【窗口】→【画笔库】→【装饰】→【装饰_横幅和封条】命令,打开【装饰_横幅和封条】画笔库,并在其中单击所需的画笔,如图 6-27 所示,即可将选择的椭圆路径上的画笔替换,效果如图 6-28 所示。

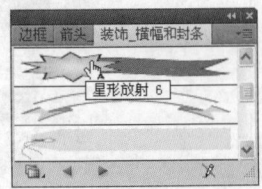

图 6-27 【装饰_横幅和封条】画笔库　　图 6-28 替换画笔后的效果

6.1.6 从路径上移除画笔

如果要将画笔路径转换成为正常的路径，可以移除路径上的画笔。

Howto 从路径上移除画笔

1 如果不需要应用画笔描边效果，用 选择工具在画面中单击由外向内的第 2 个椭圆，以选择它。

2 在【画笔】面板中单击 ✕（移去画笔描边）按钮，如图 6-29 所示，即可将选择的路径上的画笔移除，画面效果如图 6-30 所示。

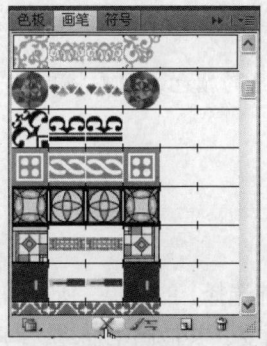
图 6-29　【画笔】面板

图 6-30　移除画笔后的效果

6.1.7 将画笔描边转换成为外框

可以使用【扩展外观】命令，将画笔描边转换为外框路径。当要编辑画笔路径的个别组件时，这个命令非常方便。

Howto 将画笔描边转换为外框

1 在【边框_装饰】画笔库中单击所需的画笔，如图 6-31 所示，即可将画笔应用到第 2 个椭圆路径上，画面效果如图 6-32 所示。

2 在菜单中执行【对象】→【扩展外观】命令，即可将画笔描边转换为外框路径，如图 6-33 所示。

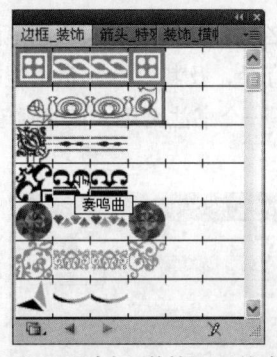
图 6-31　【边框_装饰】画笔库

图 6-32　应用画笔后的效果

图 6-33　扩展外观后的效果

3 在【颜色】面板中使描边为当前颜色设置，再在 CMYK 色谱上单击所需的颜色，如图 6-34 所示，即可将外框路径的颜色进行更改，在空白处单击以取消选择，即可查看到效果，如图 6-35 所示。

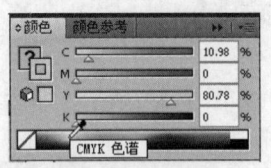
图 6-34 【颜色】面板

图 6-35 设置描边颜色后的效果

还可以更改其填充颜色,如果要分别更改每个对象的颜色,则需将其取消编组。

6.2 创建和编辑画笔

在 Illustrator CS4 中可以创建新画笔和修改现有(当前选择)的画笔。所有的画笔必须是由简单向量(矢量)对象所构成。画笔不能包含有渐层、渐变、其他画笔描边、网格图形、点阵图、图表、置入的档案或遮色片。

艺术画笔和图案画笔不能包含文字。但如果要达到包含文字的画笔描边,需创建文字的外框,然后使用该外框创建画笔。

6.2.1 创建书法画笔

可以创建自己所需的书法画笔,也可以更改书法画笔绘制笔触时的角度、圆率和直径。

Howto 创建书法画笔

1 按 Ctrl+N 键新建一个文档,显示【画笔】面板,并在其中单击 (新建画笔)按钮,接着在弹出的【新建画笔】对话框中选择【新建书法画笔】选项,如图 6-36 所示,单击【确定】按钮。

2 接着弹出【书法画笔选项】对话框,可根据需要在其中的【名称】文本框输入该画笔的名称,在【角度】文本框中输入所需的角度,再设定所需的圆度和直径,及其变量,也可根据需要设置变化类型,如图 6-37 所示,单击【确定】按钮,即可创建了一个书法画笔,在【画笔】面板中可查看得到,如图 6-38 所示。

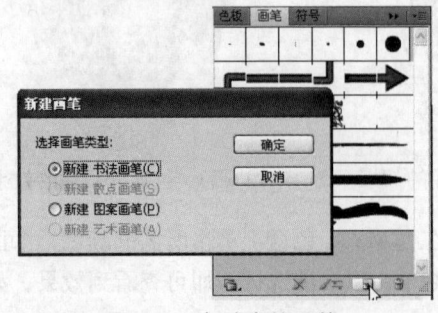
图 6-36 新建书法画笔

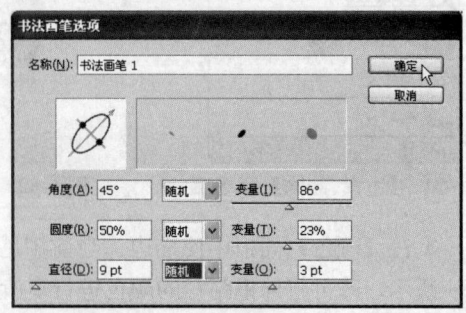
图 6-37 【书法画笔选项】对话框

【书法画笔选项】对话框选项说明：

- 【角度】：可在预览窗口中拖动箭头，也可以直接在文本框中输入数值，来设定旋转的椭圆形角度。
- 【圆度】：可在预览窗口中拖动黑点往中心点或往外以调整其圆度，也可以在【圆度】文本框中输入数值。数值越高，圆度越大。
- 【直径】：可拖动直径滑杆上的滑块，也可在【直径】文本框中输入数值，来设置该画笔的直径。
- 在【角度】、【圆度】和【直径】后的下拉列表中可以选择希望控制角度、圆度和直径之变量的方式：

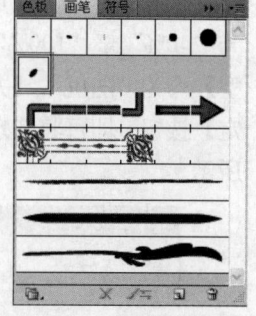

图 6-38 【画笔】面板

　▶ 固定：选择它会使用相关文本框中的数值作为画笔直径。
　▶ 随机：选择它会使用指定范围内的数值。选择"随机"时，也需要在【变量】文本框中输入数值，指定画笔特性可以变化的范围。对每个笔触（也称笔画）而言，【随机】所使用的数值可以是画笔特性文本框中的数值加、减变量值后所得数值之间的任意数值。例：如果【直径】值为15、【变量】值为5，则直径可以是10或20，或是其间的任意数值。
　▶ 压力：(只有在使用数字板时才可使用此选项) 使用的数值是由数字笔的压力所决定。当选择"压力"时，也需要在【变量】文本框中输入数值。"压力"使用画笔特性文本框中的数值，减去"变量"值后所得的数值，当作为数字板上最轻的压力；画笔特性文字框中的数值，加上"变量"值后所得的数值则是最重的压力。例：

如果【圆度】为75%、【变量】为25%，则最轻的笔画为 50%、最重的笔画为 100%。压力越轻，则画笔描边的角度更为明显。

6.2.2 创建散点画笔

可以使用一个 Illustrator CS4 图稿来定义散点画笔，也可以变更用散点画笔所绘路径上对象的大小、间距、散点图案和旋转。

Howto 创建散点画笔

1 用钢笔工具绘制一片树叶，并填充相应的颜色，如图 6-39 所示。

也可以从配套光盘的素材库中打开这个文件。

2 从工具箱中点选 选择工具，在画面中框选整片树叶，如图 6-40 所示，然后在【画笔】面板中单击【新建画笔】按钮，弹出【新建画笔】对话框，并在其中选择【新建 散点画笔】，如图 6-41 所示，选择好后单击【确定】按钮。

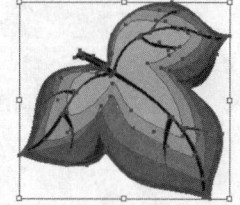
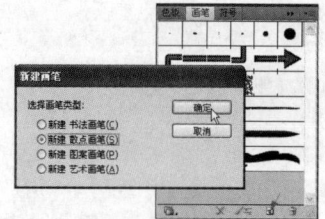

图 6-39　绘制一片叶子　　　图 6-40　框选所有对象　　　图 6-41　【新建画笔】对话框

3 接着弹出【散点画笔选项】对话框，在其中设定【大小】为"50%"至"118%"，【间距】为"40%"至"100%"，【分布】为"-50%"至"23%"，【旋转】为"45 度"至"0 度"，【类型】均为"随机"，【方法】为"无"，旋转相对于路径，其他不变，如图 6-42 所示，单击【确定】按钮，即可将其定义为散点画笔，刚创建的画笔可以在【画笔】面板中查找到，如图 6-43 所示。

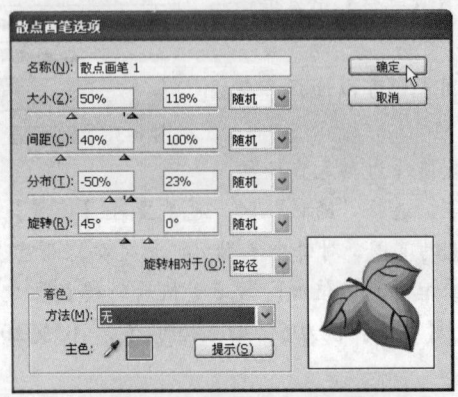

图 6-42 【散点画笔选项】对话框

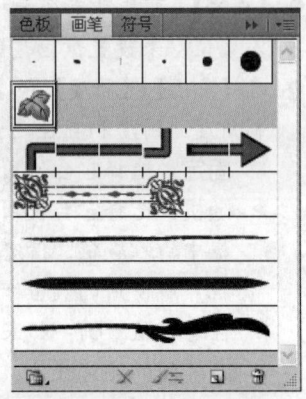

图 6-43 【画笔】面板

【散点画笔选项】对话框选项说明：

- 【大小】：控制对象的大小。
- 【间距】：控制对象之间的距离。
- 【分布】：控制路径两侧对象与路径之间接近的程度。数值越高，对象与路径之间的距离越远。
- 【旋转】：控制对象的旋转角度。
- 【着色】：可以在【方法】下拉列表中选择上色方式。
  - 无：可保持画笔的颜色与其在【画笔】面板中的颜色相同。
  - 色调：是用描边颜色的色调来显示画笔描边。
  - 淡色和暗色：会用描边颜色的淡色和暗度变化，来显示画笔描边。"淡色和暗度"会保留黑色和白色，而其间的所有部分会变成描边从黑至白的渐变。
  - 色相转换：画笔使用多种颜色时，需选择"色相转换"。

4 在工具箱中点选 ☑ 画笔工具，接着在画面中拖出一条曲线路径，如图 6-44 所示，松开左键后即可得到如图 6-45 所示的效果。

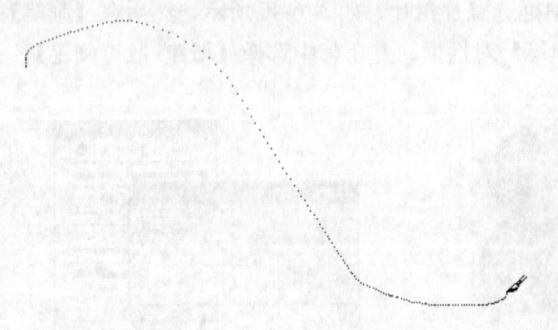

图 6-44 拖出一条曲线路径

图 6-45 应用画笔后的效果

6.2.3 创建艺术画笔

可以使用 Illustrator CS4 图稿来定义艺术画笔，可以更改用艺术画笔沿着路径所绘对象的方向和大小，也可以沿着路径或跨越路径翻转对象。

Howto 创建艺术画笔

1 同样以前面打开的树叶为例来创建艺术画笔，用选择工具在画面中框选打开时的树叶，再在【画笔】面板中单击 ▫ （新建画笔）按钮，并在弹出的【新建画笔】对话框中选择【新建艺术画笔】选项，如图 6-46 所示，单击【确定】按钮，接着在弹出的【艺术画笔选项】对话框中选择【横向翻转】选项与 ↑ 按钮，再设置【方法】为"淡色和暗色"，【宽度】为"50%"，如图 6-47 所示，单击【确定】按钮，即可将该图形创建成艺术画笔，如图 6-48 所示。

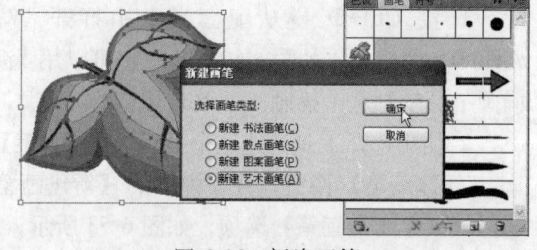

图 6-46 新建画笔

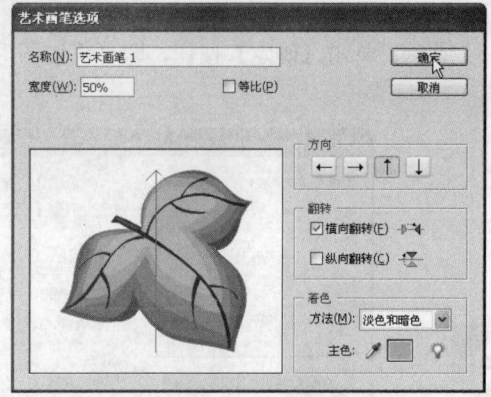

图 6-47 【艺术画笔选项】对话框

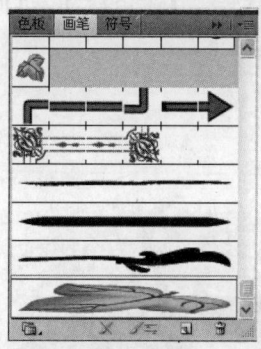

图 6-48 【画笔】面板

 也可以根据需要在【艺术画笔选项】对话框中设置所需的参数与选择所需的选项，来创建所需的艺术画笔。

2 先在空白处单击取消选择，再在【画笔】面板中可以查看到刚创建的艺术画笔，如图 6-49 所示，接着在工具箱中点选 ✎ 画笔工具，在画面中拖出一条垂直方向的路径，如图 6-50 所示，松开左键后即可得到如图 6-51 所示的效果。

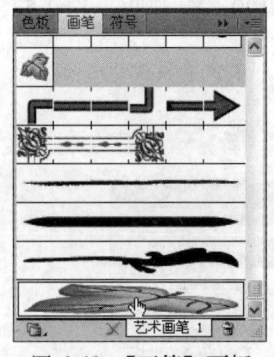

图 6-49 【画笔】面板

图 6-50 拖出一条直线

图 6-51 应用画笔后的效果

6.2.4 创建图案画笔

如果要创建图案画笔，可使用【色板】面板中的图案色样或插画中的图稿，来定义画笔中的拼贴。利用色样定义图案画笔时，可使用预先加载的图案色样，或建立自己的图案色样。可以更改图案画笔的大小、间距和方向。另外，还能将新的图稿应用至图案画笔中的任一个拼贴上，以重新定义该画笔。

Howto 创建图案画笔

1 按 Ctrl+O 键从配套光盘中打开"/范例源文件/CH6/03.ai"文件，如图 6-52 所示。也可以用钢笔工具与椭圆工具绘制这个插画，并填充相应的颜色。

2 使用选择工具框选这个插画，在【画笔】面板中单击（新建画笔）按钮，并在弹出的【新建画笔】对话框中选择【新建图案画笔】选项，如图 6-53 所示，单击【确定】按钮，接着在弹出的【图案画笔选项】对话框中设置【缩放】为"10%"，【间距】为"1%"，【方法】为"无"，【翻转】为"纵向翻转"，【适合】为"近似路径"，如图 6-54 所示，单击【确定】按钮，即可将该图形创建成图案画笔。

图 6-52 打开的图形文件

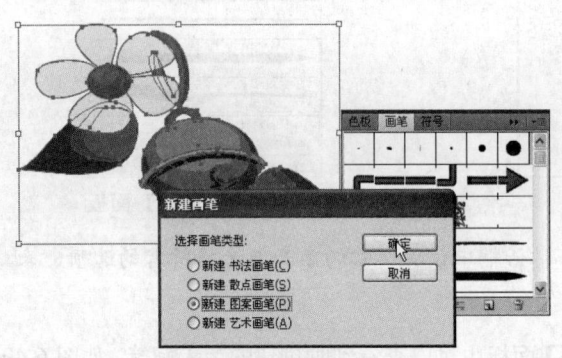

图 6-53 新建画笔

图 6-54 【图案画笔选项】对话框

3 先在画面的空白处单击取消选择，在【画笔】面板中可查看到刚创建的画笔，如图 6-55 所示，然后显示【颜色】面板，并在其中设定填色为 C=48.63、M=100、Y=47.06、K=1.57，描边颜色为 C=0、M=0、Y=100、K=0，如图 6-56 所示。

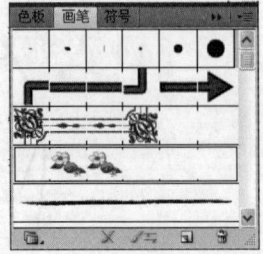

图 6-55 【画笔】面板

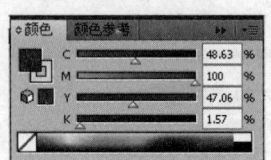

图 6-56 【颜色】面板

4 在工具箱中点选▢矩形工具，在画面中适当位置绘制出一个矩形，如图 6-57 所示，然后在【画笔】面板中单击刚创建的"图案画笔 1"，即可得到如图 6-58 所示的效果。

图 6-57　绘制矩形　　　　　　　　图 6-58　应用图案画笔后的效果

5 按 Alt 键从矩形的中心控制柄向外拖出一个稍大一点的矩形，并在【颜色】面板中设置填色为 C=0、M=40、Y=0、K=0，如图 6-59 所示，然后在菜单中执行【对象】→【排列】→【置于底层】命令，将矩形置于底层，得到如图 6-60 所示的效果。

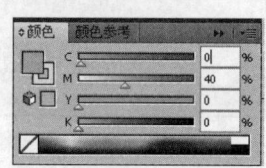

6 按 Alt 键从矩形的中心控制柄向外拖出一个稍小一点的矩形，结果如图 6-61 所示。

图 6-59　【颜色】面板

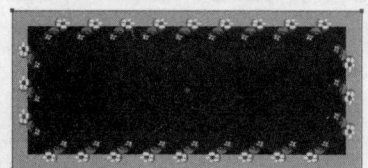

图 6-60　绘制矩形并改变顺序后的效果　　　　图 6-61　绘制矩形

6.2.5　复制与修改画笔

用户可以复制与修改【画笔】面板中的画笔。

Howto　复制与修改画笔

1 在【画笔】面板中选择要复制的画笔，在面板的右上角单击 ≡ 按钮，并在弹出的菜单中执行【复制画笔】命令，如图 6-62 所示，即可复制一个画笔，如图 6-63 所示。

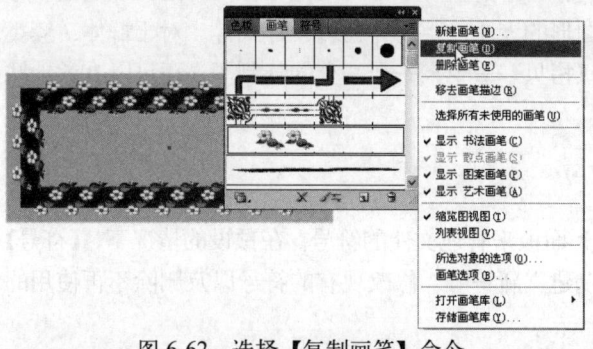

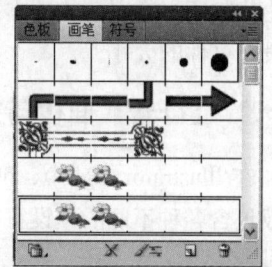

图 6-62　选择【复制画笔】命令　　　　　　图 6-63　复制画笔后的结果

2 如果要对所选的画笔进行修改，可在【画笔】面板中双击它，就会弹出【图案画笔选项】对话框，并在其中设置【缩放】为"20%"，【间距】为"0%"，【适合】为"伸展以适合"，【方法】为"淡色和暗色"，勾选【横向翻转】选项，如图 6-64 所示，单击【确定】按钮，紧接着弹出一个【画笔更改警告】对话框，在其中单击【应用于描边】按钮，如图 6-65 所示，即可将该图案画笔进行了修改，结果如图 6-66 所示。

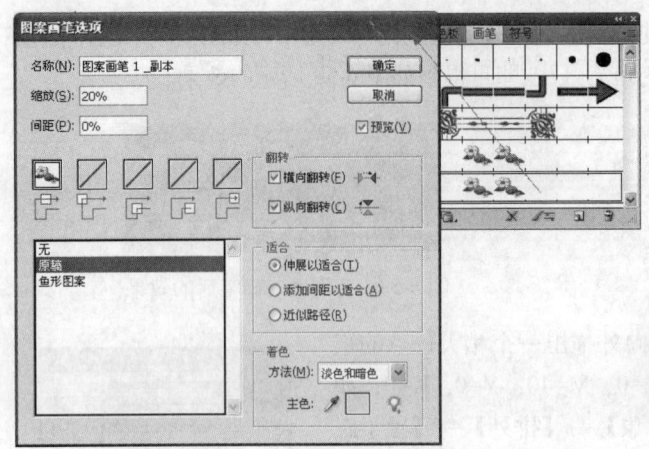
图 6-64 【图案画笔选项】对话框

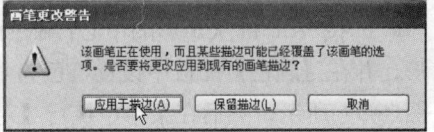
图 6-65 【画笔更改警告】对话框

3 使用选择工具框选外面的两个矩形，以选择它们，再按 Alt+Shit 键向外拖动到适当位置，以放大到所需的大小，然后按 Alt 键分别拖动右边中间控制柄与上边中间控制柄来调整其大小，直至所需的效果为止，调整后的效果如图 6-67 所示。

图 6-66 修改图案画笔后的效果

图 6-67 调整对象

6.3 使用符号

符号是一种可以在文件中重复使用的艺术（线条图）对象。它最大特点是可以方便、快捷地生成很多相似的图形实例，比如一片树林、一群游鱼、水中的气泡等。同时还可以通过符号体系工具来灵活、快速地调整和修饰符号图形的大小、距离、色彩、样式等。对于群体、簇类的物体就不必像以前的版本那样必须通过【拷贝】命令来一个一个的复制了，还可以有效地减小设计文件的大小。

6.3.1 【符号】面板与符号库

在 Illustrator CS4 中，可以使用【符号】面板来管理文件的符号。在预设的情况下，【符号】面板包含各种不同的预设符号。用户还可以建立新符号、修改现有的符号以及删除不再使用的符号。

用户所建立和储存在【符号】面板中的符号，只会与目前的档案（文件）相关联。每个 Illustrator 档案在其【符号】面板中，可以有不同组的符号。

Illustrator CS4 中附有各种多变化的预设符号。这些符号都整理于称为符号库的集合中。用户可以开启多个符号库以在它们的内容中查看，并选取所需的符号。也可以建立新的符号库。

当开启符号库时，它会出现在新面板中。它的用法与【符号】面板基本相同，选取、排序、检视在符号数据库中的符号。只是不能新增、删除或编辑在符号库中的符号。

1. 使用【符号】面板

Howto 使用符号面板管理文件中的符号

1 在菜单中执行【窗口】→【符号】命令，或在右边的缩览图按钮栏中单击 按钮，显示【符号】面板，如图 6-68 所示，可以在其中选择所需的符号。

2 如果要在面板中选择一个符号，需单击该符号；如果要选择连续的符号，需先单击要选择的符号范围中的第一个符号，再按 Shift 键单击该范围的最后一个符号；如果要选择不连续的符号，则需按 Ctrl 键在【符号】面板中单击要选择的符号。

3 可以更改面板的显示方式，在面板中单击右上角的 按钮，弹出如图 6-69 所示的下拉菜单，在其中可选择以哪种方式查看（如：【小列表视图】、【大列表视图】和【缩略图视图】），如选择【大列表视图】命令，即可在面板显示出图标与名称，如图 6-70 所示。

图 6-68 【符号】面板

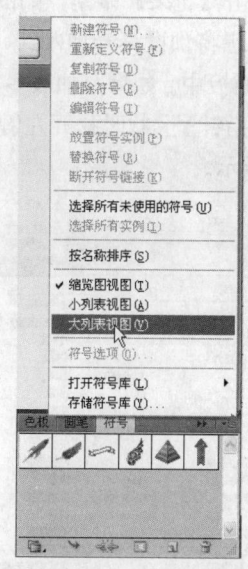

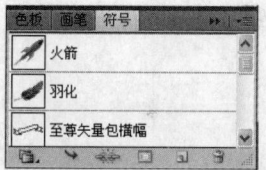

图 6-70 【符号】面板　　　　图 6-69 【符号】面板弹出式菜单

4 可以在【符号】面板中改变符号的排放顺序，先在面板中选择要移动的符号，再拖动该符号到所需的位置呈粗线条状（如图 6-71 所示）时松开左键，即可将该符号移至松开鼠标左键处，如图 6-72 所示。

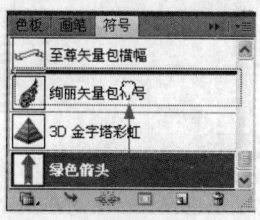 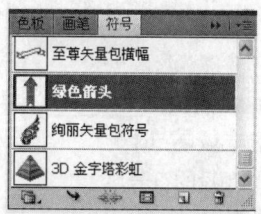

图 6-71 【符号】面板　　　　图 6-72【符号】面板

5 如果要将符号置入到画面中，需先选择要置入画面的符号，如图 6-73 所示，再在【符号】面板中单击 （置入符号实例）按钮，即可将选择的符号置入到画面中，如图 6-74 所示。

 也可以在【符号】面板中创建新的符号、删除不再需要的符号与复制符号等，其用法与在【画笔】面板中创建新画笔、删除画笔与复制画笔的方法一样，在此就不重复了。

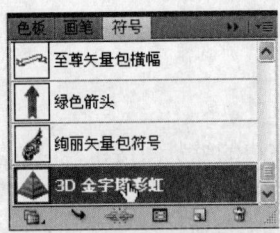
图 6-73 【符号】面板

图 6-74 置入的符号实例

2. 符号库

Howto 使用符号库

1 在菜单中执行【窗口】→【符号库】命令,即可在其子菜单中显示出许多预设的符号库,并在其中单击【花朵】命令,如图 6-75 所示,即可打开【花朵】符号库,如图 6-76 所示。

2 如果想将预设符号加入到【符号】面板中,需单击符号库中的符号,即可自动将其加入到【符号】面板中。如果要加入多个符号,则需先在符号库中选择它们,然后将它们拖动到【符号】面板中指针呈 状时松开左键,如图 6-77 所示,即可将多个符号加入到【符号】面板中,如图 6-78 所示。

图 6-75 预设的符号库

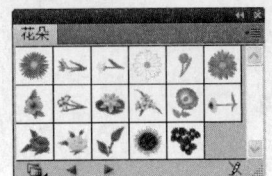

图 6-76 【花朵】符号库

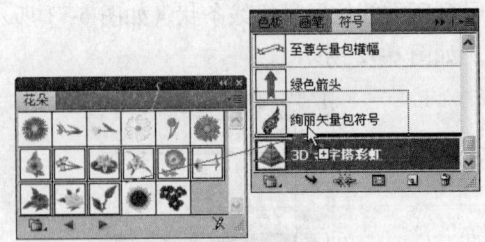

图 6-77 将多个符号加入到【符号】面板中

3 如果要创建新的符号库,先将【符号】面板的视图改为缩览图视图,再将所要的符号加入【符号】面板中,并删除不再需要的符号,如图 6-79 所示;然后在【符号】面板的弹出式菜单中选择【存储符号库】命令,如图 6-80 所示,接着弹出【将符号存储为库】对话框,并在【保存在】下拉列表中选择要保存的位置,在【文件名】文本框中输入所需的名称,如图 6-81 所示,单击【保存】按钮,即可将【符号】面板中的符号存储为新的符号库了。

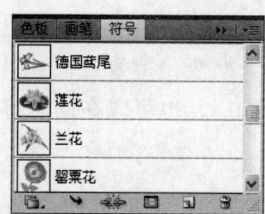

图 6-78　添加一些符号后的【符号】面板

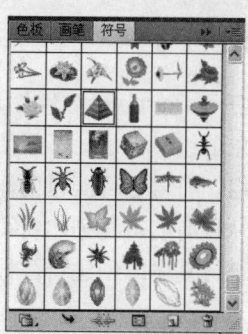

图 6-79　【符号】面板

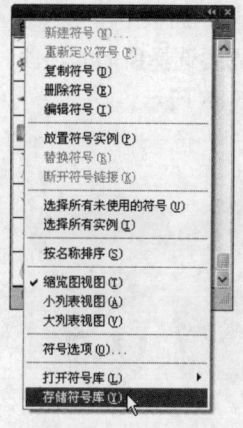

图 6-80　【符号】面板弹出式菜单

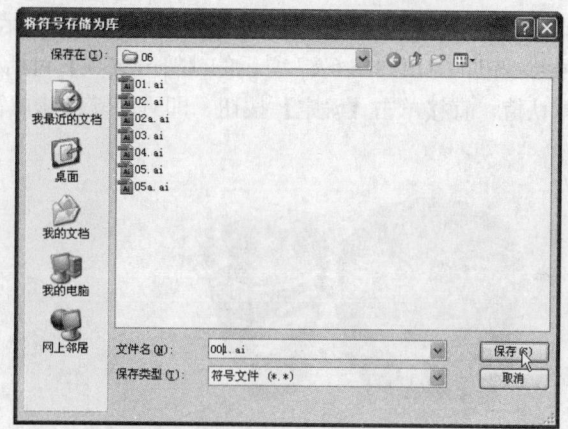

图 6-81　【将符号存储为库】对话框

4 如果要打开自定的符号库，需在菜单中执行【窗口】→【符号库】→【其它库】命令，弹出【选择要打开的库】对话框，并在其中选择刚保存的库，如图 6-82 所示，单击【打开】按钮，即可将刚保存的符号库打开到程序窗口中，如图 6-83 所示。

5 但是在每一次开启 Illustrator CS4 程序时，符号库都不会自动开启在程序窗口中。如果要使经常使用的符号库或自定的符号库，在开启 Illustrator CS4 程序时自动开启的程序窗口中，就需在符号库的弹出式菜单中执行【保持】命令，这样每次在开启 Illustrator CS4 程序时该符号库就会自动开启在程序窗口中，如图 6-84 所示。

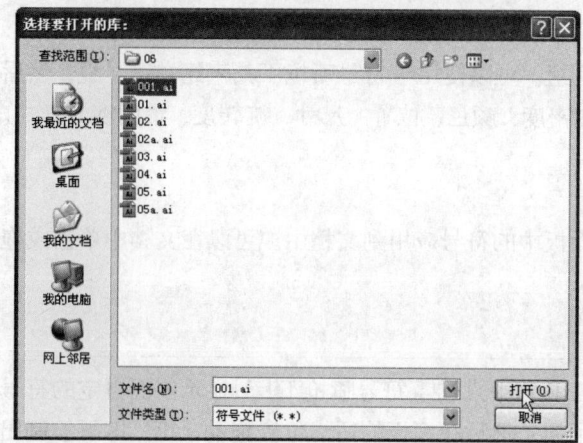

图 6-82　【选择要打开的库】对话框

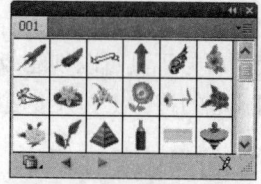

图 6-83　【001】符号库

图 6-84　选择【保持】命令

6.3.2 创建符号

可以从任何 Illustrator CS4 图形对象创建符号，包含路径、复合路径、文字、点阵图、网格对象以及对象群组。但是，不能使用链接式置入的线条图当作符号，也不可以使用某些群组，例如图表群组。符号也可能包含作用中的对象，如画笔笔画、渐变、特效或符号中的其他符号范例。可以从现有的符号创建新符号、复制符号，并且进行编辑。也可以在创建符号后，对其重新命名或进行复制以创建新符号。

Howto 创建符号

1 按 Ctrl+O 键从配套光盘中打开 "/范例源文件/CH6/04.ai" 文件，如图 6-85 所示。

2 使用选择工具选择刚打开的对象，如图 6-86 所示，再在【符号】面板中单击 ![] （新建符号）按钮，弹出如图 6-87 所示的【符号选项】对话框，可根据需要选择所需的选项，这里采用默认值，直接单击【确定】按钮，即可将其创建成符号，如图 6-88 所示。

图 6-85 打开的文件

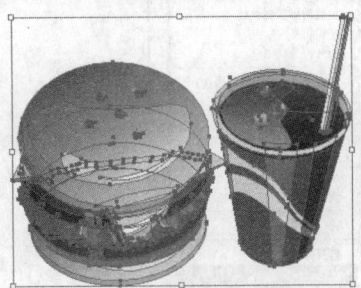
图 6-86 框选所有对象

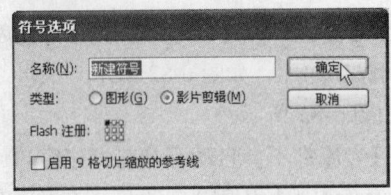
图 6-87 【符号选项】对话框

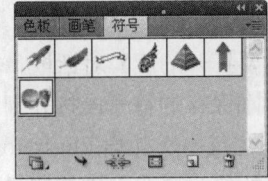
图 6-88 【符号】面板

6.4 符号工具的应用

使用符号工具可以创建与修改符号范例组。可以使用 ![] 符号喷枪工具来建立符号组，然后再使用其他的符号工具来变更组合中范例的密度、颜色、位置、尺寸、旋转度、透明度与样式。

6.4.1 符号喷枪工具

利用 ![] 符号喷枪工具可以将【符号】面板中的符号应用到文档中。可以在文档中单击或拖动来应用符号。

Howto 使用符号喷枪工具应用符号

1 按 Ctrl+N 键新建一个文件，接着在工具箱中点选 ![] 符号喷枪工具，显示前面自定的符号库，并在其中点选所需的符号，如图 6-89 所示；然后在画板的适当位置拖动鼠标，即可绘制出多棵树，如图 6-90 所示。

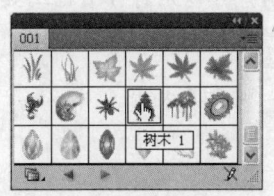

图 6-89 【001】自定符号库

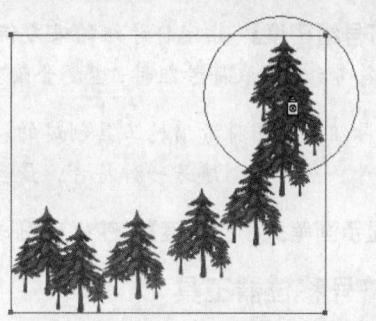

图 6-90 绘制符号实例

2 在 001 符号库中选择另一个符号,如图 6-91 所示,然后再在树的左上方拖动鼠标,以绘制三片树叶,结果如图 6-92 所示。

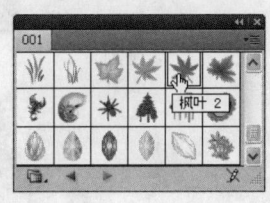

图 6-91 自定符号库

图 6-92 绘制符号实例

 用符号喷枪工具绘制符号,所产生符号的多少、稀散,是根据按下左键拖动时的快慢和按下左键不动的时间长短而定的,并且它的随机性也比较强。

3 在工具箱中双击符号喷枪工具,弹出如图 6-93 所示的对话框,并在其中设定【直径】为"80mm",【符号组密度】为"2",其他不变,单击【确定】按钮,即可将选中符号的密度减小,即加大符号间的间距,如图 6-94 所示。

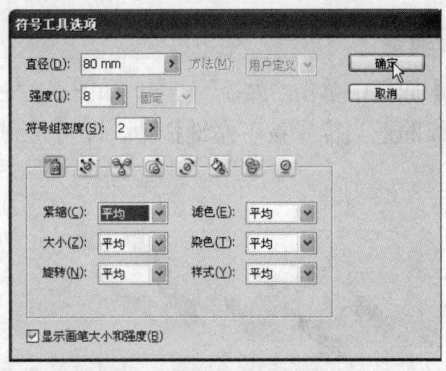

图 6-93 【符号工具选项】对话框

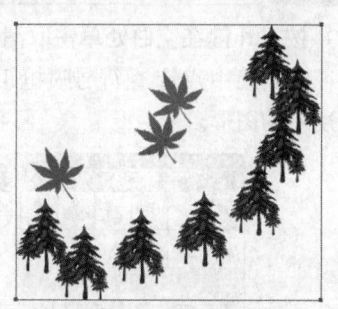

图 6-94 改变符号间距后的效果

【符号工具选项】对话框选项说明:
- 【直径】:可指定工具的画笔大小。
- 【强度】:指定变更速度,值越高表示变更速度越快。

- 【符号组密度】：指定符号组的吸力值，值越高表示符号范例越密集。此设定会应用到整个符号组。选取符号组时，密度会改变符号组中的所有符号范例，而不只是新建的范例。

 符号组是使用符号喷枪工具创建的符号范例群组。用户可以用符号喷枪工具创建一种符号，然后再创建另一种符号，最后创建混合的符号范例组。

- 【显示画笔大小和强度】：可以让用户在使用工具时，观看其大小。

6.4.2 符号移位器工具

利用 符号移位器工具可以移动应用到文档中的符号实例或符号组。

Howto 使用符号移位器工具移动文档中的符号

在工具箱中点选 符号移位器工具，在需要移动的符号组上按下左键拖动，如图6-95所示，松开左键即可得到如图6-96所示的效果。

图6-95　移动符号实例时的状态　　　　图6-96　移动符号实例后的结果

6.4.3 符号缩紧器工具

利用 符号缩紧器工具可以将应用到文档中的符号缩紧。

Howto 使用符号缩紧器工具将文档中的符号缩紧

1　按 Ctrl 键在空白处单击取消选择，在【符号】面板中单击"火箭"符号，如图6-97所示，接着在工具箱中点选 符号喷枪工具，然后在画板的适当位置按下左键拖动，即可得到如图6-98所示的图形。

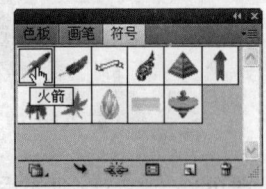

图6-97　【符号】面板　　　　　　　图6-98　绘制符号实例

2　从工具箱中点选 符号缩紧器工具，在图形上从集合的左上角按下左键向右下方拖动，松开左键后即可将火箭与火箭之间的距离缩紧，如图6-99所示；然后按下 Alt 键在火箭上按下左键不放，以将符号之间的间距加大，加大到所需的效果时松开左键，结果如图6-100所示。

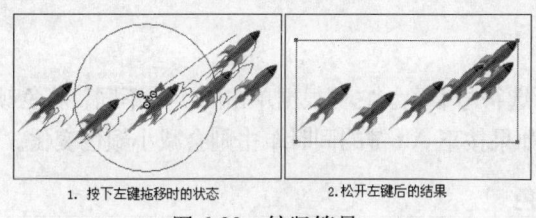
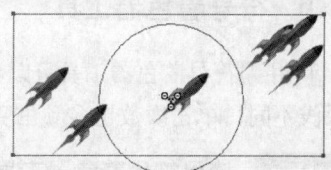

图 6-99　缩紧符号　　　　　　　　图 6-100　加大符号间距

6.4.4　符号缩放器工具

利用 符号缩放器工具可以将选中的符号放大或缩小。

Howto　使用符号缩放器工具放大或缩小符号

1　在工具箱中双击 符号缩放器工具，弹出【符号工具选项】对话框，并在其中设定【直径】为"40mm"，其他不变，如图 6-101 所示。

2　单击【确定】按钮，然后在符号上按下左键不放，到如图 6-102 所示的状态时松开鼠标左键，即可得到如图 6-103 所示的效果。

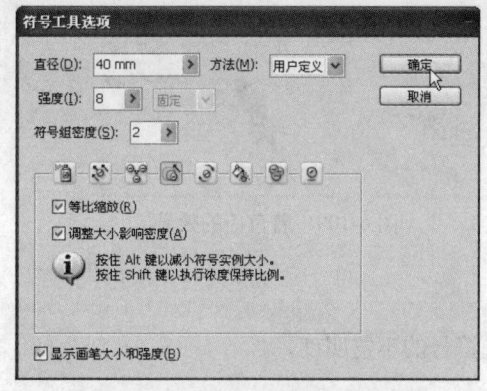

图 6-102　按住左键不放时的状态

图 6-101　【符号工具选项】对话框　　　　图 6-103　放大后的效果

 根据按下左键不动的时间长短，它放大与缩小也不同，按下时间越久则放大或缩小（需按 Alt 键才能缩小）的程度就越大，否则反之。

6.4.5　符号旋转器工具

利用 符号旋转器工具可以将文档中所选的符号进行任一角度旋转。

Howto　使用符号旋转器工具旋转文档中的符号

1　在工具箱中点选 符号旋转器工具，在画面中中间的火箭上按下左键进行旋转，如图 6-104 所示。

2　松开左键后，即可将选择的对象进行旋转，如图 6-105 所示。

图 6-104　旋转符号实例　　　　　　　图 6-105　旋转后的结果

6.4.6 符号着色器工具

利用 符号着色器工具可以将文档中所选符号着色。它可根据单击的次数不同，着色颜色的深浅不同，单击次数越多颜色变化越大，如果按下 Alt 键的同时单击则会减小颜色变化。

Howto 使用符号着色器工具为符号着色

1 显示【颜色】面板，并在其中设置填色为黄色，如图 6-106 所示；然后从工具箱中点选 符号着色器工具，在中间的火箭上单击，得到如图 6-107 所示的效果。

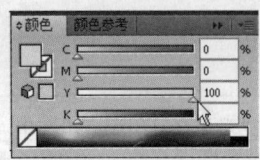
图 6-106 【颜色】面板

图 6-107 着色后的效果

2 在【颜色】面板中设置填色为绿色，如图 6-108 所示，再在画面中左下方的火箭上单击，即可得到如图 6-109 所示的效果。

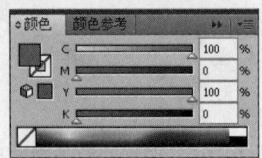
图 6-108 【颜色】面板

图 6-109 着色后的效果

6.4.7 符号滤色器工具

利用 符号滤色器工具可以改变文档中所选符号的不透明度。

Howto 使用符号滤色器工具改变文档符号的不透明度

1 从工具箱中点选 符号滤色器工具，在画面中右上角的火箭上单击，即可把火箭的不透明度降低，效果如图 6-110 所示。

2 再次在符号集上从左上方向右下方拖移，如图 6-111 所示，松开左键后即可得到如图 6-112 所示的效果。

图 6-110 改变不透明度的效果

图 6-111 拖动时的状态

图 6-112 改变不透明度的效果

6.4.8 符号样式器工具

利用 符号样式器工具可以以某种样式来更改符号中的样式。

Howto 使用符号样式器工具更改符号中的样式

1 先按 Ctrl 键在画板的空白处单击取消其他图形的选择，再从工具箱中点选 符号喷枪工具，并在【自然界】符号库中点选所需的符号，如图 6-113 所示，在文档中拖动鼠标，绘制出如图 6-114 所示的符号实例。

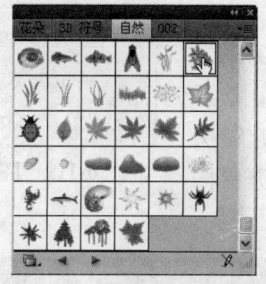

图 6-113 【自然界】符号库

图 6-114 绘制符号实例

2 在工具箱中点选符号样式器工具，显示【图形样式】面板，并在其中点选样式，如图 6-115 所示；接着在左边的树上单击，即可将选择的图形样式应用到该树上，结果如图 6-116 所示。

> 也可以在选择的符号上按下左键拖动，以将拖动过的图形都应用所选择的样式。

图 6-115 【图形样式】面板

图 6-116 应用图形样式后的效果

6.5 绘制光晕对象

光晕工具用明亮的中心点、光晕、放射线和光环来创建光晕对象，这些对象具有一个明亮的中心、晕轮、射线和光圈。使用此工具可创建类似相片中透镜眩光的特效。

光晕包含中心控制点和末端控制点。使用控制点放置反光和其光环。中心控制点位于反光的明亮中心，反光路径即由此点开始。

Howto 使用光晕工具绘制光晕对象

1 新建一个文档，从工具箱中点选矩形工具，在画板中绘制出一个矩形，并在【控制】选项栏的填色【色板】面板中单击"沙漠日落"色块，如图 6-117 所示，以将矩形填充为沙漠日落颜色，画面效果如图 6-118 所示。

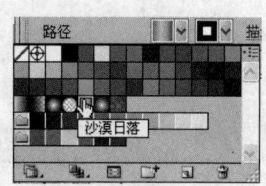

图 6-117 【色板】面板

图 6-118 渐变填充后的效果

2 显示【渐变】面板,并在其中设置【渐变角度】为"-90",其他不变,如图 6-119 所示,以改变渐变角度,得到如图 6-120 所示的效果。

3 从工具箱中点选 光晕工具,在画面中确定一点作为晕光中心,并在中心点上按下左键向外拖移,如图 6-121 所示;松开鼠标左键后移动指针到一定距离时再按下左键拖动来确定镜头眩光方向和距离,如图 6-122 所示,达到所需的要求后松开鼠标左键,即可得到如图 6-123 所示的效果。

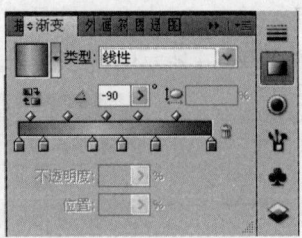

图 6-119 【渐变】面板

图 6-120 改变渐变角度后的效果

图 6-121 确定晕光中心

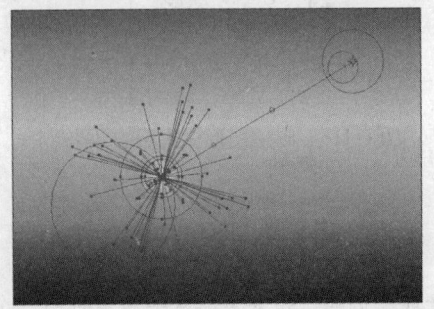

图 6-122 拖移鼠标确定镜头眩光方向和距离

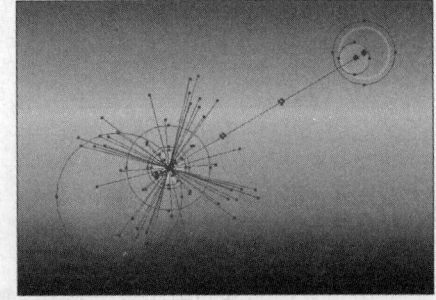

图 6-123 绘制好的光晕对象

4 在图形对象的左上方单击,弹出【光晕工具选项】对话框,并在其中设置【直径】为"40pt",【最长】为"400%",【路径】为"300pt",【方向】为"10°",其他不变,如图 6-124,设置好后单击【确定】按钮,即可得到如图 6-125 所示的效果。

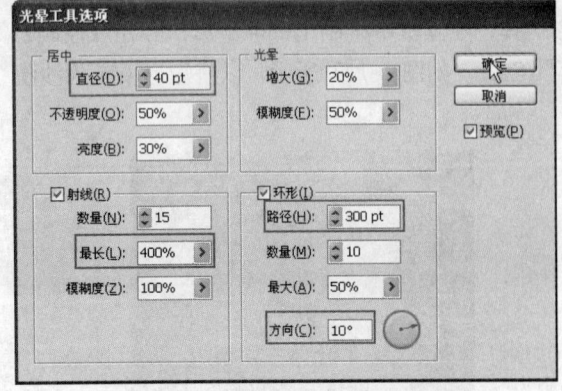

图 6-124 【光晕工具选项】对话框

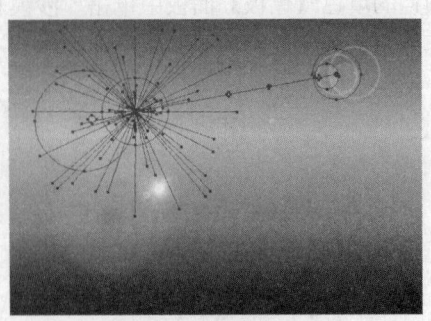

图 6-125 绘制光晕对象

【光晕工具选项】对话框选项说明：
- **居中**：在该栏中可指定光晕中心点的整体直径、不透明度和亮度。
- **光晕**：在该栏中可指定光晕的扩张度以作为整体大小的百分比，并指定光晕的模糊度（0 是锐利，100 是模糊）。
- **环形**：如果希望光晕包含光圈，可勾选【环形】选项，并在【环形】栏中指定光圈的数量、路径、范围与方向。
- **射线**：如果希望光晕包含射线，可勾选【射线】选项，并指定射线的数量、最长的射线（作为射线平均长度的百分比）和射线的模糊度（0 为锐利，100 为模糊）。

6.6 应用渐变色与渐变网格

如果想在对象上应用渐变效果，可使用渐变工具、【渐变】面板与网格工具。利用网格工具和渐变工具可以对选择的图形对象进行渐变填充。可以利用 网格工具给对象进行渐变填充，以达到立体效果。可以用网格工具绘制逼真的水果、花卉、玩具等三维物体和人物。

网格工具和渐变工具不同之处在于：网格工具可以在图形内添加网格点，并结合【颜色】面板来填充颜色，而填充的颜色向周围渐层展开；渐变工具则需结合【渐变】面板，并在【渐变】和【颜色】面板中编辑所需的渐变颜色，然后在文档或图形内任一拖动鼠标，来达到所需的渐变。

6.6.1 应用渐变工具与【渐变】面板

在使用渐变工具时通常需要使用【渐变】面板与【颜色】面板，并且是先在【渐变】与【颜色】面板中设置所需的渐变后，再用渐变工具在画面中拖动鼠标以给图形进行渐变填充。

Howto 使用渐变工具对图形进行渐变填充

1 按 Ctrl+N 键新建一个文档，从工具箱中点选 椭圆工具，按 Shift 键在画板的适当位置绘制出一个圆形，如图 6-126 所示。

2 在菜单中执行【窗口】→【渐变】命令，显示【渐变】面板，并在其中的【类型】下拉列表中选择"径向"，如图 6-127 所示，即可将椭圆进行渐变填充，如图 6-128 所示。

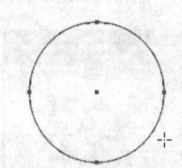
图 6-126 绘制好的圆形

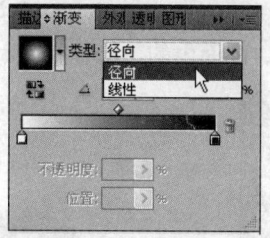
图 6-127 【渐变】面板

图 6-128 进行渐变填充后的效果

3 先将【渐变】面板所在的组拖离控制缩览按钮栏，如图 6-129 所示，接着显示【颜色】面板，并将【颜色】面板拖动到【渐变】面板的底部呈粗线条状，如图 6-130 所示，松开左键即可将【颜色】面板链接到【渐变】面板的下方，如图 6-131 所示。

4 要改变渐变颜色，需单击渐变滑块（如：右边的色标），以选择它，如果要将【颜色】面板中的灰度色谱改变 CMYK 色谱，需在【颜色】面板的右上角单击 按钮，弹出下拉菜单，并在其中选择"CMYK"命令,如图 6-132 所示,即可将灰度色谱改为 CMYK 色谱,如图 6-133 所示。

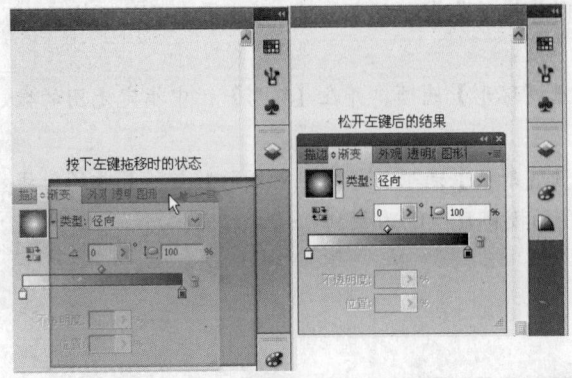

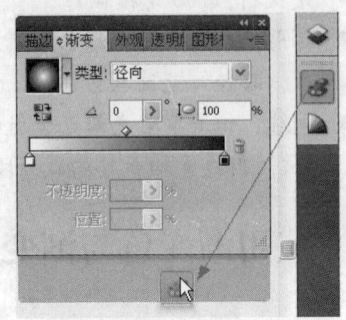

图 6-129　拖离控制缩览按钮栏　　　　　　　　图 6-130　连接【渐变】面板与【颜色】面板

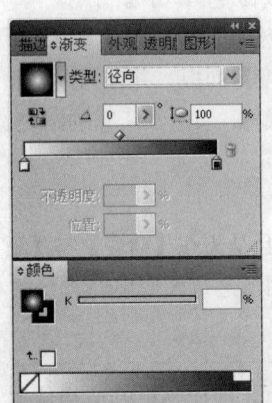

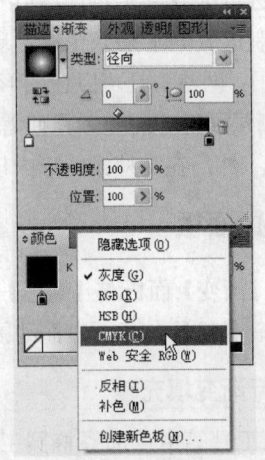

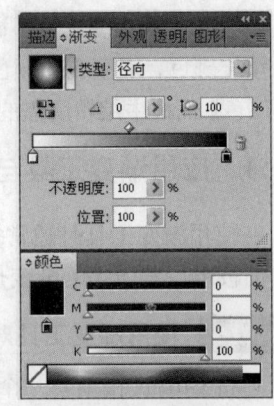

图 6-131　连接好的面板组　　　图 6-132　选择颜色模式　　　图 6-133　改变颜色模式后的面板

5 在 CMYK 色谱上吸取所需的颜色(或直接在 CMYK 后面的文本框中输入所需的数值),即可将右边色标的颜色进行更改,如图 6-134 所示。

6 在【渐变】面板的渐变条下方靠右边位置单击添加一个渐变滑块,再在【颜色】面板中设置颜色为 C=43、M=69、Y=8、K=21,画面中的效果也就同时发生了变化,如图 6-135 所示。

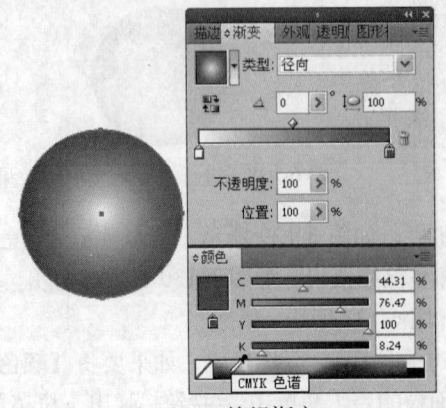

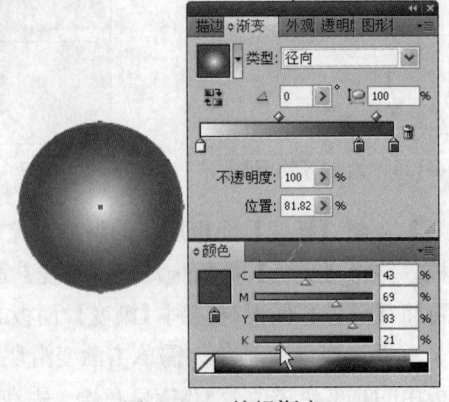

图 6-134　编辑渐变　　　　　　　　　　　　　图 6-135　编辑渐变

7 从工具箱中点选▣渐变工具,在椭圆内左上方按下左键向椭圆右下方拖动,以给椭圆进行渐变调整,如图6-136所示。

8 移动指针到渐变滑杆上显示渐变滑块,可以直接在其中拖动滑块来调整渐变,如图6-137所示,拖动白色滑块向右下方至适当位置,以调整渐变颜色,如图6-138所示。

9 在画面中双击中间的渐变滑块,会弹出【颜色】面板,可以直接在其中更改其不透明度、位置以及颜色,如图6-139所示。

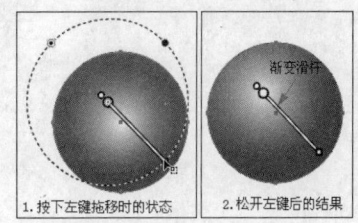

图6-136 调整渐变

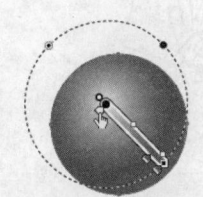

图6-137 编辑渐变

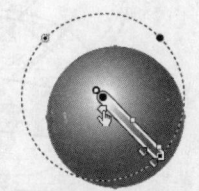

图6-138 编辑渐变

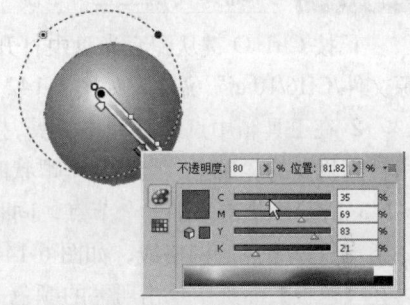

图6-139 编辑渐变

6.6.2 为玩具飞机上色

制作本例时,主要应用到网格工具、渐变面板和渐变工具等工具与命令,操作流程如图6-140所示,最终效果如图6-141所示。

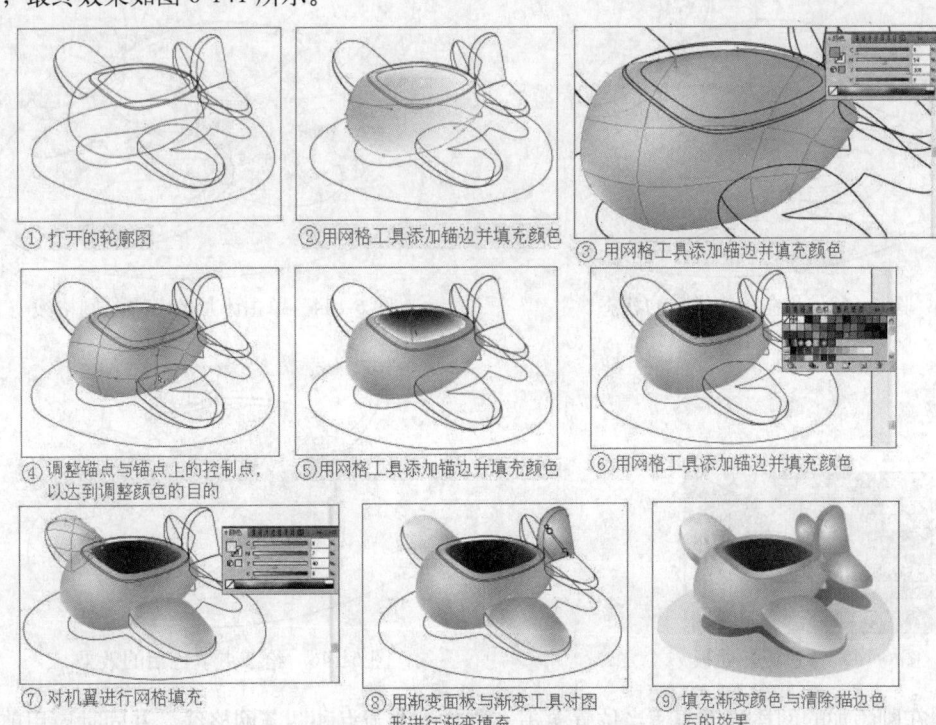

图6-140 操作流程图

图 6-141 最终效果图

Howto 为玩具飞机上色

1 按 Ctrl+O 键从配套光盘中打开"/范例源文件/CH6/10.ai"文件,如图 6-142 所示。

2 在工具箱中点选▦网格工具,接着移动指针到机身的轮廓上,当指针呈🔸状时,如图 6-143 所示,单击添加一个节点,同时添加了一条穿过该节点的网格线,如图 6-144 所示,再在【色板】面板中单击所需的颜色(如:深黄色),如图 6-145 所示,即可将刚添加的节点填充为深黄色,同时与周围颜色逐步混合,结果如图 6-146 所示。

图 6-142 打开的图形文件

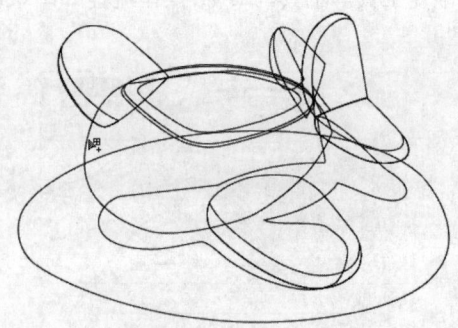

图 6-143 指向轮廓线时的状态

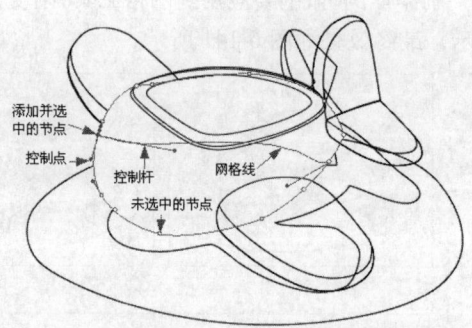

图 6-144 单击添加的节点与网格线

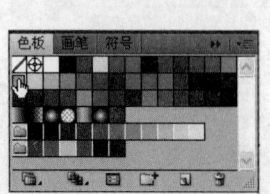

图 6-145 【色板】面板

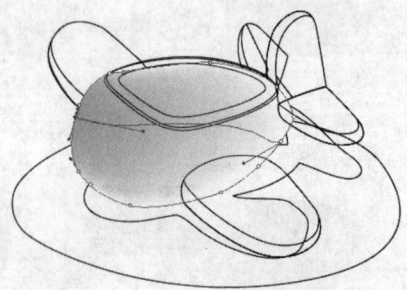

图 6-146 给节点填色后的效果

3 在刚添加的网格线下方适当位置单击,添加一个节点和两条网格线,并同时应用前面刚选择的深黄色,如图 6-147 所示,再依次在不同的位置分别单击,以添加两个节点,并填充深黄色，添加节点后的画面效果如图 6-148 所示。

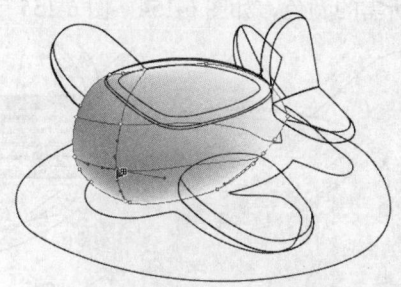

图 6-147　添加节点并填充颜色

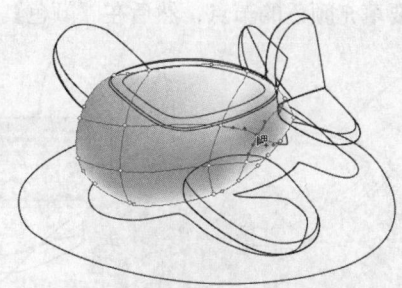

图 6-148　添加节点并填充颜色

4 移动指针到机身下方的节点上指针呈▣状时单击，以选择节点，再在【色板】面板中单击所需的颜色，即可为选择的节点进行颜色填充，如图 6-149 所示；然后用同样的方法选择其他节点并填充相同的颜色，如图 6-150 所示。

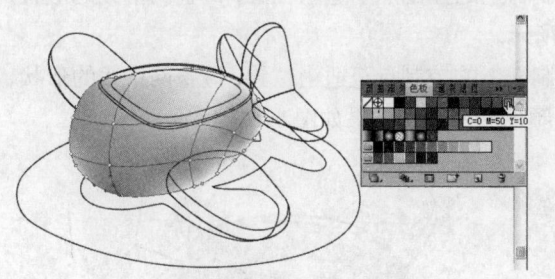

图 6-149　选择节点并填充颜色

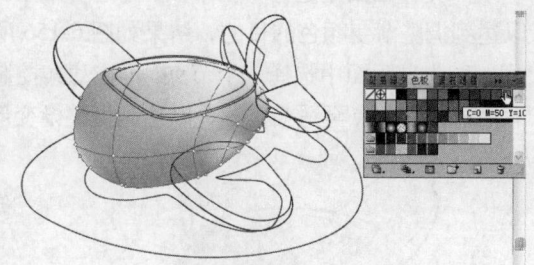

图 6-150　选择节点并填充颜色

5 用上步同样的方法选择节点，并在【色板】面板中单击所需的颜色，如图 6-151 所示。

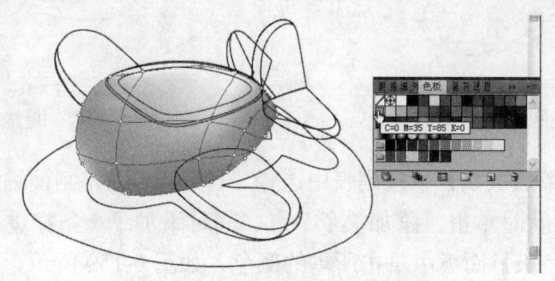

图 6-151　选择节点并填充颜色

6 在画面中选择节点，并在【色板】面板中单击所需的颜色，如图 6-152 所示，再选择另一个节点，然后显示【颜色】面板，并在其中设置所需的颜色，如图 6-153 所示。

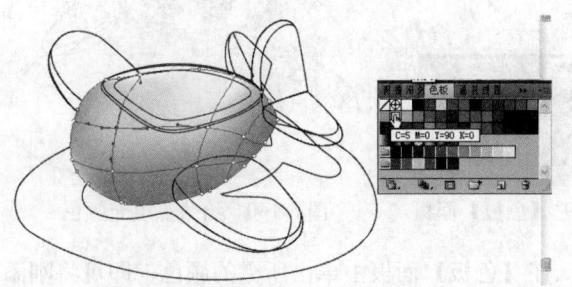

图 6-152　选择节点并填充颜色

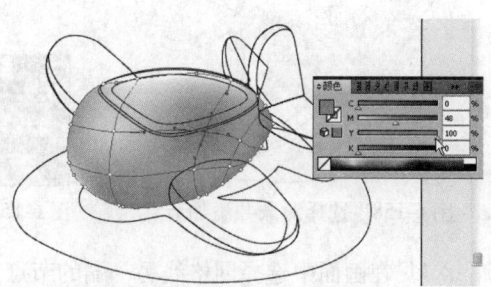

图 6-153　选择节点并填充颜色

7 在状态栏的【缩放级别】下拉列表中选择"200%",将画面放大,再用前面同样的方法选择要填充颜色的节点,然后在【颜色】面板中设置所需的颜色,如图6-154、图6-155所示。

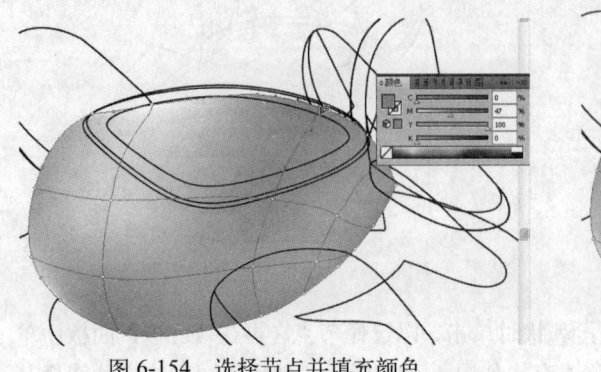 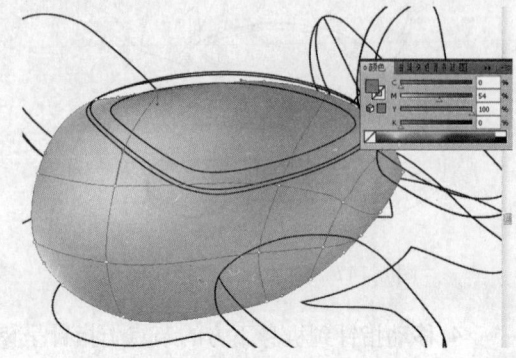

图 6-154　选择节点并填充颜色　　　　　　图 6-155　选择节点并填充颜色

8 先在画面中选择一个节点,再拖动其控制杆上的控制点至适当位置,调整网格线的形状,以达到调整渐变颜色的目的,结果如图6-156所示。

9 先在画面中选择一个节点,再拖动其控制杆上的控制点至适当位置,调整网格线的形状,然后再拖动节点至适当位置,以达到调整渐变颜色的目的,结果如图6-157所示。

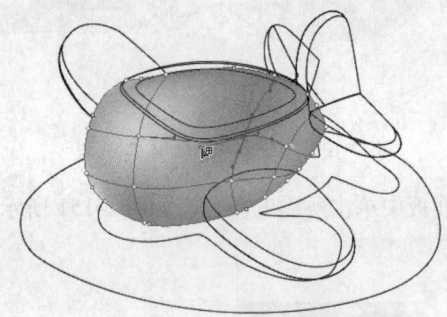 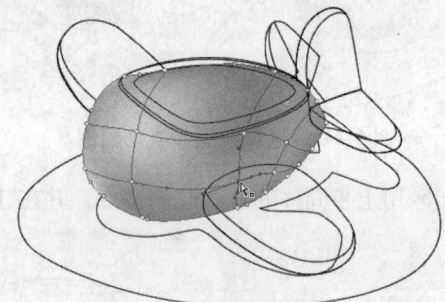

图 6-156　调整网格线的形状　　　　　　图 6-157　调整网格线的形状

10 在状态栏的【缩放级别】下拉列表中选择"100%",以将画面缩小,移动指针到机顶上的图形轮廓上指针呈�状时单击,添加一个节点,同时添加了一条穿过该节点的网格线,如图6-158所示,然后在【色板】面板中单击所需的颜色,如图6-159所示,即可将刚添加的节点进行颜色填充,同时与周围颜色逐步混合,结果如图6-160所示。

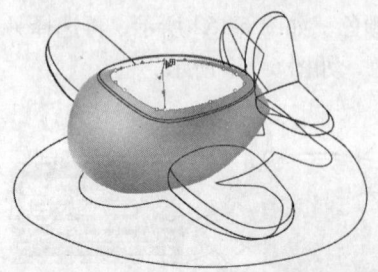 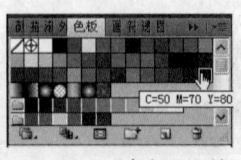 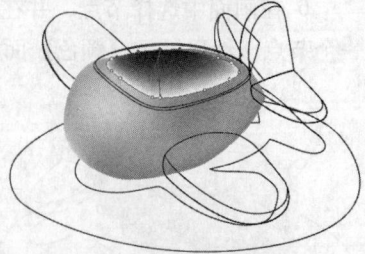

图 6-158　选择对象并添加节点　　图 6-159　【色板】面板　　图 6-160　给节点填充颜色

11 在画面中选择网格线另一端的节点,在【色板】面板中单击所需的颜色,即可将刚添加的节点进行颜色填充,同时与周围颜色逐步混合,结果如图6-161所示。

12 用前面同样的方法对其他的节点进行颜色填充,如图 6-162 所示。

图 6-161 选择节点并填充颜色

图 6-162 选择节点并填充颜色

13 用 网格工具在飞机机翼的轮廓线上呈蜒状时单击,添加一个节点,同时添加了一条穿过该节点的网格线,如图 6-163 所示,然后在【色板】面板中单击所需的颜色,如图 6-164 所示,即可将刚添加的节点进行颜色填充,同时与周围颜色逐步混合,结果如图 6-165 所示。

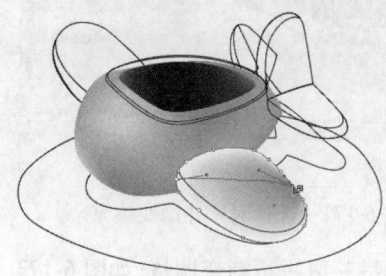
图 6-163 选择对象并添加节点

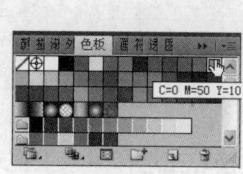
图 6-164 【色板】面板

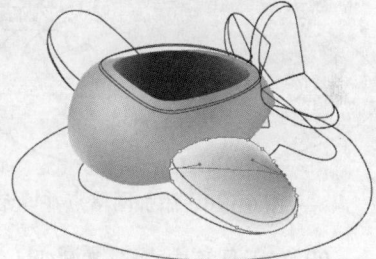
图 6-165 给节点填充颜色

14 在画面中依次选择要填充颜色的节点,再在【色板】面板中单击所需的颜色,以给选择的节点进行颜色填充,如图 6-166 所示。

15 在画面中选择要填充颜色的节点,再在【色板】面板中单击所需的颜色,以给选择的节点进行颜色填充,如图 6-167 所示。

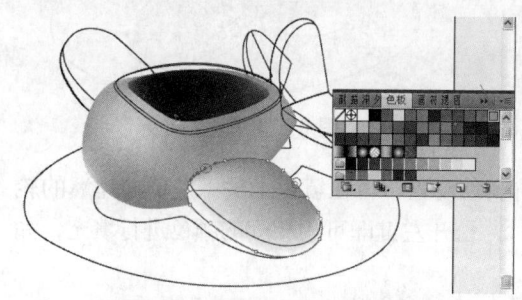
图 6-166 选择节点并填充颜色

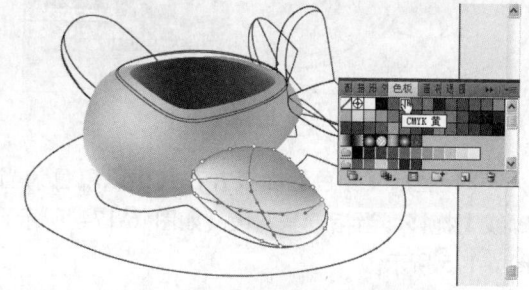
图 6-167 选择节点并填充颜色

16 在画面中依次选择要填充颜色的节点,接着在【颜色】面板中设置所需的颜色,以给选择的节点进行颜色填充,如图 6-168 所示。

17 在画面中要添加节点的地方单击,即可添加一个节点与一条网格线,同时该节点应用了前面所设置的颜色,如图 6-169 所示。

18 用前面同样的方法对另一个机翼进行网状填充,填充好颜色后的效果如图 6-170 所示。

19 在工具箱中点选选择工具,先在画面中选择一个要进行渐变填充的对象,以选择这个对象,再在【渐变】面板中设定【类型】为"径向",如图 6-171 所示;然后再双击右边的渐变滑块,弹出【颜色】面板,并在其中单击所需的颜色,以设置所需的渐变颜色,如图 6-172 所示。

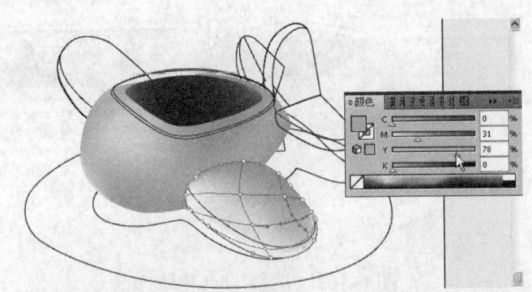

图 6-168 选择节点并填充颜色

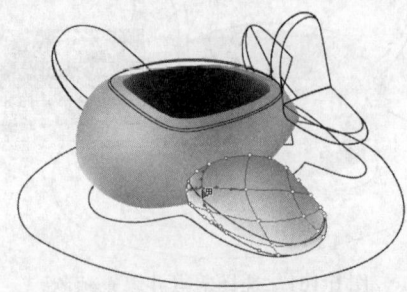

图 6-169 添加网格点并填充颜色

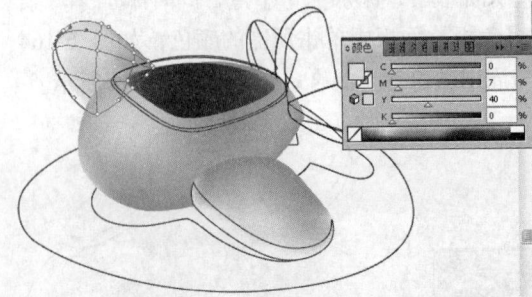

图 6-170 添加网格点并填充颜色

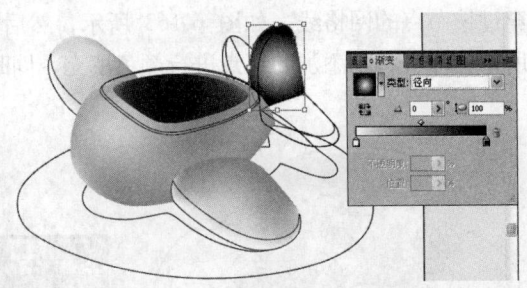

图 6-171 选择对象并渐变填充

20 在工具箱中点选▣渐变工具,接着在选择对象上拖动鼠标,以进行渐变调整,如图 6-173 所示。

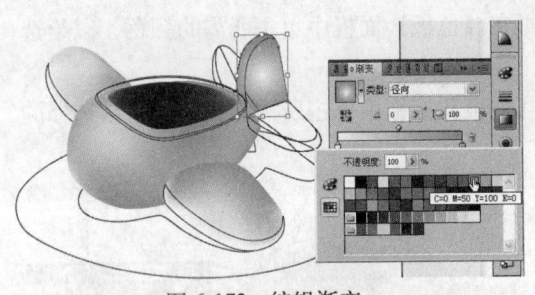

图 6-172 编辑渐变

图 6-173 调整渐变

21 显示【颜色】面板并在其中以填色为当前颜色设置,再在填色上按下左键向尾翼的轮廓线上拖移,当指针呈状(如图 6-174 所示)时,松开左键即可用相同的颜色进行填充,如图 6-175 所示。

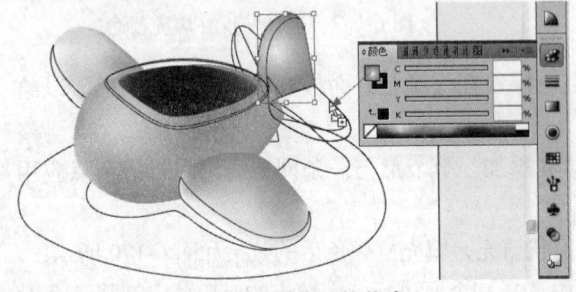

图 6-174 拖移时的状态

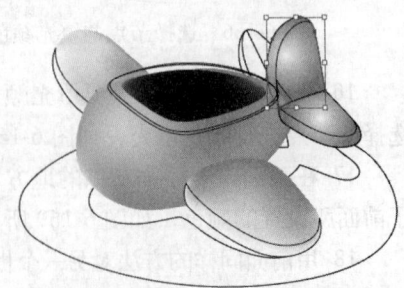

图 6-175 用相同的渐变进行填充

22 按 Ctrl 键在画面中单击刚填充渐变的对象,以选择它,再用渐变工具指向中间的滑杆,显示渐变滑杆,并将其拖动到所需的位置,然后拖动渐变滑块至适当位置,调整好后的渐变如图 6-176 所示。

23 用上两步同样的方法对另一个尾翼进行渐变填充,填充好颜色后的效果如图 6-177 所示。

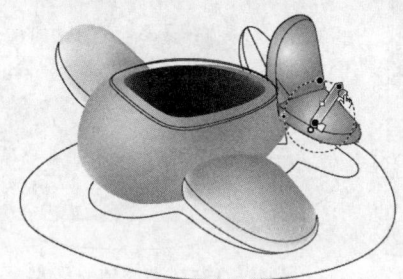

图 6-176　编辑渐变

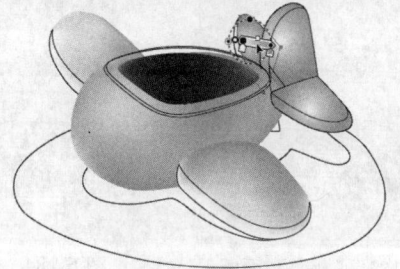

图 6-177　选择对象并填充渐变颜色

24 用前面同样的方法对飞机的其他部位进行渐变填充,填充好颜色后的效果如图 6-178 所示。

25 按 Ctrl 键在画面中单击要改变渐变颜色的对象,以选择它,再在其中双击左边的渐变滑块,弹出【颜色】面板,并在其中选择所需的颜色,如图 6-179 所示。

26 按 Ctrl 键在画面中单击要改变渐变颜色的对象,以选择它,再在其中拖动右边的渐变滑块向左至适当位置,如图 6-180 所示。

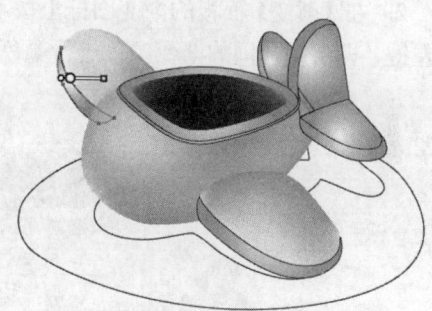

图 6-178　选择对象并填充渐变颜色

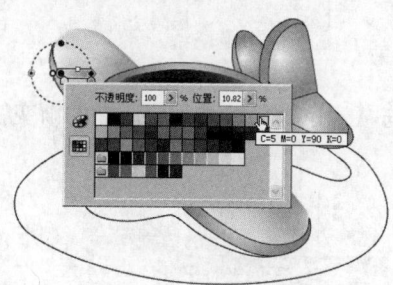

图 6-179　编辑渐变

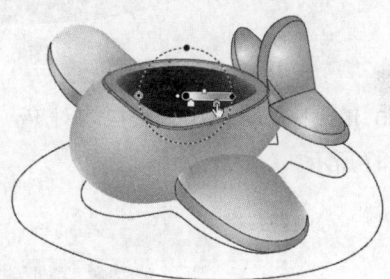

图 6-180　编辑渐变

27 用选择工具在画面中选择飞机的投影,再显示【渐变】面板,并在其中单击渐变填色图标,以给选择的对象进行渐变填充,如图 6-181 所示,再在【渐变】面板中拖动右边色标(也就是:渐变滑块)至左边,左边色标至右边,如图 6-182 所示。

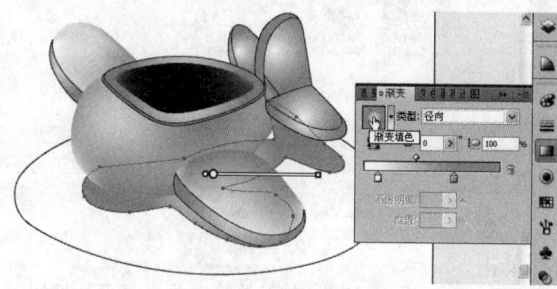

图 6-181　编辑渐变

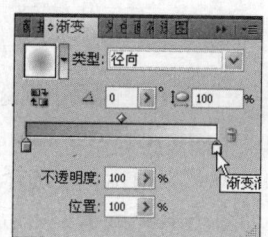

图 6-182　【渐变】面板

28 在【渐变】面板双击右边色标,弹出【颜色】面板,并在其中选择所需的颜色,如图 6-183 所示,再双击左边色标,弹出【颜色】面板,并在其中选择所需的颜色,如图 6-184 所示,以得到如图 6-185 所示的效果。

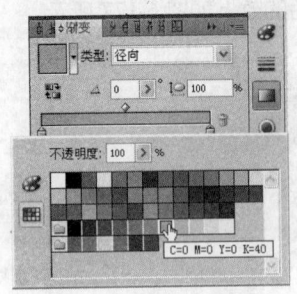 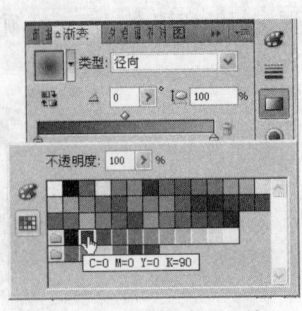 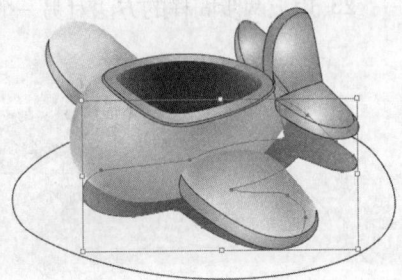

图 6-183 【渐变】面板　　　　图 6-184 【渐变】面板　　　　图 6-185 渐变填充效果

29 在【渐变】面板的渐变图标上按下左键向最底层的对象轮廓线拖移,当指针呈 状时松开左键,即可用相同的渐变颜色进行颜色填充,如图 6-186 所示。

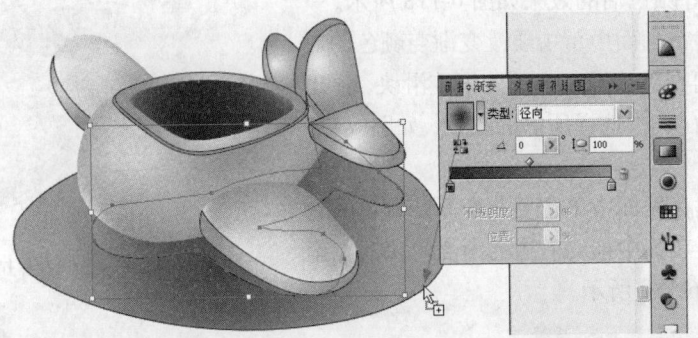

图 6-186 渐变填充效果

30 用选择工具选择最底层的对象,再在【渐变】与【颜色】面板中设置所需的渐变,如图 6-187 所示。

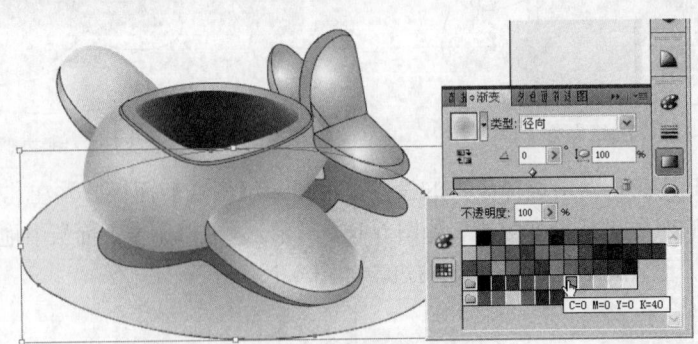

图 6-187 渐变填充效果

31 用选择工具在画面中框选所有对象,再在工具箱中单击描边图标,使它为当前颜色设置,然后单击【无】按钮,如图 6-188 所示,使选择对象的轮廓颜色为无,画面效果如图 6-189 所示;然后在画面的空白处单击,取消选择,以得到如图 6-190 所示的效果。

图 6-188 在工具箱中单击【无】按钮

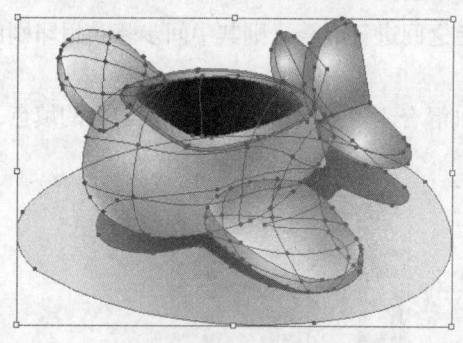
图 6-189 清除轮廓颜色

图 6-190 取消选择后的效果

6.7 混合对象

Adobe Illustrator CS4 的混合工具和【混合】命令，可以在两个或数个选取对象之间创建一系列的中间对象。用户可在两个开放路径（例如两条不同的线段）、两个封闭路径（例如一个圆形和正方形）、不同渐变或其他混合之间产生混合。

可利用移动、调整尺寸、删除或加入对象的方式，编辑已建立的混合。在完成编辑后，图形对象会自动重新混合。

6.7.1 关于混合

混合最简单的用法之一，就是在两个对象之间平均建立和分配形状。如利用混合工具或【混合】命令，建立一系列间隔一致的条纹。

用户可以在两个开放路径之间进行混合，在对象之间产生微小的变化，如图 6-191 所示；或结合颜色和对象的混合，在特定对象形状中产生颜色的转换，如图 6-192 所示。

以下是应用在混合形状和其相关颜色的规则：

(1) 可以在数目不限的对象、颜色、不透明度或渐变之间进行混合，如图 6-193 所示。

图 6-191 两个开放路径之间混合

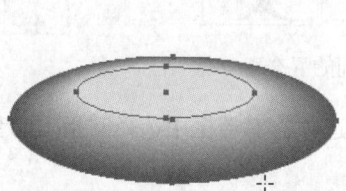
图 6-192 封闭路径之间的混合

图 6-193 多个对象间的混合

(2) 混合可使用工具直接编辑，如选择工具、旋转工具或缩放工具。

(3) 第一次应用混合时，混合对象之间会建立直线路径。可通过拖动锚点和路径线段的方式，来编辑混合路径。

(4) 无法在网格对象之间进行混合。

(5) 如果在分别使用印刷色和特别色上色的两个对象之间混合，则混合所产生的外框形状，会以混合的印刷色来上色。如果在两个不同的特别色之间进行混合，则其中间步骤会用印刷色来上色。

（6）如果在两个图形样式对象之间进行混合，则混合步骤只会使用下层图层对象的填色，如图 6-194 所示。

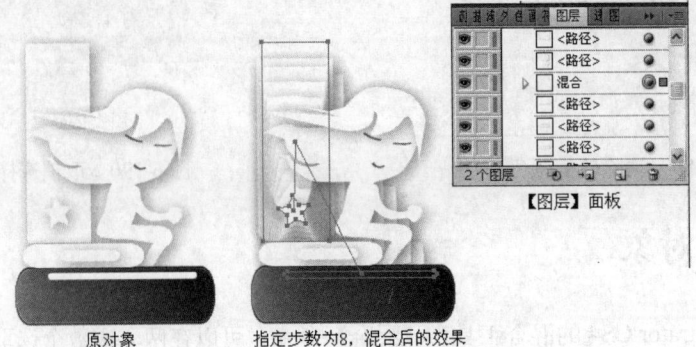

图 6-194　图形样式对象之间的混合

（7）如果要在【透明度】面板使用了混合模式的两个对象之间进行混合，则混合步骤只会使用上方对象的混合模式。

（8）如果在两个有多重外观属性（特效、填色或笔画）的对象之间进行混合，则 Illustrator CS4 会试图混合其选项。

（9）如果在同一符号的两个范例之间进行混合，则混合步骤将成为该符号的范例，如图 6-195 所示。但如果在不同符号的两个范例之间进行混合，则混合步骤就不会成为符号范例，如图 6-196 所示。

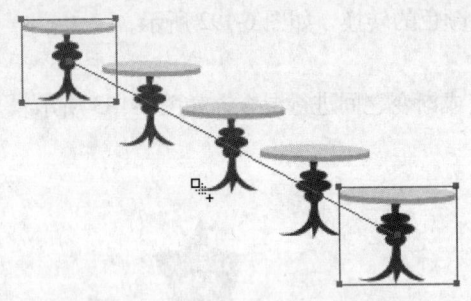

图 6-195　同一符号之间的混合　　　　图 6-196　不同符号间的混合

（10）如果没有在【混合选项】对话框中选择"指定的步数"或"指定的距离"，Illustrator 则会自动计算混合中的步数。

6.7.2　创建混合

1. 创建要进行混合的图形

Howto　创建混合

1　在菜单中执行【窗口】→【符号库】→【提基】命令，显示【提基】符号库，再在其中将所需的符号拖动到画面中指针呈 状如图 6-197 所示时，松开左键后即可将选择的符号插入画板中，如图 6-198 所示。

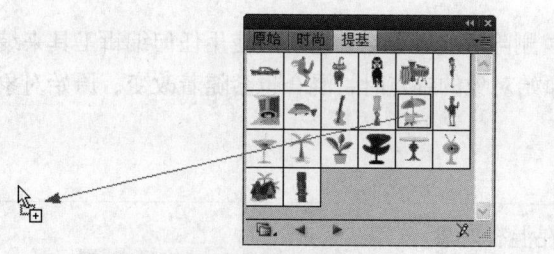
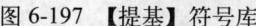

图 6-197 【提基】符号库　　　　　　　图 6-198 插入符号实例

② 用同样的方法再插入一个符号，插入后的效果如图 6-199 所示。

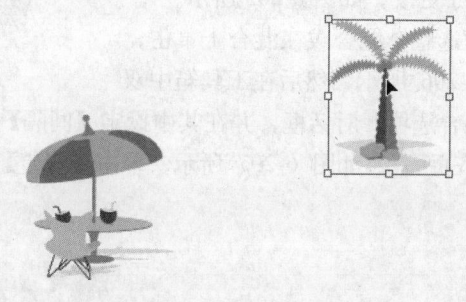

图 6-199 插入另一个符号实例

2. 创建混合

创建混合，主要有以下两种方法：

方法 1 在工具箱中点选 混合工具，先移动指针到上方树上指针呈 状时单击，再移动指针到下方伞上指针呈 状时单击，如图 6-200 所示，即可得到如图 6-201 所示的效果。

图 6-200 用混合工具指向符号单击时的状态　　　　图 6-201 混合后的效果

方法 2 在工具箱中点选选择工具，用选择工具框选两个符号实例，如图 6-202 所示，再在菜单中执行【对象】→【混合】→【建立】命令，同样可对两个符号实例进行混合，如图 6-203 所示。

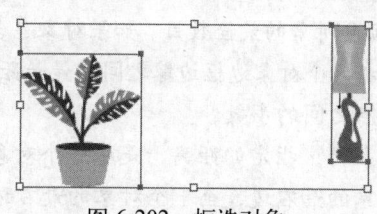
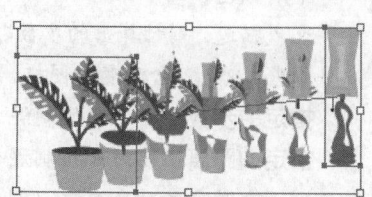

图 6-202 框选对象　　　　　　　　　图 6-203 混合后的效果

6.7.3 编辑混合对象

Illustrator CS4 的编辑工具能让用户移动、删除或变形混合；也可以使用任何编辑工具来编辑锚点和路径，或改变混合的颜色。当编辑原始对象的锚点时，混合也会随着改变。原始对象之间所混合的新对象不会拥有其本身的锚点。

Howto 编辑混合对象

1 从工具箱中点选 直接选择工具，先在混合对象的旁边空白处单击取消选择，再单击盆景符号实例以选择它，如图 6-204 所示，然后将其向左上方拖动到适当位置，同时也将混合进行了更改，如图 6-205 所示。

2 用直接选择工具框选整个混合或在混合上单击，以选择这个混合，如图 6-206 所示，然后在工具箱中双击 混合工具，弹出【混合选项】对话框，并在其中设定【间隔】为"指定的步数"，【步数】为"3"，【取向】为"对齐页面"，如图 6-207 所示，单击【确定】按钮，即可得到如图 6-208 所示的效果。

图 6-204　选择对象

图 6-205　移动对象后的效果

图 6-206　选择混合对象

图 6-208　改变步数后的效果

图 6-207　【混合选项】对话框

【混合选项】对话框选项说明：

- **【间距】**：在【间距】下拉列表中，可以选取下列选项：
  - ➢ **平滑颜色**：用来让 Illustrator CS4 自动计算混合的步数。如果对象使用不同颜色的填色或描边，则计算出的步数即是平滑转换颜色所需的最佳数目。如果对象包含相同的颜色，或是包含渐变或图样，则其步数是根据两个对象边框边缘之间的最长距离而定。
  - ➢ **指定的步数**：可用来控制混合开始和结束点之间的步数。
  - ➢ **指定的距离**：可用来控制混合步数之间的距离。指定的距离，是从一个对象的边缘到下个对象的对应边缘（例如，从一个对象的最右边，至下个对象的最右边）。

- 【取向】：可以使用以下两种方向中的任何一种方向：
  - ▷ ▰：单击该按钮，可使混合方向与页面的 x 轴成直角。
  - ▷ ▰：单击该按钮，可使混合方向与路径成直角。

6.7.4 释放混合

如果不想使用混合，可以将其混合释放。只需先选择要释放的混合对象，然后在菜单中执行【对象】→【混合】→【释放】命令或按 Alt+Shift+Ctrl+B 键，即可将原始对象以外的混合对象删除，只保留没有混合前的对象——即原始对象。

6.8 本章小结

本章用简单明了的实例重点讲解了如何使用画笔与符号，其中包括：【画笔】面板、画笔库、创建和编辑画笔、创建和编辑符号。同时结合实例重点讲解了如何应用渐变工具、【渐变】面板与网格工具来给对象进行渐变填充以达到特殊的效果。还结合实例重点讲述了用混合工具来对两个或多个对象创建混合。

6.9 本章习题

一、填空题

1. 在 Illustrator CS4 中有_____、_____、艺术和_____四种画笔类型。
2. 通过符号体系工具来灵活、快速地调整和修饰符号图形的_____、_____、_____、样式等。
3. Adobe Illustrator CS4 的_____和_____命令，可以在两个或数个选取对象之间创建一系列的中间对象。
4. 光晕工具用明亮的_____、_____、_____和_____来创建光晕对象。

二、选择题

1. 如果要使经常使用的符号库或自定的符号库，在开启 Illustrator CS4 程序时自动开启的程序窗口中，就需在符号库的弹出式菜单中执行以下哪个命令？　　　　　　　　（　　）
   - A.【保持】命令
   - B.【复制符号】命令
   - C.【替换符号】命令
   - D.【新建符号】命令

2. 用户可以使用以下哪个命令，将画笔描边转换为外框路径？　　　　　　　　（　　）
   - A.【扩展】命令
   - B.【创建轮廓】命令
   - C.【扩展外观】命令
   - D.【混合】命令

3. 利用以下哪个工具可以改变文档中所选符号的不透明度？　　　　　　　　（　　）
   - A. 符号喷枪工具
   - B. 符号移位器工具
   - C. 符号滤色器工具
   - D. 符号缩紧器工具

4. 利用以下哪个工具可以将选中的符号放大或缩小？　　　　　　　　（　　）
   - A. 符号缩放器工具
   - B. 符号移位器工具
   - C. 符号喷枪工具
   - D. 符号缩紧器工具

第 7 章 编 辑 图 形

教学目标

熟悉和掌握各种编辑图形工具和编辑命令的操作与应用。

教学重点与难点

➢ 编辑图形工具
➢ 剪切、复制和粘贴对象
➢ 自由变换图形
➢ 修剪图形

几乎每一个应用程序中都有【剪切】、【复制】和【粘贴】的命令，Illustrator CS4 则另外提供了【粘在前面】和【粘在后面】的功能，以便于我们制作图形对象的副本以灵活应用。

通过【路径查找器】面板中的各命令（也称为：布尔运算）可以将选择的多个对象创建成复杂的图形对象。图形的各种组合布尔运算是矢量软件的重要造型方式。很多复杂的图形是通过简单图形的相加、相减、相交等方式来生成的。如：【联集】、【差集】、【交集】等命令对处理对象的重合部分十分有效。

7.1 编辑图形工具

编辑图形的工具包括旋转工具、镜像工具、比例缩放工具、倾斜工具、液化变形工具等，下面将分别进行介绍。

7.1.1 旋转工具

利用 旋转工具可以将所选的对象进行旋转，可以旋转对象的填充图案，也可在旋转的同时复制原对象。

1. 旋转对象

Howto 利用旋转工具旋转对象

1 新建一个文档，在菜单中执行【窗口】→【符号库】→【花朵】命令，显示【花朵】符号库，在其中将所需的符号拖动到画面中，当指针呈 状如图 7-1 所示时，松开左键后即可将选择的符号插入画板中，如图 7-2 所示。

2 从工具箱中点选 旋转工具，在画面中按下左键进行旋转，即可将花朵进行旋转，到一定角度后松开左键，花朵也就跟着旋转了一定角度，如图 7-3 所示。

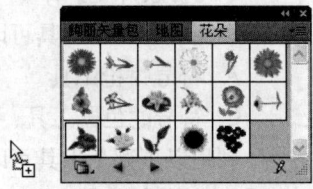

图 7-1 拖动符号时的状态

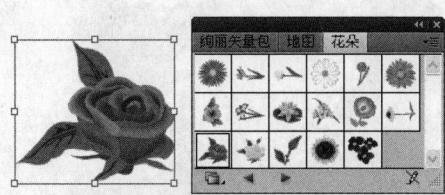
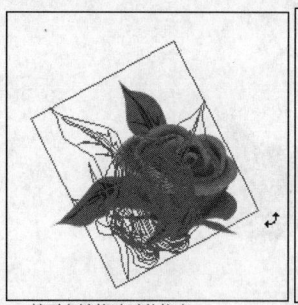
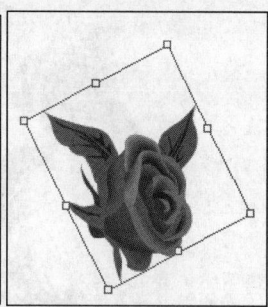

图 7-2　置入符号实例后的效果　　　　　图 7-3　旋转符号实例

3 也可以在画面中单击一点作为旋转中心，然后再将对象进行旋转，如图 7-4 所示。

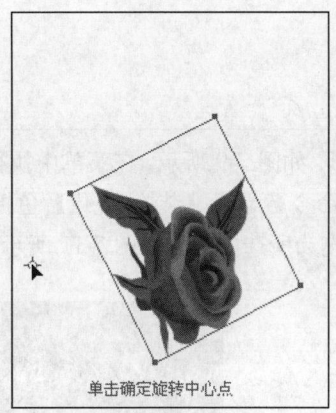

图 7-4　旋转符号实例

2. 在旋转时复制对象

Howto　**在旋转对象时复制对象**

1 在旋转中心点的下方按下左键将花朵进行旋转，旋转到一定角度时按下 Alt 键指针呈 ▸ 状，如图 7-5 所示，再松开鼠标左键与键盘，即可将花朵进行旋转并复制，如图 7-6 所示。

图 7-5　按 Alt 键旋转符号实例时的状态　　　　图 7-6　旋转并复制后的效果

2 按 Ctrl+D 键即以相同角度再复制了一朵花，如图 7-7 所示；再按 Ctrl+D 键二次，复制并旋转三个副本，以得到如图 7-8 所示的效果。

图 7-7　按 Ctrl+D 键再制后的效果　　　　图 7-8　按 Ctrl+D 键再制后的效果

3. 旋转图案

Howto　使用旋转工具旋转图案

1 从工具箱中点选矩形工具，在画板中拖出一个矩形，如图 7-9 所示；在菜单中执行【窗口】→【色板库】→【图案】→【装饰】→【装饰_现代】命令，显示【装饰_现代】色板库，并在其中单击所需的图案，如图 7-10 所示，即可将矩形填充为所选图案，如图 7-11 所示。

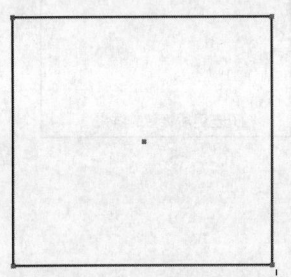 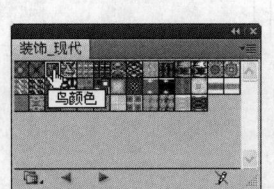 

图 7-9　绘制矩形　　　图 7-10　【装饰_现代】色板库　　　图 7-11　填充图案后的效果

2 在工具箱中双击旋转工具，弹出如图 7-12 所示的【旋转】对话框，并在其中勾选【预览】和【图案】选项，再在【角度】文本框中输入"－50"，单击【确定】按钮，即可得到如图 7-13 所示的结果。

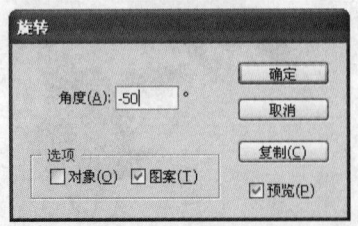 

图 7-12　【旋转】对话框　　　　　图 7-13　旋转图案后的效果

如果需要将图形对象进行旋转，则同时勾选【对象】选项。

7.1.2 镜像工具

在实际作图过程中,经常会遇到一些对称的图形,可以利用镜像工具进行镜像并复制,即可得到对称的图形。也可利用镜像工具将对象进行准确地翻转。

Howto 使用镜像工具复制图形

1 在工具箱中点选 选择工具,在菜单中执行【窗口】→【符号库】→【复古】命令,打开【复古】符号库,并在其中选择所需的符号,然后将其拖至画板的适当位置,如图 7-14 所示。

2 移动指针到对角控制柄上呈双向箭头状时按下左键向内拖动,以将符号实例缩小,结果如图 7-15 所示。

图 7-14 置入符号实例

图 7-15 缩小符号实例

3 在工具箱中双击 镜像工具,弹出如图 7-16 所示的对话框,并在其中选择【对象】与【图案】选项,设置【角度】为"45"度,单击【复制】按钮,得到一个镜像的副本,结果如图 7-17 所示。

4 在符号实例的右边适当位置单击,确定镜像轴要穿过的点,如图 7-18 所示;然后按下左键拖动到适当的位置如图 7-19 所示时,松开左键后即可将选择的符号实例进行镜像,结果如图 7-20 所示。

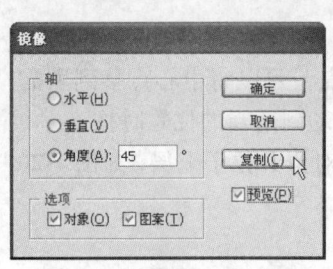
图 7-16 【镜像】对话框

图 7-17 镜像后的效果

图 7-18 确定镜像轴要穿过的点

图 7-19 拖动时的状态

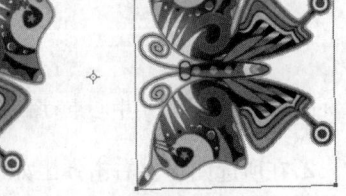
图 7-20 镜像后的效果

如果拖动时按下 Alt 键，则会把原对象进行复制一个副本并镜像。

7.1.3 比例缩放工具

利用 比例缩放工具可以改变图形对象的尺寸（即大小）、形状和方向。它既可以对图形的局部（或图形内填充的图案）进行缩放，也可以对整个图形进行缩放。

Howto 使用比例缩放工具改变图形对象

1 在【复古】符号库中选择所需的符号，然后将其拖至画板的适当位置，如图 7-21 所示。

2 在工具箱中双击 比例缩放工具，弹出【比例缩放】对话框，并在其中选择【不等比】选项，再设置【水平】为"100%"，其他不变，如图 7-22 所示，单击【确定】按钮，即可将选择的符号不等比缩小了，如图 7-23 所示。

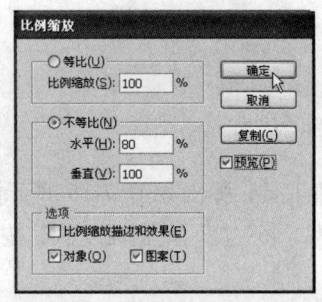

图 7-21　置入符号实例　　　图 7-22　【比例缩放】对话框　　　图 7-23　缩小后的符号实例

7.1.4 倾斜工具

利用 倾斜工具可以使选定的对象倾斜，也可以在倾斜的同时复制副本。

Howto 使用倾斜工具倾斜对象

1 在工具箱中点选 倾斜工具，在图形上会出现倾斜中心点，可以将中心点移到所需的地方，如图 7-24 所示；然后在画面中按下左键进行拖动，拖动到适当的位置时按下 Alt 键，进行复制，如图 7-25 所示，松开左键和键盘，得到一个副本对象并位于上层，如图 7-26 所示。

图 7-24　确定倾斜中心点　　图 7-25　按下 Alt 键拖动时的状态　　图 7-26　复制并倾斜后的效果

2 在所选图形上右击弹出如图 7-27 所示的快捷菜单，并在其中点选【排列】→【后移一层】命令，即可将选择的图形对象向下移一层，结果如图 7-28 所示。

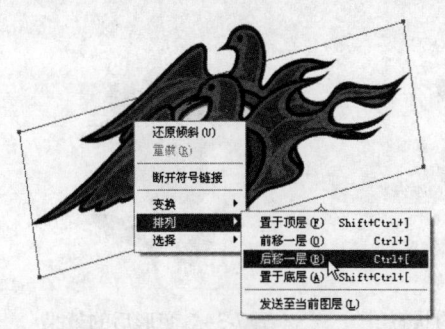

图 7-27 选择【后移一层】命令　　　　图 7-28 改变排放顺序后的效果

3 显示【透明度】面板，并在其中设定【不透明度】为"40%"，如图 7-29 所示，即可得到如图 7-30 所示的效果。

 如果要想将对象进行固定角度倾斜，则需双击倾斜工具，弹出【倾斜】对话框，用户可根据需要设置所需选项，如图 7-31 所示。

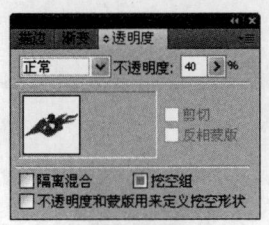

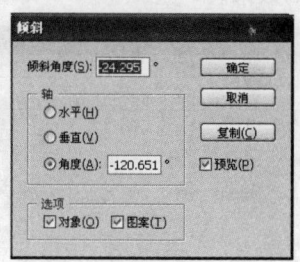

图 7-29 【透明度】面板　　　图 7-30 改变不透明度的效果　　　图 7-31 【倾斜】对话框

7.1.5 液化变形工具

Illustrator CS4 提供各种液化变形工具来改变对象轮廓（路径）。如果要以液化变形工具来扭曲对象，只要使用工具来拖动对象即可，该工具会在用户绘制时增加锚点并调整路径。

 无法在包含文字、图表或符号的链接档案或对象上使用液化变形工具。

1．变形工具

使用变形可以延伸对象，就好象对象是由粘土所制成的一样。当使用此工具来拖动或拉伸对象的某些部分时，拉伸区域就会变薄。它可把简单的图形变为复杂的图形。它不仅可以对开放式的路径起作用，也可以对封闭式的路径起作用。

Howto 使用变形工具变形封闭式路径

1 从配套光盘中打开"/范例源文件/CH07/02.ai"文件，并用 直接选择工具选择它，如图 7-32 所示。

2 从工具箱中点选 变形工具，在花朵上按下左键向下拖动，如图 7-33 所示，到一定形状后松开左键，即可改变花朵的形状，如图 7-34 所示。

 对需要变形的对象可多次拖动，也可一次拖动时来回移动。也可以对开放式路径进行变形，操作方法相同。

图7-32 打开的图形文件　　　图7-33 拖动时的状态　　　图7-34 变形后的效果

Howto　修改变形工具选项

1 在工具箱中双击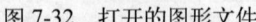变形工具，弹出如图7-35所示的【变形工具选项】对话框，并在其中设定【角度】为"50"，其他为默认值，单击【确定】按钮，完成工具设置。

2 在变形后的对象上按下左键进行拖移，如图7-36所示，松开左键后得到如图7-37所示的效果。

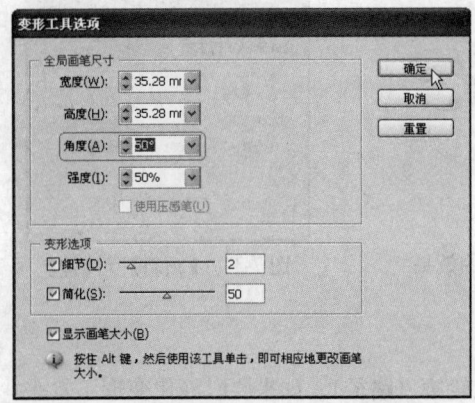  

图7-35 【变形工具选项】对话框　　　图7-36 拖动时的状态　　　图7-37 变形后的效果

【变形工具选项】对话框选项说明：

- **【全局画笔尺寸】**：在该栏中可设定笔刷的宽度、高度、角度和强度。
  - ➢ **【宽度】和【高度】**：可用来控制工具光标的大小。
  - ➢ **【角度】**：可用来控制工具光标的方向。
  - ➢ **【强度】**：指定改变速度（值越高表示改变速度越快），或是选取【使用压力笔】选项以使用数字板或数字笔的输入，而不采用【强度】数值。

 如果并未外接压力笔，则【使用压力笔】选项便无法使用。

- **【变形选项】**：在该栏中可设定变形的细节和简化程度。
  - ➢ **【细节】**：用来指定导入对象轮廓上各点间的间距，值越高，各点的间距越小。
  - ➢ **【简化】**：可用来指定减少多余点的数量，而不致影响形状的整体外观。

2. 旋转扭曲工具

利用　旋转扭曲工具可以创建类似于涡流效果的变形。

Howto 使用旋转扭曲工具旋转扭曲图形

1 按 Ctrl+O 键从配套光盘中打开"/范例源文件/CH07/03.ai"文件,如图 7-38 所示。

2 在工具箱中点选旋转扭曲工具,移动指针到上方的花朵上按下左键进行逆时针拖移,如图 7-39 所示,得到所需的形状后松开左键,以得到如图 7-40 所示的效果。

图 7-38 打开的图形文件

图 7-39 拖动时的状态

> TIPS: 根据按下左键时间的长短,产生的螺纹也不相同。

3 在工具箱中双击旋转扭曲工具,弹出如图 7-41 所示的对话框,并在其中设置所需的各选项。

图 7-40 旋转扭曲后的效果

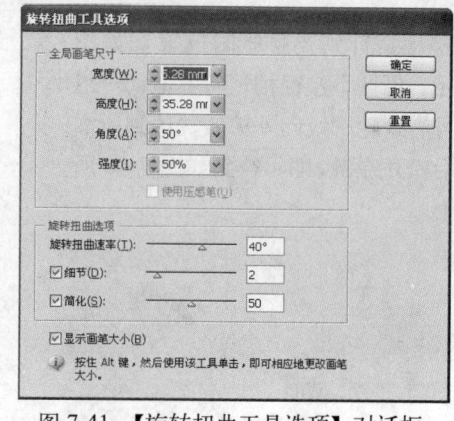
图 7-41 【旋转扭曲工具选项】对话框

【旋转扭曲工具选项】对话框选项说明:

- 【旋转扭曲速率】:指定旋转扭曲所套用的比例。输入介于-180°到180°之间的数值。负值会以顺时针方向旋转扭曲对象,正值则会以逆时针方向旋转扭曲。当数值越接近-180°或180°时,对象的旋转扭曲速度会越快。如果要缓慢旋转扭曲,需指定一个接近 0°的旋转扭曲率。

3. 缩拢工具

利用缩拢工具可以将图形的控制点移向光标以收缩对象。

Howto 使用缩拢工具收缩对象

在工具箱中点选缩拢工具,接着在旋转扭曲过的图形中按下左键向左下方拖移,如图

7-42所示，得到所需的形状后松开左键，就可以得到如图7-43所示的效果。

图7-42 拖动时的状态

图7-43 缩拢后的效果

4．膨胀工具

利用膨胀工具可以将图形的控制点移离光标以膨胀对象。

Howto 使用膨胀工具膨胀对象

1 在工具箱中双击膨胀工具，弹出如图7-44所示的对话框，并在其中设置【宽度】为"40mm"，【高度】为"35mm"，其他不变，单击【确定】按钮，完成工具设置。

2 移动指针到要膨胀的位置，如图7-45所示，再按下左键稍稍向上拖动一点点，即可看到轮廓线向外扩展，达到所需的形状后松开左键，即可得到如图7-46所示的图形。

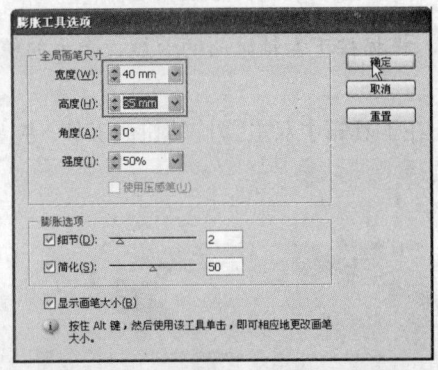

图7-44 【膨胀工具选项】对话框

图7-45 按下左键稍向上拖动时的状态

图7-46 膨胀后的效果

5．扇贝工具

利用扇贝工具可以在对象的轮廓线上随机新增平滑的弧状细部。

Howto 使用扇贝工具在对象上新增弧状细部

1 在工具箱中双击扇贝工具，弹出【扇贝工具选项】对话框，并在其中进行所需的设置，如图7-47所示，设置好后单击【确定】按钮。

2 在右上角的叶片上按下左键向右上方拖移，如图 7-48 所示，得到所需的形状后松开左键，以得到如图 7-49 所示的形状。

【旋转扭曲工具选项】对话框选项说明：

- 【复杂性】：用来指定对象外框上特定笔刷结果之间的间隔。
- 【画笔影响锚点】、【画笔影响内切线手柄】或【画笔影响外切线手柄】：能让工具笔刷改变这些属性。

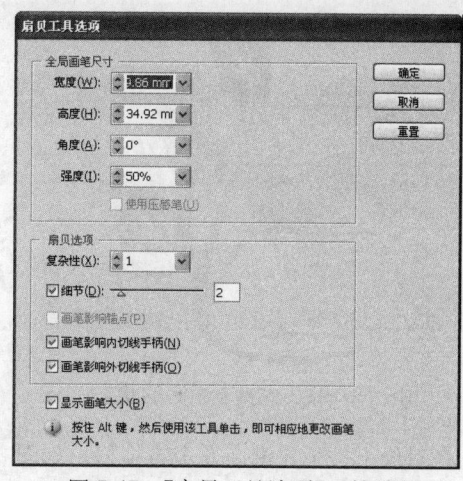

图 7-47 【扇贝工具选项】对话框

图 7-48 拖动时的状态

图 7-49 变形后的效果

6. 晶格化工具

利用 晶格化工具可以将图形对象的轮廓线调为锯齿状（即晶格状）。

Howto 使用晶格化工具将对象轮廓线调为锯齿状

1 按 Ctrl+O 键从配套光盘中打开"/范例源文件/CH07/组合图.ai"文件，如图 7-50 所示。

2 从工具箱中点选 选择工具框选一片叶子，如图 7-51 所示，再点选 晶格化工具，在选择对象上按下左键不放，以给对象进行晶格化变形，如图 7-52 所示，达到所需的效果后，松开左键即可将指针所波及范围内的对象变为晶状似的形状，如图 7-53 所示。

图 7-50 打开的矢量文件

图 7-51 框选一片叶子

图 7-52　按下左键不放时的状态　　　　　图 7-53　晶格变形后的效果

3 在对象上按下左键向左上方拖移,如图 7-54 所示,以给选择的对象再次进行变形,按 Ctrl 键在画面的空白处单击取消选择,得到如图 7-55 所示的效果。

图 7-54　拖动时的状态　　　　　　　　　图 7-55　变形后的效果

7. 皱褶工具

利用 皱褶工具可以在对象的轮廓线上随机新增弧形尖凸状的细部。

Howto　使用皱褶工具在对象轮廓线增加弧形尖凸状的细部

1 按 Ctrl+O 键从配套光盘中打开"/范例源文件/CH07/组合图.ai"文件,如图 7-56 所示,再用选择工具在画面中选择一个要变形的对象,如图 7-57 所示。

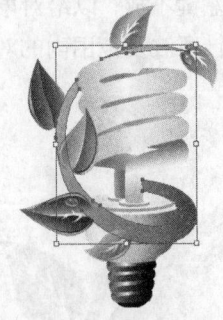

图 7-56　打开的矢量文件　　　　　　　　图 7-57　选择对象

2 在工具箱中双击 皱褶工具,弹出【皱褶工具选项】对话框,并在其中设定【宽度】与【强度】均为"20mm",其他不变,如图 7-58 所示,单击【确定】按钮,完成工具设置。

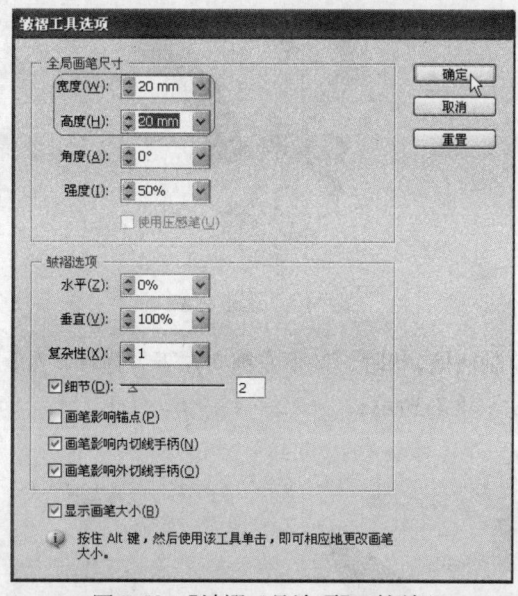

图 7-58 【皱褶工具选项】对话框

3 在选择对象上按下左键以顺时针方向拖移,如图 7-59 所示,达到所需的形状后松开左键,得到如图 7-60 所示的结果；然后按 Ctrl 键在画面的空白处单击取消选择,得到图 7-61 所示的效果。

图 7-59 拖动时的状态　　　　图 7-60 变形后的效果　　　　图 7-61 取消选择的效果

7.2 自由变换工具

自由变换工具是一个非常方便快捷的工具,利用它可以对同一个对象连续进行移动、旋转、镜像、缩放和倾斜等操作,它的作用几乎与选择工具相同,只是它不能用于选择对象和取消对象的选择。

Howto 使用自由变换工具改变对象

1 按 Ctrl+O 键从配套光盘中打开"/范例源文件/CH/组合图.ai"文件,如图 7-62 所示,再用选择工具在画面中框选所有对象,如图 7-63 所示。

2 从工具箱中点选 自由变换工具,将指针指向对角控柄呈双箭头状时按下左键向左上方拖动,以将选择的对象放大,如图 7-64 所示。

 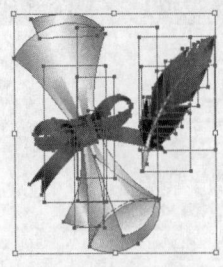 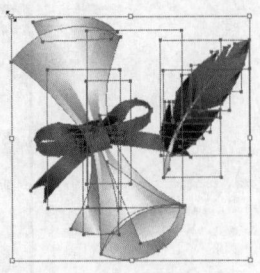

图 7-62　打开的矢量文件　　　　图 7-63　选择对象　　　　图 7-64　拖大后的效果

3　将指针指向对角控制柄呈状时，按下左键向左下方拖移，如图 7-65 左所示，即可将选择的对象进行旋转，如图 7-65 右所示。

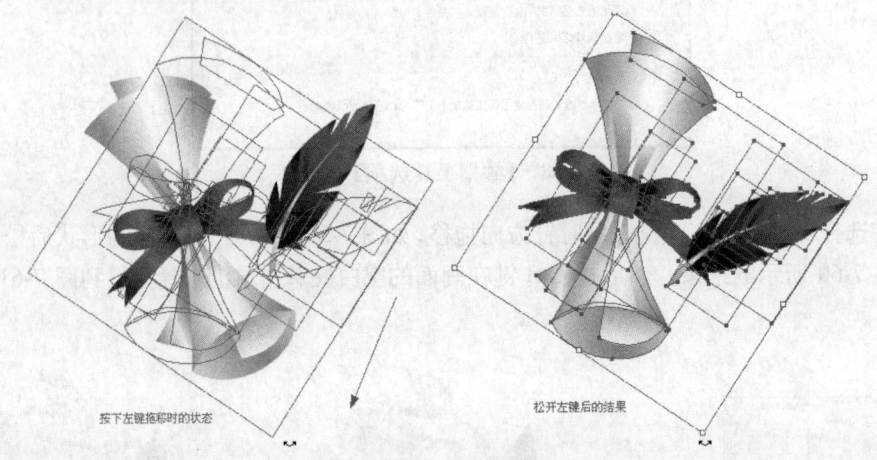

图 7-65　旋转对象

4　当指针指向它呈▶状时，按下左键拖动，即可把图形拖到所需的地方。

5　当指针指向每边中间的控制点上呈双向箭头如图 7-66 左所示时，按下左键拖动可不等比缩放图形，如图 7-66 右所示。

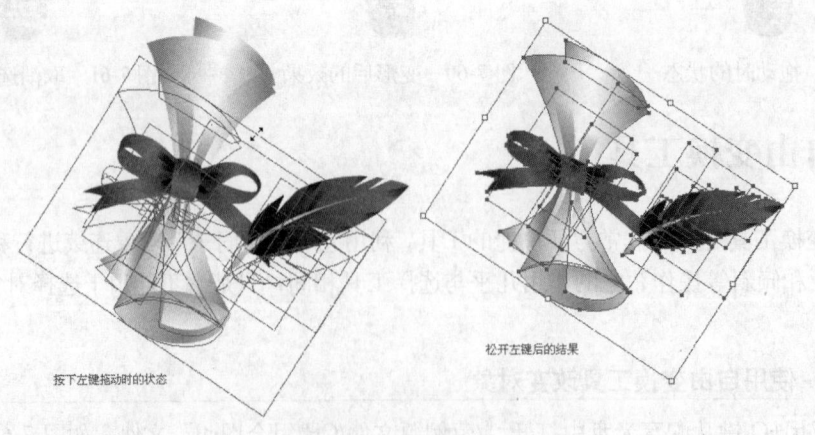

图 7-66　不等比缩放图形

如果在按下 Alt 键的同时，当指针指向控制柄上呈双向箭头和弯曲箭头时向外或向内拖动，即可将图形以变换框的中心为中心进行缩放或旋转。

7.3 剪切、复制和粘贴对象

利用【剪切】、【复制】和【粘贴】命令可以复制副本，也可以在各程序之间进行复制。这样即避免了制作同样一个对象所花费的时间，也提高了我们的工作效率。

Howto 剪切、复制和粘贴对象

1 按 Ctrl+O 键从配套光盘中打开"/范例源文件/CH07/组合图.ai"文件，如图 7-67 所示，再用 选择工具在画面中框选所有对象，如图 7-68 所示。

2 在菜单中执行【编辑】→【复制】命令（或按 Ctrl+C 键），将对象拷贝到剪贴板中，然后在菜单中执行【编辑】→【粘贴】命令（或按 Ctrl+V 键），从剪贴板中拿出刚复制的对象并把它粘贴到文档中，结果如图 7-69 所示。

 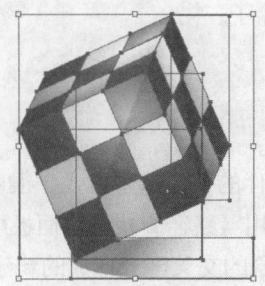 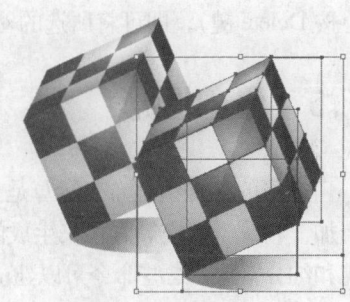

图 7-67 打开的矢量文件　　　　图 7-68 选择对象　　　　图 7-69 复制一个副本

3 在菜单中执行【文件】→【新建】命令，弹出【新建文件】对话框，在其中直接单击【确定】按钮，再在菜单中执行【编辑】→【粘贴】命令，即可将前面拷贝到剪贴板的内容粘贴到新建文件中，如图 7-70 所示。

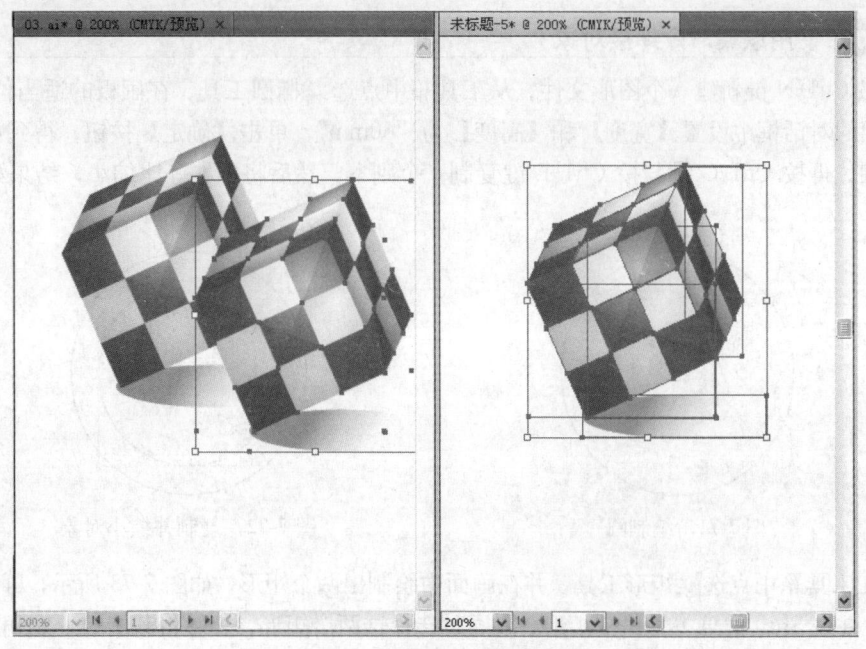

图 7-70 在新文件中粘贴对象

只要进行过复制，就可以执行多次粘贴。不仅在同一文件中，也可以在不同的文件中，也可以在不同的程序中进行复制与粘贴。

如果所要复制的对象没有被选中，先用选择工具，点选它或框选住所需的对象，然后再按 Ctrl+C 键或按 Ctrl+X 键进行复制或剪切。使用【剪切】命令的操作方法与使用【拷贝】命令相同，只是执行【剪切】命令时，将原对象剪掉并存放到剪贴板中，然后再执行【粘贴】命令将剪贴板中的内容粘贴到指定位置。

7.4 清除对象

如果要将文档中的一些多余的对象删除，可以先在工具箱中点选选择工具（或直接选择工具），在文档中选择所需删除的对象，再在菜单中执行【编辑】→【清除】命令（或在键盘上按 Delete 键），即可将所选的对象清除了。

7.5 修剪图形

图形的各种组合布尔运算是矢量软件的重要造型方式。很多复杂的图形是通过简单图形的相加、相减、相交等方式来生成的。利用【路径查找器】面板中的"修剪"命令可以组合，分离和细分对象。这些命令可以建立由对象的交叉部分形成的新建对象。【路径查找器】面板就是 Adobe Illustrator 中用于图形组合运算的专门工具。

7.5.1 焊接对象

利用【联集】命令可以将多个选中的对象焊接成一个对象。而新生成的对象将保留焊接之前最上面的对象的属性（如：填色、描边等）。

Howto 使用联集命令焊接对象

1 按 Ctrl+N 键新建一个图形文件，从工具箱中点选椭圆工具，在画板的适当位置单击，并在弹出的对话框中设置【宽度】和【高度】为"60mm"，单击【确定】按钮，得到如图 7-71 所示的圆，再按 Ctrl+C 键与按 Ctrl+F 键复制一个副本，然后将副本等比缩小，结果如图 7-72 所示。

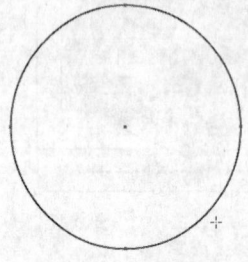
图 7-71 绘制圆

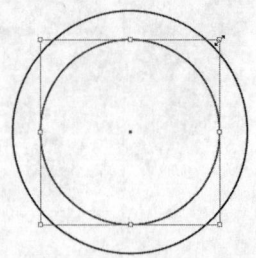
图 7-72 复制并缩小对象

2 在工具箱中点选矩形工具，并在画面中绘制出两个矩形，如图 7-73 所示，再点选选择工具，并按 Shift 键单击另一个矩形，以同时选择这两个矩形，然后将其旋转一定角度，得到如图 7-74 所示的效果。

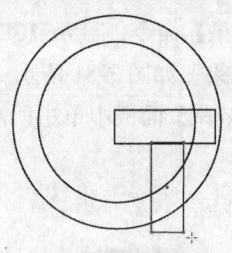
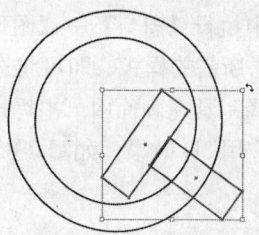

图 7-73 绘制矩形　　　　　　　图 7-74 旋转矩形

3 在菜单中执行【窗口】→【路径查找器】命令,显示【路径查找器】面板,如图 7-75 所示,并在其中单击 ▢（联集）按钮,即可得到如图 7-76 所示的效果。

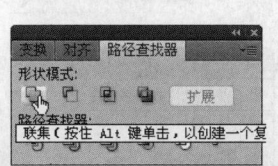
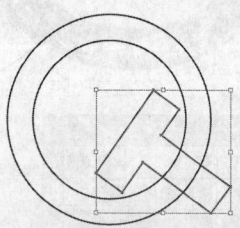

图 7-75 【路径查找器】面板　　　图 7-76 焊接后的效果

7.5.2 修剪对象

利用【减去顶层】命令可以从形状区域中减去某一形状。通常是用前面的对象减去最下面的对象,它适用于从大的对象中减去小的对象。

Howto 使用减去顶层命令修剪对象

1 使用 ▶ 选择工具在画面中框选两个椭圆,如图 7-77 所示。

2 在【路径查找器】面板中单击 ▢（减去顶层）按钮,如图 7-78 所示,即可用小椭圆修剪了大椭圆,然后在【控制】选项栏的填色【色板】面板中单击 CMYK 绿,如图 7-79 所示,使它填充为绿色,即可得到如图 7-80 所示的效果。

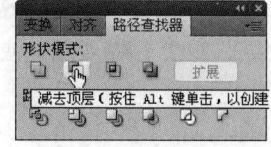

图 7-77 选择对象　　　　　　　图 7-78 【路径查找器】面板

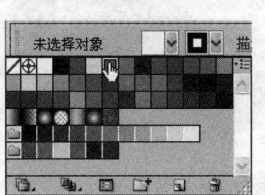
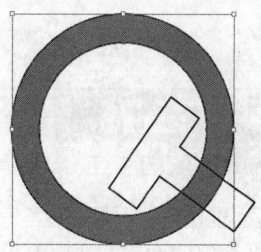

图 7-79 【色板】面板　　　　　　图 7-80 填充颜色

3 在菜单中执行【窗口】→【图形样式库】→【3D 效果】命令，显示【3D 效果】面板，然后在其中单击所需的样式，即可将选择的对象应用 3D 效果，如图 7-81 所示。

4 使用选择工具在画面中单击焊接的对象，再在【3D 效果】面板中单击所需的样式，即可将选择的对象应用 3D 效果，如图 7-82 所示。

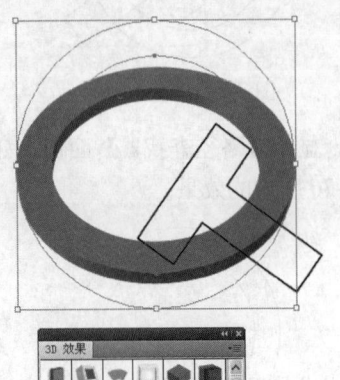
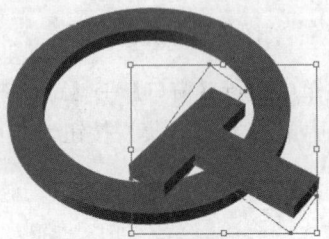

图 7-81 应用 3D 效果　　　　　　　图 7-82 应用 3D 效果

5 将添加 3D 效果的图形拖动到适当位置，结果如图 7-83 所示。

6 在【控制】选项栏的填色【色板】面板中单击 CMYK 红，如图 7-84 所示，使它填充为红色，即可得到如图 7-85 所示的效果。

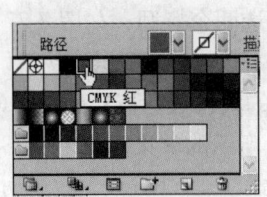

图 7-83 调整位置　　　　图 7-84 【色板】面板　　　　图 7-85 更改颜色

7 使用选择工具在画面中单击修剪所得的圆环，再在【控制】选项栏的填色【色板】面板中单击 CMYK 绿，如图 7-86 所示，使它填充为绿色，然后在空白处单击取消选择，即可得到如图 7-87 所示的效果。

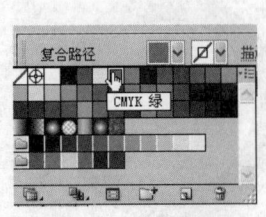

图 7-86 【色板】面板　　　　图 7-87 更改颜色

7.5.3 创建相交对象

利用【交集】命令可从相交的部分创建新的对象。重叠的部分将被保留，不重叠的部分将被删除。

Howto 使用交集命令创建相交对象

1 新建一个文档，接着从工具箱中点选 椭圆工具，在文档中绘制两个相交的椭圆形，如图 7-88 所示。

2 从工具箱中点选 选择工具，在画面中框选两个椭圆形，以选择它们，在菜单中执行【窗口】→【对齐】命令，显示【对齐】面板，并在其中单击 （水平居中对齐）按钮与 （垂直居中对齐）按钮，如图 7-89 所示，使选择的两个对象居中对齐，结果如图 7-90 所示。

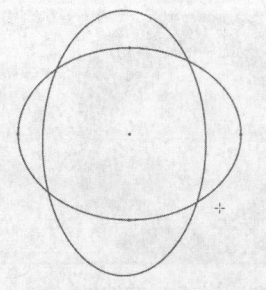
图 7-88　用椭圆工具绘制两个相交椭圆

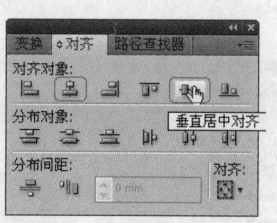
图 7-89　【对齐】面板

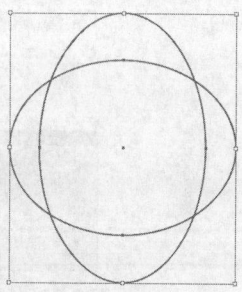
图 7-90　居中对齐对象

3 在【路径查找器】面板中单击 （交集）按钮，如图 7-91 所示，以得到如图 7-92 所示的效果；再在【控制】选项栏的填色【色板】面板中单击 CMYK 绿，如图 7-93 所示，使它填充为绿色，得到如图 7-94 所示的效果。

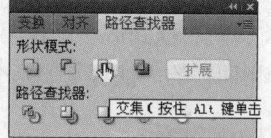
图 7-91　【路径查找器】面板

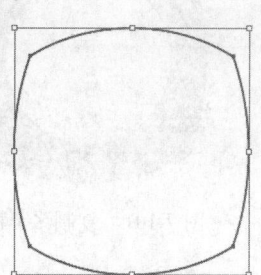
图 7-92　修剪后效果

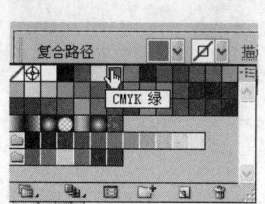
图 7-93　【色板】面板

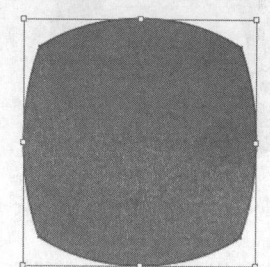
图 7-94　填充颜色后的效果

7.5.4 修剪重叠部分

利用【差集】命令可去除重叠的部分。新生成的对象属性与使用该命令之前被选中的多个对象中最上面对象的属性相同。

Howto 使用差集命令修剪重叠部分

1 在工具箱中点选 椭圆工具，接着在对象上绘制一个圆形，并使它与修剪过的对象有重叠部分，然后再在【控制】选项栏的填色【色板】面板中单击 CMYK 绿，使它填充为绿色，如图 7-95 所示；再用选择工具将两个对象框选，如图 7-96 所示。

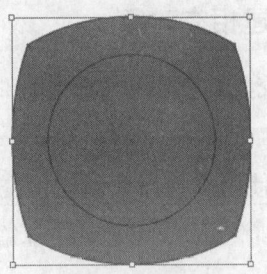

图 7-95 用椭圆工具绘制圆形　　　　　图 7-96 选择对象

2 在【路径查找器】面板中单击 ■（差集）按钮，如图 7-97 所示，即可将重叠部分删除，同时将后面绘制的椭圆也删除了，结果如图 7-98 所示。

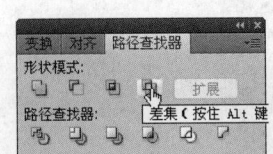
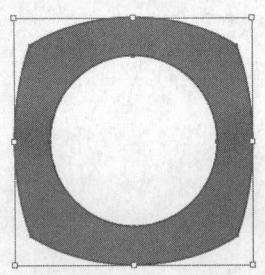

图 7-97 【路径查找器】面板　　　　　图 7-98 修剪后的效果

3 用 ○ 椭圆工具并按 Shift 键在裁剪后的对象左上方绘制一个圆，如图 7-99 所示，然后按 Alt 键将其向右拖到适当位置后松开左键，即可复制一个副本，如图 7-100 所示。

4 用同样的方法再复制两个椭圆，拖动并复制后的结果如图 7-101 所示。

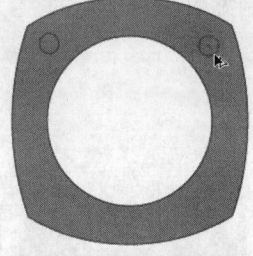

图 7-99 用椭圆工具绘制椭圆　　　图 7-100 复制椭圆　　　图 7-101 复制多个椭圆

5 用 ▶ 选择工具框选所有对象，如图 7-102 示，再在【路径查找器】面板中单击【减去顶层】按钮，如图 7-103 所示，即可用四个圆形修剪下层的对象，结果如图 7-104 所示。

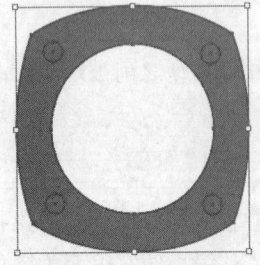
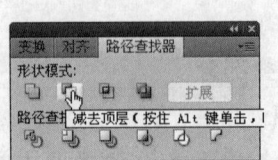
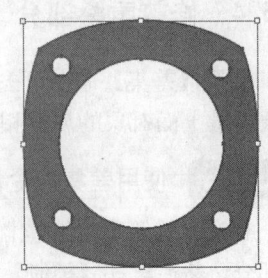

图 7-102 框选所有对象　　　图 7-103 【路径查找器】面板　　　图 7-104 修剪后的效果

6 在菜单中执行【窗口】→【图形样式库】→【3D 效果】命令，显示【3D 效果】面板，然后在其中单击所需的样式，即可将选择的对象应用 3D 效果，如图 7-105 所示。

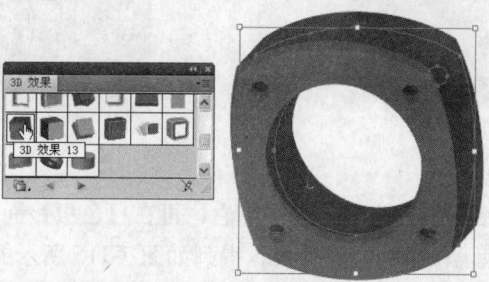

图 7-105 应用 3D 样式后的效果。

7.5.5 分割

利用【分割】命令可以将相互重叠交叉的部分分离，从而生成多个独立的部分(对象)，但不删除任何部分。应用【分割】命令后所有的填充和颜色将被保留，各个部分保留原始的属性，但是前面对象重叠部分的轮廓线的属性将被取消。

生成多个独立的对象后，可以使用直接选择工具选中某个对象并移动。

Howto 使用分割命令分割对象

1 按 Ctrl+N 键新建一个图形文件，显示【颜色】面板，并在【颜色】面板中设置描边为无，填色为 C=75、M=0、Y=100、K=0，如图 7-106 所示，再用 矩形工具在画板中绘制一个矩形，如图 7-107 所示；再在工具箱中点选 钢笔工具，在矩形的左边绘制一个与矩形相交的梯形，如图 7-108 所示。

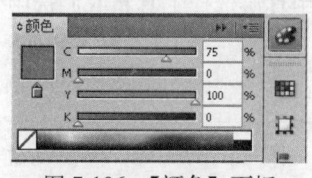

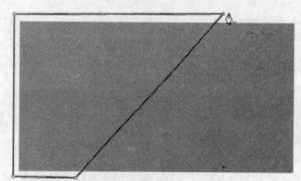

图 7-106 【颜色】面板　　图 7-107 绘制矩形　　图 7-108 绘制梯形

2 用 选择工具框选刚绘制的两个对象，如图 7-109 所示，再在【路径查找器】面板中单击 （分割）按钮，如图 7-110 所示，将梯形与矩形进行分割，得到如图 7-111 所示的效果。

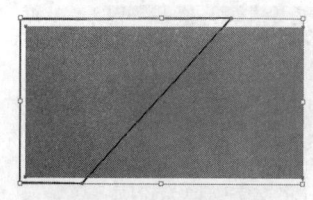

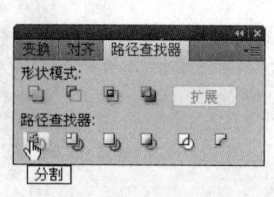

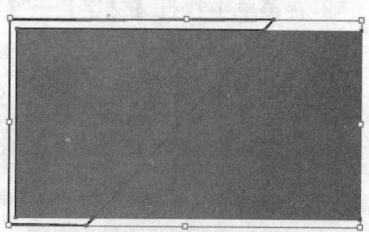

图 7-109 选择对象　　图 7-110 【路径查找器】面板　　图 7-111 分割后的效果

3 先在空白处单击取消选择，再点选 直接选择工具单击分割时多余的路径，如图 7-112 所示，再按 Delete 键将其删除，结果如图 7-113 所示。

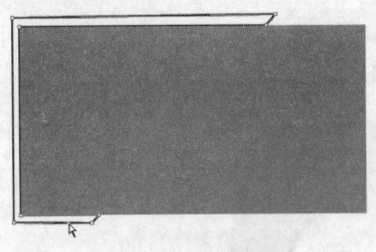
图 7-112 选择对象

图 7-113 删除后的效果

4 在矩形上单击分割后的左边梯形，以选择它，再在【色板】面板中单击 CMYK 红，如图 7-114 所示，然后在键盘上按←向左箭 5 次，得到如图 7-115 所示的效果。

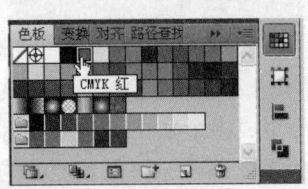
图 7-114 【色板】面板

图 7-115 移动对象

7.5.6 修边

利用【修边】命令可从填充路径中删去隐藏的部分，也可以以路径为修边线将相交的部分裁开，并使它们成为独立的对象，而且轮廓线都被清除。

如果被选中的多个对象没有轮廓线并使用填充色进行填充，则只会使用前面的对象裁切下层对象的重叠部分。

如果被选的多个对象属性不同并有轮廓线，则修边过后所有被选的对象轮廓线被清除，而且每个路径相交的部分，都单独成为一个对象。应用该命令后可使用直接选择工具将它们选中并移动。

Howto 使用修边命令处理对象

1 从工具箱中点选 T 文字工具，在分割所得的对象上单击出现一闪一闪的光标，再在键盘上输入所需的文字如："MBA"，再按 Ctrl+A 键全选文字，再在【控制】选项栏中设置【字体】为"文鼎特粗圆简"，【字体大小】为"90"，再在工具箱中点选 ▶ 选择工具确认文字输入，结果如图 7-116 所示。

2 在菜单中执行【文字】→【创建轮廓】命令，将文字转换为轮廓，结果如图 7-117 所示。

图 7-116 输入文字

图 7-117 将文字转换为轮廓

3 用 ▶ 选择工具框选所有对象，如图 7-118 所示，在【路径查找器】面板中单击 （修边）按钮，如图 7-119 所示，即可用文字轮廓修剪下层的分割所得对象，同时保留文字轮廓，结果如图 7-120 所示。

 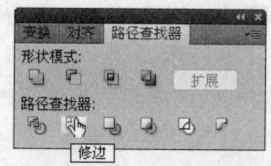 

图 7-118　选择对象　　　　图 7-119　【路径查找器】面板　　　　图 7-120　修边后的结果

4 在空白处单击取消选择，再在工具箱中点选 直接选择工具，在画面中单击 M 轮廓，以选择它，如图 7-121 所示，然后按 Delete 键将其删除，删除后的结果如图 7-122 所示。

5 用上步同样的方法将其他的字母删除，删除后的结果如图 7-123 所示。

图 7-121　选择对象　　　　图 7-122　删除后的结果　　　　图 7-123　删除后的结果

7.5.7　合并

利用【合并】命令可以将相同填充色的多个对象，合并为一个对象；如果填充色不同，则用上层的对象裁切下层对象；如果是用色样进行填充，则会将所选对象的重叠部分进行修剪，并各自独立。

Howto　使用合并命令合并对象

1 按 Ctrl+O 键从配套光盘中打开"/范例源文件/CH07/06.ai"文件，如图 7-124 所示，从工具箱中点选 椭圆工具，并按 Shift 键在画面的上部中间位置绘制一个红色圆，如图 7-125 所示。

图 7-124　打开的图形　　　　　　　图 7-125　用椭圆工具绘制圆形

2 用 选择工具框选两个对象，如图 7-126 所示，在【路径查找器】面板中单击 （合并）按钮，如图 7-127 所示，即可将选择的两个对象进行编组，同时其中的红色圆将其下层遮盖的部分修剪了，结果如图 7-128 所示。

 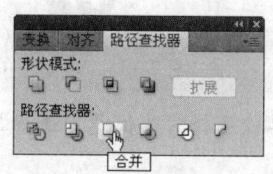 

图 7-126　选择对象　　　　图 7-127　【路径查找器】面板　　　　图 7-128　合并后的效果

3 先在菜单中执行【对象】→【取消编组】命令，再在空白处单击取消选择，然后在画面中单击红色圆形，以选择它，如图 7-129 所示。

4 按 Shift+Alt 键拖动右上角的控制柄向内至适当位置，以将其缩小，如图 7-130 所示，再在空白处单击取消选择，得到如图 7-131 所示的效果。

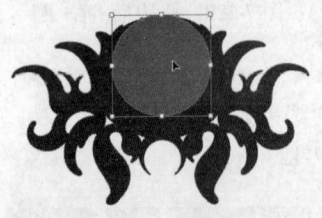  

图 7-129 选择对象　　　　　　图 7-130 缩小对象　　　　　　图 7-131 取消选择后的效果

7.5.8 裁剪

利用【裁剪】命令可以把一些被选中的并与最前面对象相交部分之外的对象裁剪掉。

Howto　使用裁剪命令裁剪对象

1 用○椭圆工具与○多边形工具分别在画面中绘制出一个椭圆形与六边形，并使它们各有一部分相交，而且填色也不同，如图 7-132 所示，再用▶选择工具框选这几对象，如图 7-133 所示。

 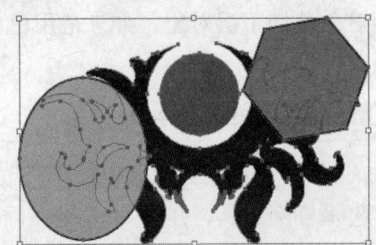

图 7-132 绘制图形　　　　　　　　　图 7-133 选择对象

2 在【路径查找器】面板中单击 （裁剪）按钮，如图 7-134 所示，只留下与多边形相交的部分，而将其他不与多边形相交的部分剪掉，如图 7-135 所示。

 多边形是最上层的对象。

3 先在空白处单击取消选择，再用▶直接选择工具在裁剪所得的图形上单击，即可单独选择它，如图 7-136 所示。

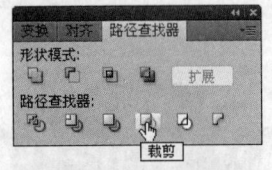  

图 7-134 【路径查找器】面板　　　图 7-135 裁剪后的效果　　　图 7-136 选择对象

 虽然用直接选择工具可以单独选择它，但是用选择工具则无法单独选择一个对象，因为它们是一个群组。

7.5.9 轮廓

利用【轮廓】命令可从相交的部分分离创建独立的线条，同时将所有的对象转换为轮廓，不管原对象的轮廓线粗细为多小，执行【轮廓】命令后轮廓线的笔画粗细都会自动变为 0，轮廓线颜色也会变为填充的颜色。

Howto 使用轮廓命令处理对象

1 按 Ctrl+Z 键撤消前面的裁剪操作，如图 7-137 所示；再在【路径查找器】面板中单击（轮廓）按钮，如图 7-138 所示，即可将对象填充色清除，并将轮廓粗细设为 0pt，如图 7-139 所示。

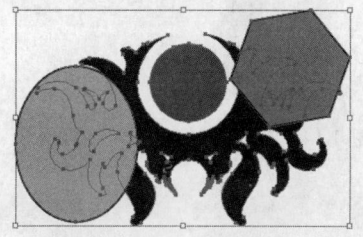
图 7-137 撤消前面的操作

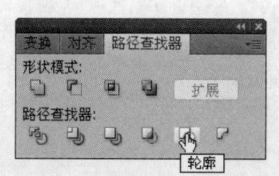
图 7-138 【路径查找器】面板

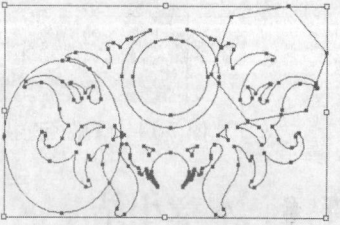
图 7-139 单击【轮廓】按钮后的效果

2 按 Ctrl 键在空白处单击取消选择，只留下隐隐可见的路径，其描边颜色采用各对象的填充色，接着在工具箱中点选 直接选择工具，在画面中选择一条路径，如图 7-140 所示，可以改变其形状；如果用 编组选择工具选择路径，则可以移动路径，如图 7-141 所示。

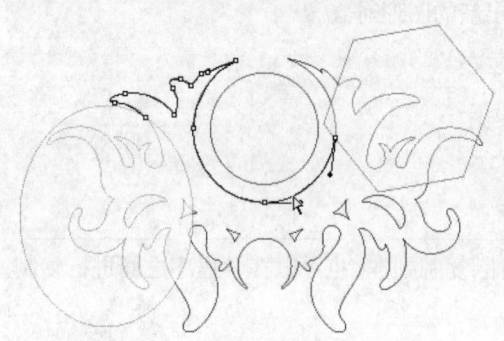
图 7-140 用直接选择工具选择路径

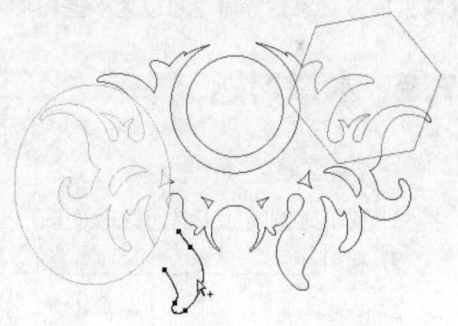
图 7-141 用编组选择工具移动路径

7.5.10 减去后方对象

利用【减去后方对象】命令可以使用前面对象裁减去最后面的对象，并得到一个封闭的图形。

Howto 使用减去后方对象命令得到封闭的图形

1 先用多边形工具在画板的适当位置先绘制出一个多边形，并填充所需的颜色，再在多边形右边绘制一个三角形，同样填充所需的颜色，并使两个对象有一部分相交，如图 7-142 所示。

2 用 选择工具框选两个对象，如图 7-143 所示，接着在【路径查找器】面板中单击【减去后方对象】按钮，如图 7-144 所示，即可用前面绘制的对象减去后面绘制对象的相交部分，如图 7-145 所示。

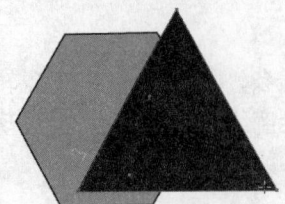
图 7-142 绘制多边形

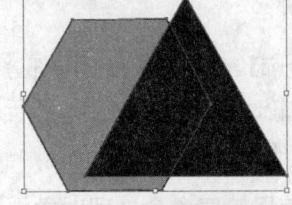
图 7-143 选择对象

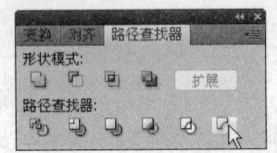
图 7-144 【路径查找器】面板

图 7-145 修剪后的效果

7.6 本章小结

本章先结合实例详细讲解了如何利用编辑图形工具（如：旋转工具、镜像工具、比例缩放工具、倾斜工具、液化变形工具和自由变换工具）对图形对象进行编辑。再结合实例详细讲解了如何利用剪切、复制与粘贴功能在不同文件或同一文件或不同程序中进行复制与粘贴。

利用【联集】、【差集】、【交集】、【减去顶层】、【分割】、【修边】、【轮廓】、【合并】、【裁剪】、【减去后方对象】等命令可以为一些图形对象创建出新的图形对象。

7.7 本章习题

一、填空题

1. 利用比例缩放工具可以改变图形对象的_____、_____和_____。
2. 利用_____、_____和_____可以复制副本，也可以在各程序之间进行复制。

二、选择题

1. 利用以下哪个工具可以将所选的对象进行旋转，也可以旋转对象的填充图案，也可在旋转的同时复制原对象？ （ ）
   A. 镜像工具　　　B. 旋转工具　　　C. 倾斜工具　　　D. 自由变换工具
2. 利用以下哪个命令可以把一些被选中的并与最前面对象相交部分之外的对象裁剪掉？
   （ ）
   A. 旋转　　　　　B. 裁剪　　　　　C. 修剪　　　　　D. 分割
3. 利用以下哪个工具可以创建类似于涡流效果的变形？ （ ）
   A. 缩拢工具　　　B. 晶格化工具　　C. 皱褶工具　　　D. 旋转扭曲工具
4. 利用以下哪个命令可从填充路径中删去隐藏的部分，也可以以路径为修边线将相交的部分裁开，并使它们成为独立的对象，而且轮廓线都被清除？ （ ）
   A. 【联集】命令　B. 【修边】命令　C. 【交集】命令　D. 【差集】命令

第 8 章 管 理 图 形

教学目标

熟练运用排列、对齐与分布、图层、群组等命令来快速的管理图形。

教学重点与难点

➢ 图层
➢ 改变排列顺序
➢ 对齐与分布
➢ 创建群组与取消群组

本章重点讲解了如何创建、复制、合并与排列图层，以及将多个对象进行对齐、均匀分布与编组。还结合实例重点讲解了通过蒙版创建特殊效果。

8.1 图层

创建复杂图稿时，要跟踪文档窗口中的所有对象，绝非易事。有些较小的对象隐藏于较大的对象之下，增加了选择图稿的难度。这时如果应用图层，则可以直接在面板中选择该对象所在的图层或对象图层。从而为用户提供了一种有效方式，来管理组成图稿的所有对象。

Illustrator CS4 中的新文档只有一个图层，图层就好象一张一张的透明的塑料薄膜，在每一张塑料薄膜上绘制图形的一部分，然后把它们重叠在一起就可得到一幅完美的作品。也可以在一个图层上完成一幅作品，而且每个对象将占一个对象图层。一个图层可以由多个对象组成。

为了便于管理 Illustrator CS4 提供了【图层】面板，利用【图层】面板可以创建图层、复制图层、创建蒙版、删除图层、合并图层、排列图层等。

8.1.1 创建图层

为了便于管理绘制的对象，可在【图层】面板中新建图层。

Howto 在图层面板中新建图层

1 按 Ctrl+N 键新建一个文档，然后在菜单中执行【窗口】→【图层】命令，显示如图 8-1 所示的【图层】面板。

2 在【图层】面板的底部单击 （创建新图层）按钮，即可新建一个图层，如图 8-2 所示。

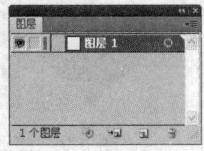
图 8-1 【图层】面板

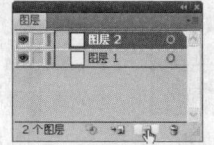
图 8-2 【图层】面板

8.1.2 创建子图层

在【图层】面板中单击 (创建新子图层) 按钮,即可在当前图层中创建一个子图层,如图 8-3 所示。

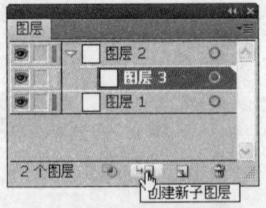

图 8-3 【图层】面板

8.1.3 在当前可用图层中绘制对象

在 Illustrator CS4 中,只可以在当前可用图层中绘制对象或编辑当前图层中的对象。在【图层】面板中单击图层 2,使它成为当前可用图层,如图 8-4 所示;显示【符号】面板并在其中选择所需的符号,再在底部单击 (置入符号实例) 按钮,将符号插入到文档中,如图 8-5 所示,同时在【图层】面板中添加了一个对象图层,如图 8-6 所示。

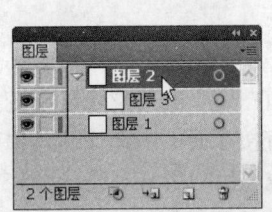 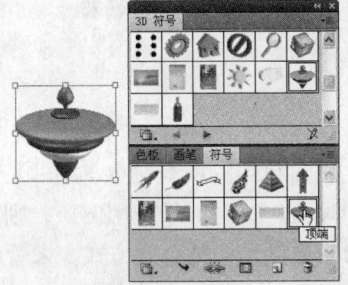 

图 8-4 【图层】面板　　　　图 8-5 置入符号　　　　图 8-6 【图层】面板

8.1.4 复制图层

在编辑时通常需要对多个同样的对象进行编辑,除了复制对象外,还可以复制图层,复制图层有以下两种方法:

方式 1 在【图层】面板中拖动图层 2 到 (创建新图层) 按钮,指针呈 状如图 8-7 所示时松开鼠标左键,即可复制一个图层副本,如图 8-8 所示。

 此时画面中并没有什么变化,但是当用选择工具拖动它时,即可发现已经多一个同样的对象,如图 8-9 所示。

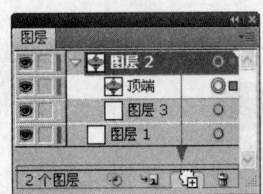 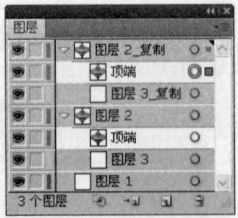 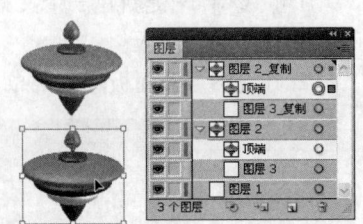

图 8-7 【图层】面板　　　图 8-8 【图层】面板　　　图 8-9 移动副本后的效果

方式 2 在【图层】面板中单击"图层 2_复制",然后单击【图层】面板右上角的 按钮,弹出如图 8-10 所示的下拉式菜单,并在其中单击【复制"图层 2-复制"】命令,即可复制一个副本如图 8-11 所示。

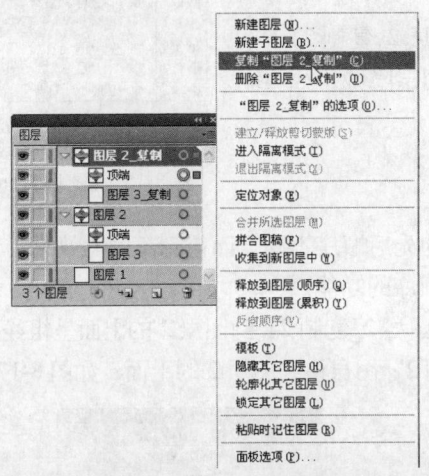

图 8-10 选择【复制"图层 2-复制"】命令

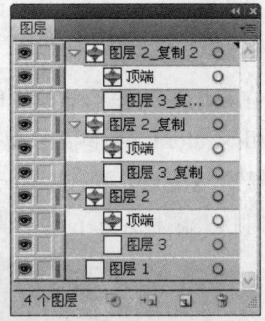

图 8-11 【图层】面板

8.1.5 删除图层

有时一些图层不需要,或是多余的图层,我们需要将其删除。

只需要在【图层】面板中单击"图层 3 复制 2"图层,以它为当前可用图层,如图 8-12 所示;在【图层】面板的底部单击 (删除所选图层)按钮,即可将选定的图层删除了,如图 8-13 所示。

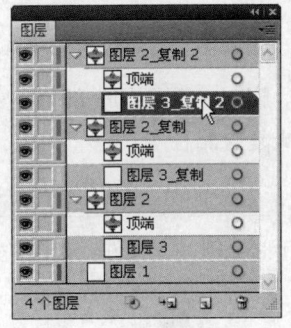

图 8-12 【图层】面板

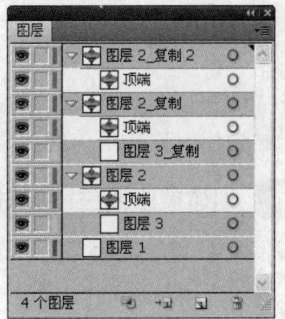

图 8-13 【图层】面板

8.1.6 锁定/解锁图层

如果某个图层已经编辑好,不想再编辑,但又需要编辑其他图层内容时不影响该图层,就需锁定该图层。如果又需要编辑它时,只需将它解锁即可。

在【图层】面板中单击需锁定图层的列,出现锁定图标,如图 8-14 所示,即已把该图层(包括它的子图层)锁定。

如果要将该图层解锁,可单击要解锁图层前面的锁定图标,即可取消锁定图标。

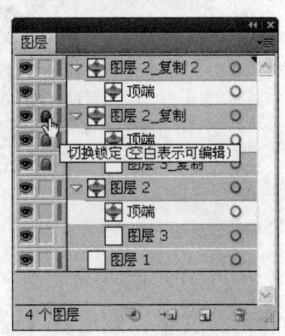

图 8-14 【图层】面板

8.1.7 显示/隐藏图层

有时一些图层不需要打印或显示；或者在查看图层时，需要暂时把某个图层或某些图层隐藏。

可以在【图层】面板中单击某图层（如：图层 2_复制 2）前面的眼睛图标使眼睛图标不可见，即可将该图层隐藏，如图 8-15 所示。

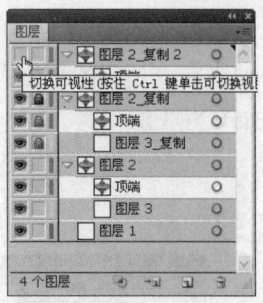

图 8-15 【图层】面板

8.1.8 改变图层顺序

通常在我们编辑图形与绘图时，会因绘制的先后顺序不同，而得到不同的效果。为了改变其顺序，Illustrator CS4 提供了改变图层或对象顺序的功能。

只需要在【图层】面板中拖动某图层（如：图层 2_复制 2）到图层 2 的上面呈粗线条状如图 8-16 所示时松开鼠标左键；即可将"图层 2_复制 2"图层移到图层 2 的上面，如图 8-17 所示。

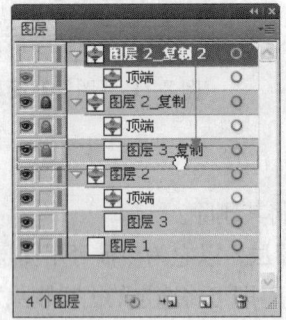

图 8-16 【图层】面板

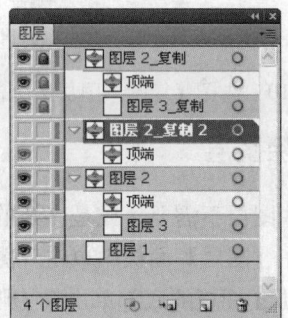

图 8-17 【图层】面板

8.1.9 创建蒙版

使用蒙版可以将一些图形对象或图像不需要的部分遮住，以显示想要的一部分。蒙版对象必须位于被蒙住对象的最前面。蒙版可以是开放的、封闭的或复合路径等。

Howto 创建蒙版遮住图形对象的部分

1 按 Ctrl+O 键从配套光盘中打开"/范例源文件/CH08/城市变迁 01.ai"文件，如图 8-18 所示。

图 8-18 打开的图片

2 从工具箱中点选 T 文字工具，在图片适当的位置单击并输入"城市变迁"文字，输入文字后再选择文字，然后在【控制】选项栏中设置【字体】为"文鼎 CS 大黑"，【字体大小】为"107pt"，结果如图 8-19 所示。

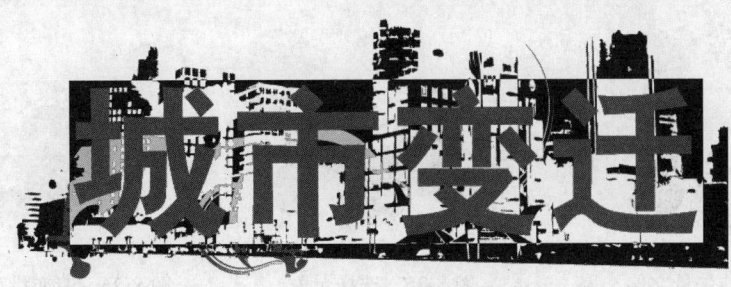

图 8-19 输入文字

3 按住 Ctrl 键在空白处单击确认文字输入，显示【图层】面板并在其中展开图层 1，即可看到图层 1 的内容，然后单击 （建立/释放剪切蒙版）按钮，如图 8-20 所示，即可将文字外的内容隐藏，得到如图 8-21 所示的效果。

图 8-20 【图层】面板

图 8-21 建立蒙版后的效果

> 如果不需要此蒙版，可再次单击 （建立/释放剪切蒙版）按钮，即可取消蒙版。

4 在工具箱中点选选择工具，在画面中单击文字，以选择文字，再在【控制】选项栏中设置描边颜色为 C=0、M=80、Y=95、K=0，如图 8-22 所示，画面效果如图 8-23 所示。

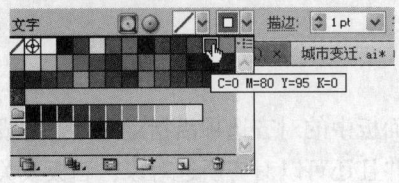

图 8-22 【控制】选项栏

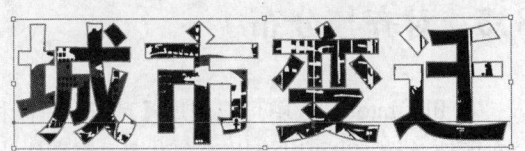

图 8-23 设置描边颜色

8.2 改变排列顺序

在 Illustrator CS4 中可以使用【对象】菜单中【排列】命令下的各命令来改变对象的排列顺序，也可以使用【图层】面板来改变对象的排列顺序。

Howto 改变对象的排列顺序

1 按 Ctrl+O 键从配套光盘中打开"/范例源文件/CH08/01.ai"文件，如图 8-24 所示，再用选择工具在画面中选择要更改位置的对象，如图 8-25 所示。

2 在菜单中执行【对象】→【排列】→【置于底层】命令或按 Shift + Ctrl + [键，将选择的对象置于底层，得到如图 8-26 所示的效果。

图 8-24 打开的矢量文件　　　　图 8-25 选择对象　　　　图 8-26 改变排列顺序后的效果

3 用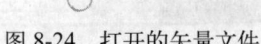选择工具在画面中单击右上方的一个对象，以选择它，如图 8-27 所示，接着在菜单中执行【对象】→【排列】→【置于顶层】命令或按 Shift + Ctrl +] 键，以将选择的对象置于顶层，然后按 Ctrl 键在空白处单击取消选择，得到如图 8-28 所示的效果。

图 8-27 选择对象　　　　　　　　　　　　图 8-28 改变排列顺序后的效果

 如果用户只需向后移一层，可以执行 Ctrl + [键；如果向前移动一层，可以执行 Ctrl +] 键。

8.3 对齐与分布

在 Illustrator CS4 中可以使用【对齐】面板和【控制】面板中的对齐选项沿指定的轴对齐或分布所选对象。也可以使用对象边缘或锚点作为参考点，并且还可以对齐所选对象、画板或关键对象。关键对象指的是选择的多个对象中的某个特定对象。

8.3.1 对齐对象

利用【对齐】面板中的【对齐对象】下的各命令（如：水平左对齐、水平居中对齐、水平右对齐、垂直顶对齐、垂直居中对齐和垂直底对齐）可将所选的所有对象按照指定的要求进行对齐。

Howto 使用对齐对象命令对齐对象

1 按 Ctrl+O 键从配套光盘中打开"/范例源文件/CH08/02.ai"文件，如图 8-29 所示；接着用选择工具框选所有对象，如图 8-30 所示。

2 显示【对齐】面板，并在其中单击 （垂直居中对齐）按钮，即可将所有对象以垂直居中对齐，如图 8-31 所示。

图 8-29　打开的图形文件

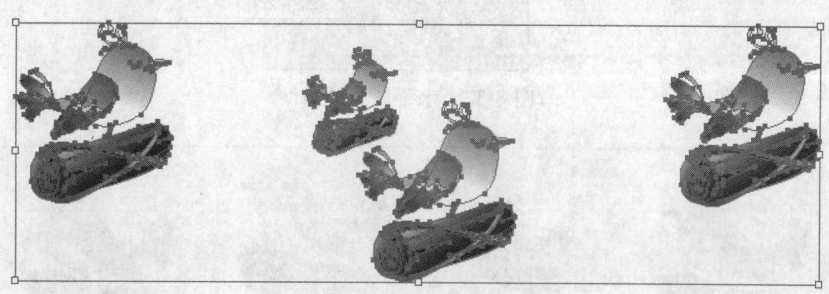

图 8-30　选择对象

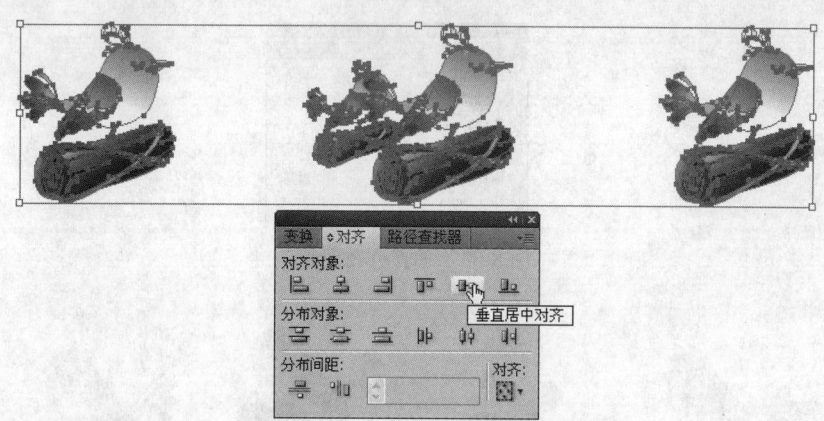

图 8-31　将所有对象垂直居中对齐

8.3.2　平均分布对象

利用【对齐】面板中的【分布对象】下的各命令（如：垂直顶分布、垂直居中分布、垂直底分布、水平左分布、水平居中分布和水平右分布）可将所选的所有对象按照指定的要求进行分布。利用【分布间距】中的垂直分布间距和水平分布间距命令，可使所选对象按照指定的要求进行分布。

Howto　使用分布对象命令平均分布对象

1 在【对齐】面板中单击（水平居中分布）按钮，即可使每个对象的中心点之间的距离相等，如图 8-32 所示。

2 在【对齐】面板中单击（垂直分布间距）按钮，即可使每个对象之间的垂直间距相等，如图 8-33 所示；在画面的空白处单击取消选择，得到如图 8-34 所示的结果。

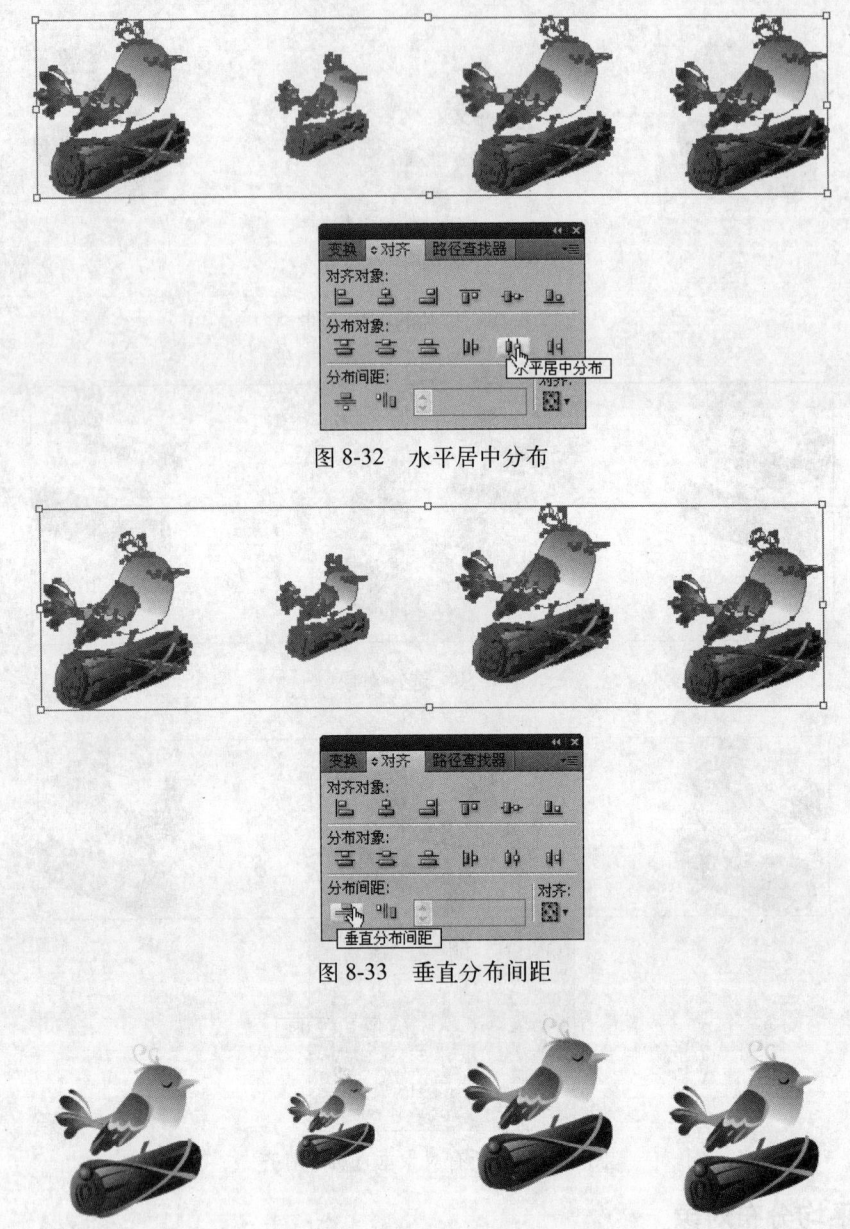

图 8-32 水平居中分布

图 8-33 垂直分布间距

图 8-34 对齐与分布后的效果

8.4 创建编组与取消编组

在 Illustrator CS4 中可以将若干个对象合并到一个组中,把这些对象作为一个单元同时进行处理。这样,就可以同时移动或变换若干个对象,且不会影响其属性或相对位置。

编组对象被连续堆叠在图稿的同一图层上,位于组中最前端对象之后;因此,编组可能会更改对象的图层分布及其在给定图层上的堆叠顺序。组还可以被编组到其他对象或组之中,形成更大的组。

8.4.1 创建编组

为了防止相关对象的意外更改,可以把这些对象群组在一起,但是要进行群组操作,必须把这些对象全部选择起来。

Howto 编组对象

1 按 Ctrl+O 键从配套光盘中打开"/范例源文件/CH08/03.ai"文件,如图 8-35 所示的矢量文件,接着在工具箱中点选 选择工具,再在画面中适当位置按下左键拖出一个虚框框住要编组的对象,如图 8-36 所示,松开左键后即可选择这三个对象,如图 8-37 所示。

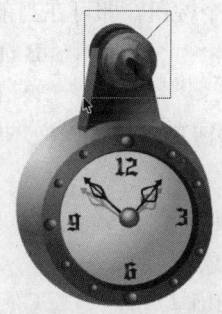
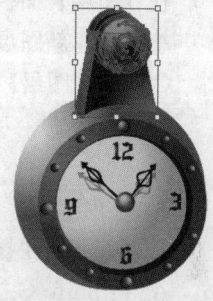

图 8-35　打开的矢量文件　　　图 8-36　拖出一个虚框　　　图 8-37　选择的对象

2 在菜单中执行【对象】→【编组】命令或按 Ctrl+G 键,以将选择的对象合并到一个组中,而组中的每个对象保持其原始属性。

8.4.2 取消编组

如果想对组中的对象再次进行编辑,可取消编组,也可点选 直接选择工具或 编组选择工具来选择所需编辑的对象。

Howto 取消编组对象

先用 选择工具点选需取消编组的对象,然后在菜单中执行【对象】→【取消编组】命令,那么所选的组就被解散了。

8.5　本章小结

本章对 Illustrator CS4 中的一些功能（如：改变排列顺序、组合、对齐与分布、利用图层对图形对象进行管理和制作蒙版等）进行了详细的讲解,并结合简单明了的实例进行了操作与介绍。掌握这些强大功能就为我们在创作除去了一些因图形对象或图层众多带来的层次错乱,顺序颠倒等等烦恼,从而使我们有序的排列或对齐或分布多个图形对象（图层）。

8.6　本章习题

一、填空题

1. 利用【对齐】面板中的【对齐对象】下的各命令（如：＿＿＿＿＿、＿＿＿＿＿、

＿＿＿＿＿、＿＿＿＿＿、＿＿＿＿＿和垂直底对齐）可将所选的所有对象按照指定的要求进行对齐。

2. 利用【对齐】面板中的【分布对象】下的各命令（如：＿＿＿＿＿、垂直居中分布、＿＿＿＿＿、水平左分布、＿＿＿＿＿和水平右分布）可将所选的所有对象按照指定的要求进行分布。

3. 利用【图层】面板可以创建图层、＿＿＿＿＿、创建蒙版＿＿＿＿＿、＿＿＿＿＿、排列图层等。

二、选择题

1. 在【图层】面板中单击以下哪个按钮，即可在当前图层中创建一个子图层？（　　）
   A.【创建新图层】按钮　　　　　　　B.【创建新子图层】按钮
   C.【创建图层】按钮　　　　　　　　D.【创建蒙版】按钮

2. 使用以下哪个功能可以将一些图形对象或图像不需要的部分遮住，以显示想要的一部分？（　　）
   A. 分色　　　　B. 蒙版　　　　C. 图层　　　　D. 复制图层

3. 按以下哪组快捷键可以编组对象？（　　）
   A. 按 Shift+G 键　　B. 按 Ctrl+Q 键　　C. 按 Ctrl+G 键　　D. 按 Ctrl+C 键

4. 按以下哪组快捷键可以将选择的对象置于底层？（　　）
   A. 按 Shift + Ctrl +] 键　　　　　　B. 按 Shift + Ctrl+[键
   C. 按 Ctrl+[键　　　　　　　　　　D. 按 Shift+[键

第 9 章　Illustrator CS4 图表制作

教学目标

熟悉和掌握使用图表工具来创建图表的方法与技巧。

教学重点与难点

➢ 使用图表工具创建图表
➢ 添加与修改图表数据
➢ 修改图表类型
➢ 格式化图表

本章主要介绍如何使用图表工具来创建图表，并结合实例来讲解如何对图表进行格式化和修改，同时向图表中添加数据等。通过本章的学习，读者可以根据数据资料来创建所需的图表，从而使用人们可以直观的查看相关资料。图表使用文字、数字以及图形，来比较不同类别之间的数据资料。在日常生活中，人们在统计和比较各种数据时，为了获得更为直观的视觉效果，通常习惯用图表来表示数据资料。Illustrator CS4 除了具有强大的绘制图形和文字编辑功能之外，还具有图表制作功能。可以使用图表工具创建出各种类型的图表。

9.1　使用图表工具创建图表

使用图表工具可以创建出九种类型的图形（如：柱形图、堆积柱形图、条形图、堆积条图、折线图、面积图、散点图、饼图和雷达图）。

图表工具包括：柱形图工具、堆积柱形图工具、条形图工具、堆积条形图工具、折线图工具、面积图工具、散点图工具、饼图工具和雷达图工具。

图表类型如下：

（1）柱形图：它会参考一组或多组的数值，然后将数值的比值用矩形长短来表示。

（2）堆积柱形图：类似长条图，但不是一排排的比较，而是上下重叠的比较。这种图表类型适合用来作部分与全体的比较。

（3）条形图：类似柱形图，但是矩形的位置是水平而非垂直。

（4）堆积条图：类似堆叠条图，但重叠的位置是水平而非垂直。

（5）折线图：使用点来代表一组或多组数值，然后用不同线条结合每一组中的点。这类图表常用来显示一或多个对象在一段时间后的趋势。

（6）面积图：类似线段图，但强调总数量的变化。

（7）散点图：以成对坐标组的形式，沿着 x 和 y 轴绘制数据点。在识别数据中的图样或趋势时，分散图非常有用。分散图也可指出其中的变量是否会彼此影响。

（8）饼图：饼形图内分成数个部分，代表比较的资料数据间的相对百分比。

(9) 雷达图：雷达图比较某些时间点上的或是某些特定类别里的数值，然后用圆形格式显示出来。这种类型又称蜘蛛网图。

9.1.1 使用图表工具

图表工具可以定义图表的大小。使用的图表工具会在开始时就决定 Illustrator CS4 产生之图表的类型，不过还可以在日后的操作中轻松地修改这些类型。创建好图表后，可以输入数据，以多种方式设置图表的格式，以及添加图片和符号。

使用图表工具绘制的方法有两种：可以直接在绘图区拖动鼠标以设定图表大小，或在对话框中指定所需的大小。使用任一种方式所指定的图表主体大小，都不包括图表的卷标和图例。

可以在创建之后，使用 比例缩放工具来重新调整图表的大小。需要注意的是使用比例缩放工具也会影响图表中的文字。

Howto 使用图表工具

1 从工具箱中选取图表工具：柱形图工具、堆积柱形图工具、条形图工具、堆积条形图工具、折线图工具、面积图工具、散点图工具、饼图工具和雷达图工具。

2 进行下列操作之一：
① 将指针指向图表的起点，从其斜对角拖动。按住 Shift 键以将图表强制为正方形。
② 按 Alt 键并拖动鼠标即可自图表中心开始绘制。
③ 单击一下要建立图表的地方，会出现【图表】对话框，并在其中输入图表的宽度和高度，单击【确定】按钮，即可创建一个指定大小的图表。

3 显示图表数据窗口。使用此窗口创建 Illustrator CS4 用以产生图表的数据。

9.1.2 创建图表

Howto 创建图表

1 首先确定使用什么工具来创建图表，这里是以在工具箱中点选 柱形图工具为例，接着在画板内拖动一个范围来摆放图表，如图 9-1 所示；松开鼠标左键后弹出如图 9-2 所示的【图表数据】对话框，在【输入数据】文本框中输入所需的数据，也可以单击 （导入数据）按钮来导入所需的图表数据。

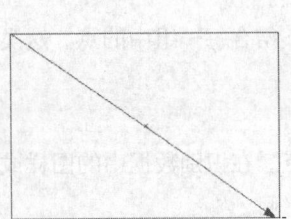

图 9-1 拖动时的状态

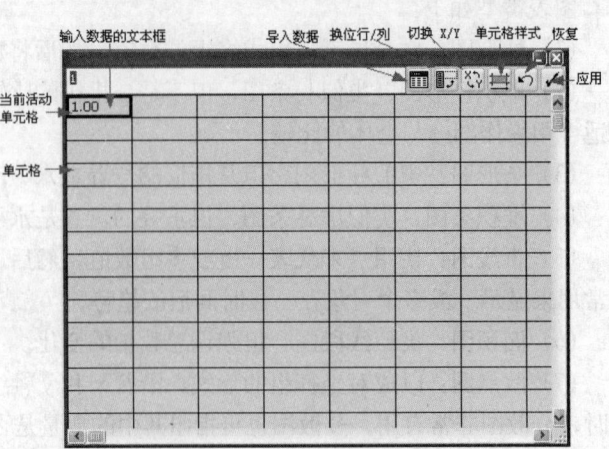

图 9-2 【图表数据】对话框

可直接在记事本中输入所需的数据,并存盘命名,然后在【图表数据】对话框中单击【导入数据】按钮,弹出如图9-3所示的对话框,并在其中选择所需数据所在的文件,然后双击或单击【打开】按钮;将其中的数据导入到【图表数据】对话框中。

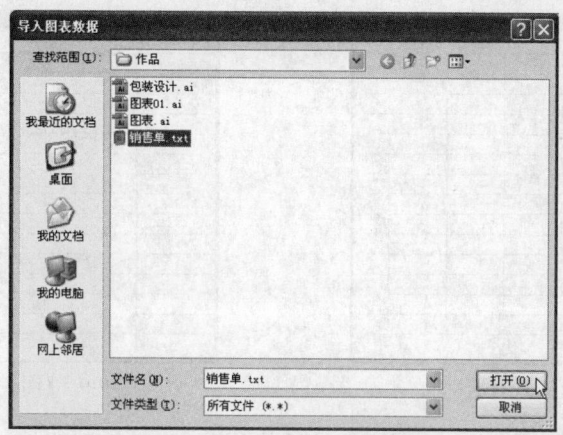

图9-3 【导入图表数据】对话框

2 这里就直接在【图表数据】对话框中输入数据,先按退格键(<kbd>←</kbd>)将1清除,再在键盘上输入"商品名称"如图9-4所示;按Enter键确认输入,完成第一个单元格中的数据输入,并使第1列的第二个单元格成为当前活动单元格,如图9-5所示。

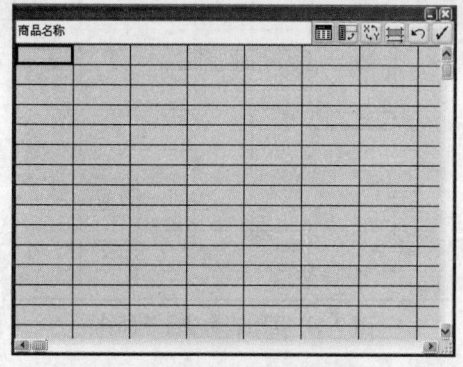

图9-4 【图表数据】对话框

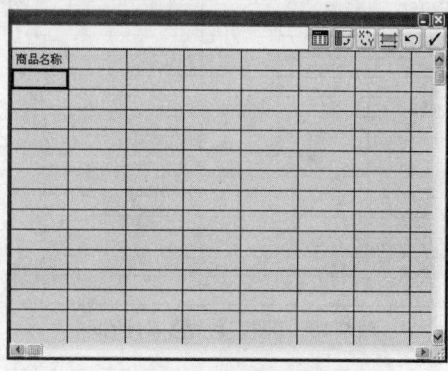

图9-5 【图表数据】对话框

3 输入"苹果"文字,如图9-6所示,再按Enter键(即回车键),即可确认文字输入,如图9-7所示。

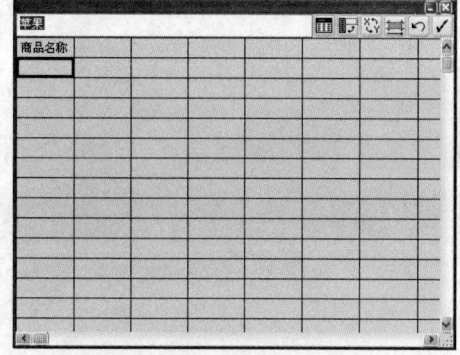

图9-6 【图表数据】对话框

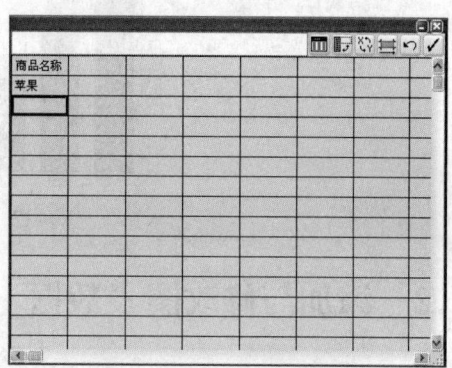

图9-7 【图表数据】对话框

4 使用同样的方法依次输入"梨子"、"香蕉"、"橘子"和"柚子"文字,如图9-8所示。

5 输入完这一列后,将指针指向水平第二个单元格单击以它为当前活动单元格,再输入所需的"单价(元/千克)"文字,如图9-9所示,按Enter键确认该单元格中的输入,如图9-10所示。

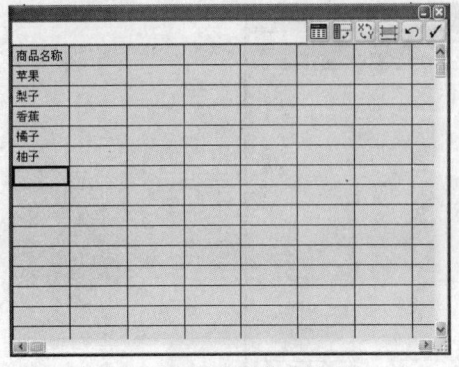
图9-8 【图表数据】对话框

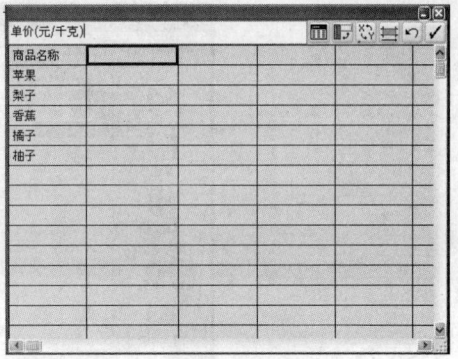
图9-9 【图表数据】对话框

 可按Tab键确认文字输入同时向右选择单元格,这样便于以水平方向输入每个单元格中的数值。也可在键盘上按↑向上键、↓向下键、←向左键和→向右键来选择单元格。

6 用同样的方法再依次输入5.80、4.60、3.60、1.80、2.85,如图9-11所示。

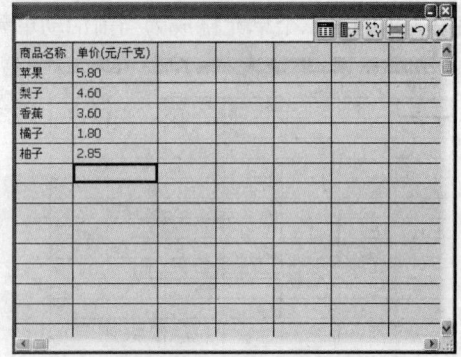

图9-10 【图表数据】对话框   图9-11 【图表数据】对话框

7 输入好所需的文字后在对话框中单击☑(应用)按钮,再单击☒(关闭)按钮,关闭【图表数据】对话框,即可得到如图9-12所示的图表。

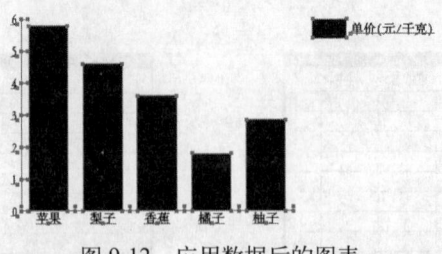
图9-12 应用数据后的图表

9.2 添加与修改图表数据

在Illustrator CS4程序中提供了向图表中添加与修改数据的功能。

Howto 添加与修改图表数据

1 将指针移到图表上右击，弹出如图 9-13 所示的快捷菜单，并在其中单击【数据】命令，即可弹出【图表数据】对话框，并在其中单击要添加的数据所在的单元格，如图 9-14 所示。

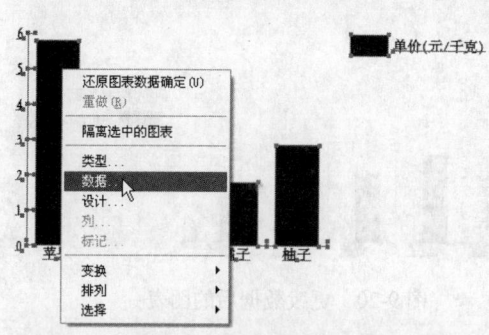

图 9-13　快捷菜单

商品名称	单价(元/千克)
苹果	5.80
梨子	4.60
香蕉	3.60
橘子	1.80
柚子	2.85

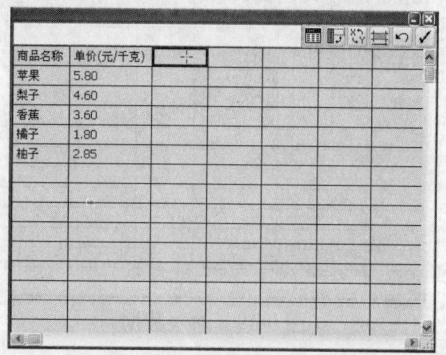

图 9-14　【图表数据】对话框

2 在【图表数据】对话框的【输入数据】文本框中输入"销售量（吨）"文字后回车，然后再依次输入各种商品的销售量，如图 9-15 所示；单击✓（应用）按钮，即可将绘图区内的图表进行了更改，如图 9-16 所示。

商品名称	单价(元/千克)	销售量（吨）
苹果	5.80	3.50
梨子	4.60	4.80
香蕉	3.60	5.20
橘子	1.80	6.65
柚子	2.85	3.15

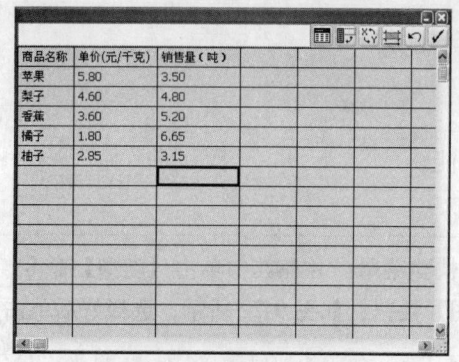

图 9-15　添加数据

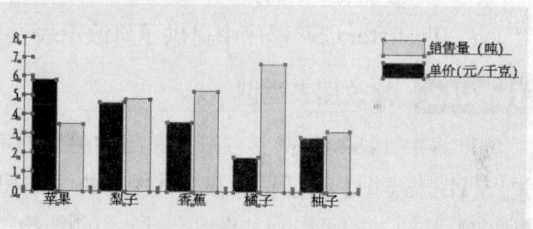

图 9-16　更改后的图表

3 如果需要修改图表中的数据，可在【图表数据】对话框中单击要修改的单元格使它成为当前活动单元格，如图 9-17 所示，再在【输入数据】文本框的中先将指针移到"6"的后面单击以使光标位于"6"的后面，接着按 Delete 键删除一个"6"字，然后输入"8"字，如图 9-18 所示，按回车键确认修改，即可将"6.65"改为"6.85"，如图 9-19 所示。

6.65

商品名称	单价(元/千克)	销售量（吨）
苹果	5.80	3.50
梨子	4.60	4.80
香蕉	3.60	5.20
橘子	1.80	6.65
柚子	2.85	3.15

图 9-17　输入数据

6.85

商品名称	单价(元/千克)	销售量（吨）
苹果	5.80	3.50
梨子	4.60	4.80
香蕉	3.60	5.20
橘子	1.80	6.65
柚子	2.85	3.15

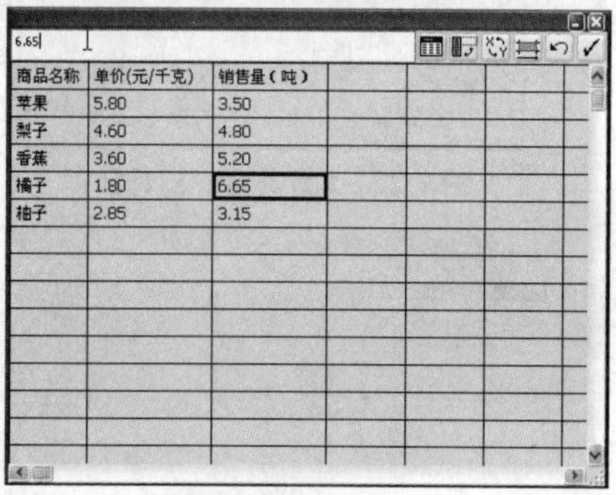

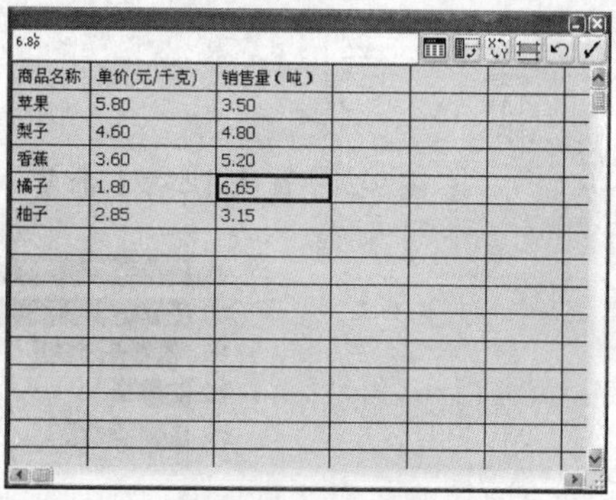

图 9-18　输入数据

4 修改好所需的内容后在对话框中单击【应用】按钮,确认数据修改,再单击【关闭】按钮,即可得到如图 9-20 所示的结果。

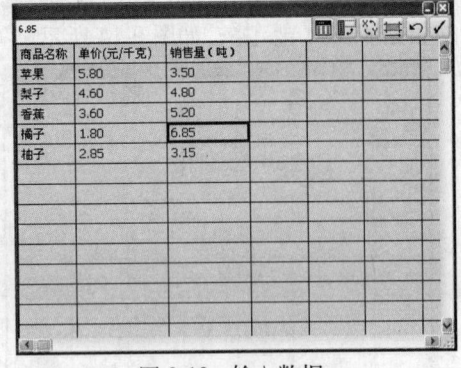

图 9-19　输入数据

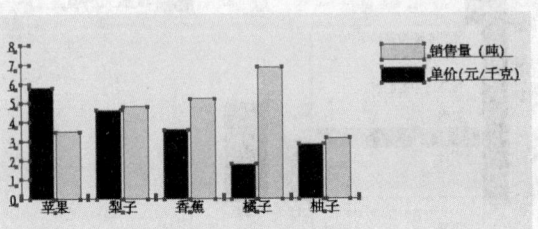

图 9-20　更改数据后的图表

 如果想在图表中删除不要的数据,请在图表上右击弹出快捷菜单,并在其中单击【数据】命令,弹出【图表数据】对话框,并在其中单击要删除数据的单元格,按 Delete 键可直接删除,如果要同时删除多个单元格的数据,可先选择多个单元,再按 Ctrl+X 键将所选的内容剪掉即可。

9.3　修改图表类型

在 Illustrator CS4 程序中提供了修改图表类型的功能。

Howto　修改图表类型

1 将指针移到图表上右击,弹出如图 9-21 所示的快捷菜单,并在其中单击【类型】命令,弹出【图表类型】对话框,并在其中单击【堆积条形图】按钮,如图 9-22 所示,选择好后单击【确定】按钮,即可得到如图 9-23 所示的图表。

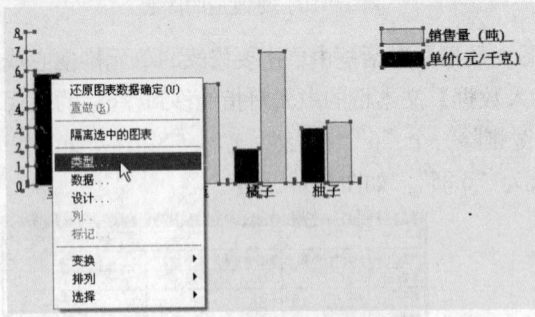

图 9-21　选择【类型】命令

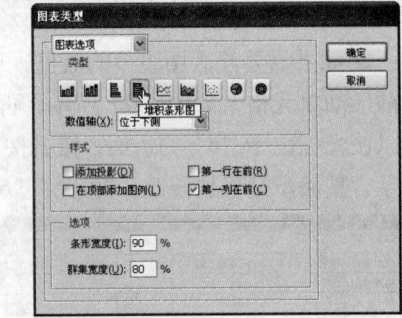

图 9-22　【图表类型】对话框

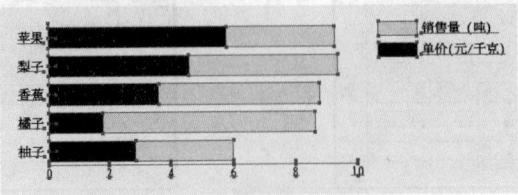

图 9-23　更改后的图表

2 如果在【图表类型】对话框中单击【雷达图】按钮,如图9-24所示,单击【确定】按钮,即可得到如图9-25所示的雷达图表。

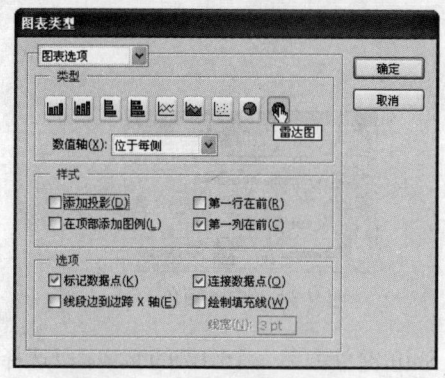

图9-24 【图表类型】对话框

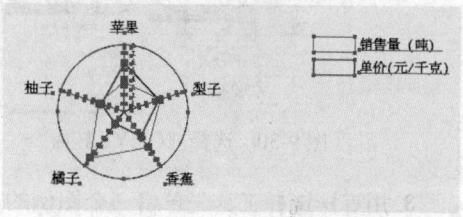

图9-25 改变类型后的图表

3 如果在【图表类型】对话框中单击【折线图】按钮,如图9-26所示,单击【确定】按钮,即可得到如图9-27所示的折线图表。

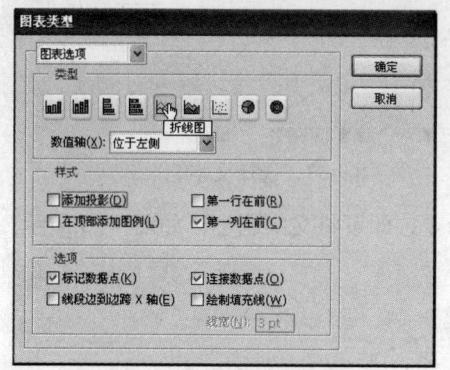

图9-26 【图表类型】对话框

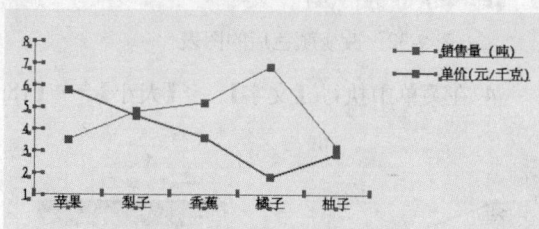

图9-27 改变类型后的图表

9.4 格式化图表

格式化图表就是更改文字的字体、字体大小和字体颜色,图形和图例的颜色等。

Howto 格式化图表

1 从工具箱中点选 直接选择工具,将指针移到文档的空白处单击先取消选择,然后在图表中单击需更改颜色的图形,如图9-28所示;按下Shift键的同时依次单击另外相同颜色的图形,直到将所有相同颜色的图形选择为止,如图9-29所示。

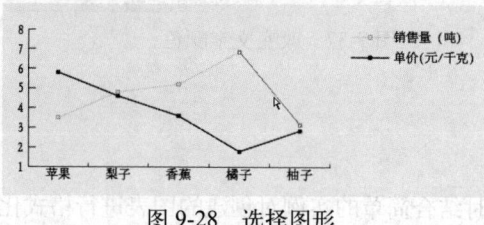

图9-28 选择图形

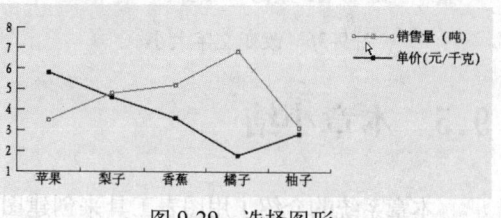

图9-29 选择图形

2 显示【颜色】面板,在【颜色】面板中单击右上角的 按钮,弹出下拉的菜单,并在其中单击【CMYK】命令,如图 9-30 所示,接着在【颜色】面板中吸取所需的颜色,如图 9-31 所示,即可将选择的线条改为所设置的颜色,结果如图 9-32 所示。

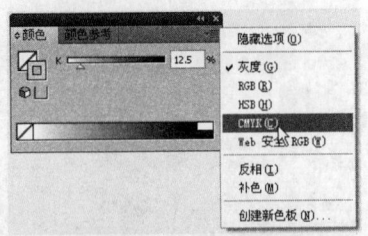

图 9-30 选择【CMYK】命令

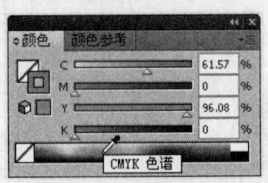

图 9-31 选择颜色

3 用直接选择工具先单击一个图例的文字,再按着 Shift 键单击另一个图例的文字,以选择两个图例的文字,如图 9-33 所示;然后在【颜色】面板的 CMYK 光谱中吸取桔黄色,如图 9-34 所示。

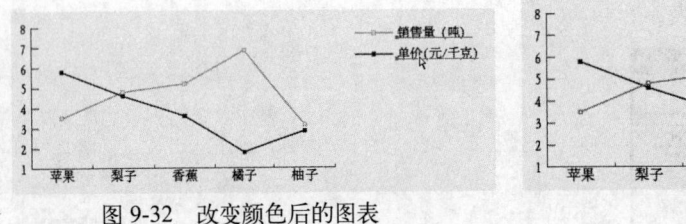

图 9-32 改变颜色后的图表

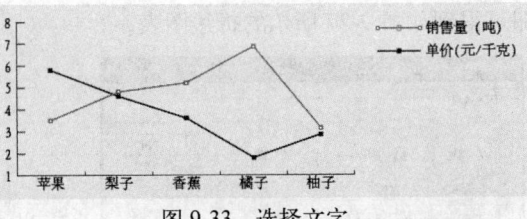

图 9-33 选择文字

4 在菜单中执行【文字】→【大小】→【18pt】命令,即可将文字调小,如图 9-35 所示。

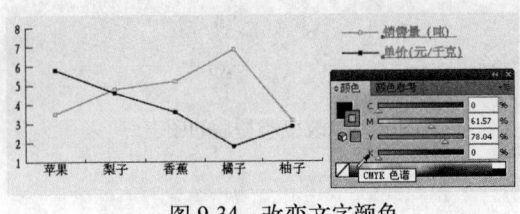

图 9-34 改变文字颜色

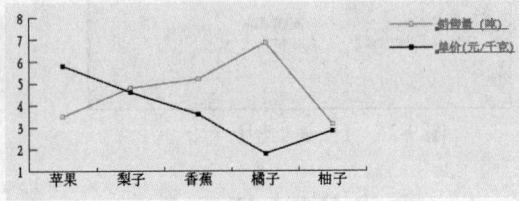

图 9-35 改变文字大小

5 框选住折线图下面的文字以选择它们,如图 9-36 所示;接着在菜单中执行【文字】→【大小】→【18pt】命令,然后在【颜色】面板中设定它的填充颜色为红色,如图 9-37 所示。

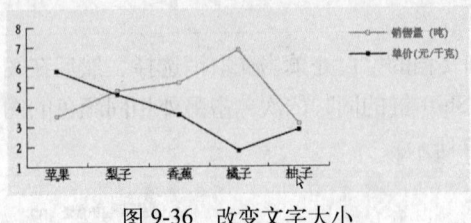

图 9-36 改变文字大小

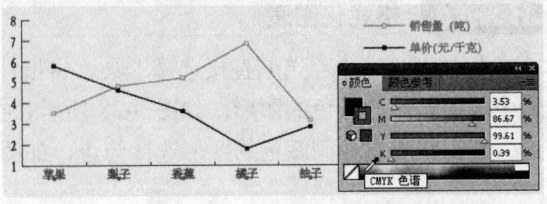

图 9-37 改变文字颜色

9.5 本章小结

本章系统的介绍了用图表工具来创建图表,同时结合简单的实例对创建的图表进行格式化与编辑。掌握这些工具与功能,使读者能够在 Illustrator 程序中创建出直观明了的图表。

9.6 本章习题

一、填空题

1. 图表工具包括：柱形图工具、_____、条形图工具、_____、折线图工具、_____、散点图工具、_____和雷达图工具。
2. 格式化图表就是更改文字的_____、字体大小和_____，图形和_____等。

二、选择题

1. 用户可以在创建图表之后，使用以下哪个工具来重新调整图表的大小？　　　　（　　）
   A. 自由变换工具　　　B. 手形工具　　　C. 缩放工具　　　D. 比例缩放工具
2. 可按以下哪个键确认文字输入同时向右选择单元格，这样便于以水平方向输入每个单元格中的数值？　　　　　　　　　　　　　　　　　　　　　　　　　　（　　）
   A. 按 Tab 键　　　B. 回车键　　　C. 向右键　　　D. 向左键

第 10 章 创建特殊效果

教学目标

熟悉和掌握效果菜单中的各命令处理与编辑位图图像与矢量图形,同时为位图图像和矢量图形添加一些特殊效果。熟练运用置入与导出命令来置入与导出文件。

教学重点与难点

- 置入与导出文件
- 改变文件颜色模型
- 对矢量图进行效果处理
- 对位图进行效果处理

10.1 文件的置入与导出

可以使用【剪贴板】和拖放功能将图像放到 Illustrator CS4 中。但是,当输入由其他应用程序建立的对象时,【打开】和【置入】命令是最常用的:

【打开】命令打开由另外的应用程序建立的文件,作为 Illustrator CS4 新文件。

【置入】命令是把其他应用程序的文件置入到 Illustrator CS4 中。文件可以嵌入或包含到 Illustrator CS4 文件中,或者链接到 Illustrator CS4 文件中。链接了的文件与 Illustrator CS4 文件单独存在,但保持链接,结果形成一个较小的 Illustrator CS4 文件;当链接到文件中的图像被编辑或修改时,Illustrator CS4 文件中链接的图像也被自动修改。

 要在别的应用程序中使用 Illustrator CS4 文件,必须将该文件存储或导出为其他应用程序可以使用的图形文件格式。

10.1.1 置入位图图像

在默认状态下,【置入】对话框中选择了【链接】选项。如果取消【链接】选项,图像就被嵌入到 Illustrator CS4 文件中,结果形成一个更大的 Illustrator 文件。通过【链接】面板可以识别、选择、监视和更新 Illustrator CS4 画板中的链接到外部文件的对象。

Howto 置入位图图像

1 按 Ctrl+N 键新建一个文档,在菜单中执行【文件】→【置入】命令,弹出【置入】对话框,在其中选择要置入的文件,并勾选【链接】选项,如图 10-1 所示,单击【置入】按钮,就可将要置入的图片,置入到画板中了,如图 10-2 所示。

2 显示【链接】面板,如图 10-3 所示,如果还需对该文件进行再次编辑,可单击【链接】面板中的 （编辑原稿）按钮,即可打开画图程序,并在其工具箱中点选A文字工具,在画面的适当位置拖出一个文本框,然后再输入所需的文字,输入好文字后按 Ctrl+A 键全选文字,再在字体工具栏中设置【字体】为"华文行楷"、【字体大小】为"18",如图10-4所示,然后在菜单中执行【文件】→【保存】命令。

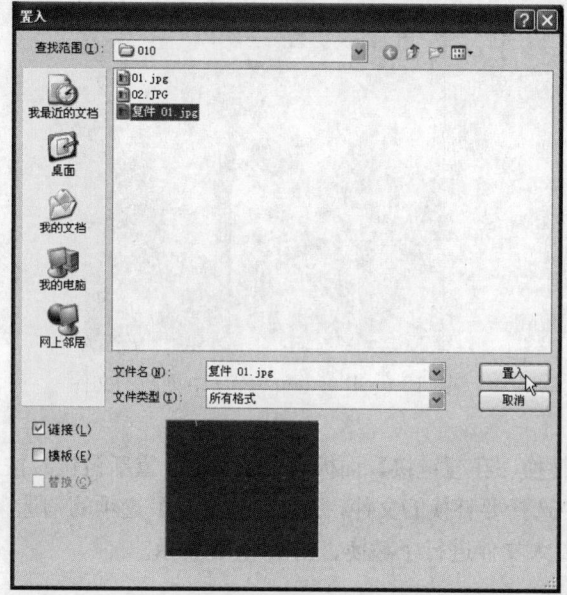

图10-1 【置入】对话框

图10-2 置入的文件

图10-3 【链接】面板

图10-4 画图程序窗口

如果该文件是其他程序编辑的,则会用其他程序打开。

3 在画图程序窗口中单击【关闭】按钮,返回到 Illustrator CS4 程序时,就会弹出一个对话框,提示是否要更新链接,如图10-5所示,单击【是】按钮,即可将 Illustrator CS4 程序中的文件进行了更新,结果如图10-6所示。

图 10-5　警告对话框

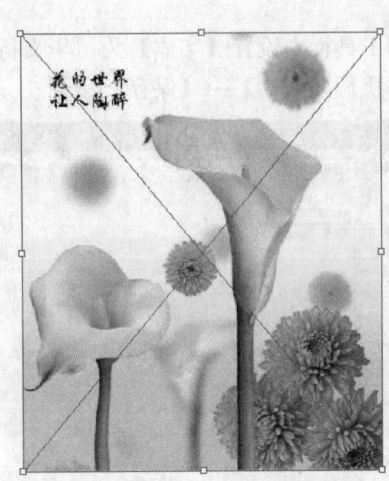
图 10-6　Illustrator 程序中更新的文件

4 如果不需要这个文件，可以将该文件替换，在【链接】面板中单击 （重新链接）按钮，同样弹出【置入】对话框，并在对话框中选择要替换的文件，并取消【链接】选项的勾选，如图 10-7 所示，双击 02.BMP，即可将原来置入文件进行了替换，如图 10-8 所示。

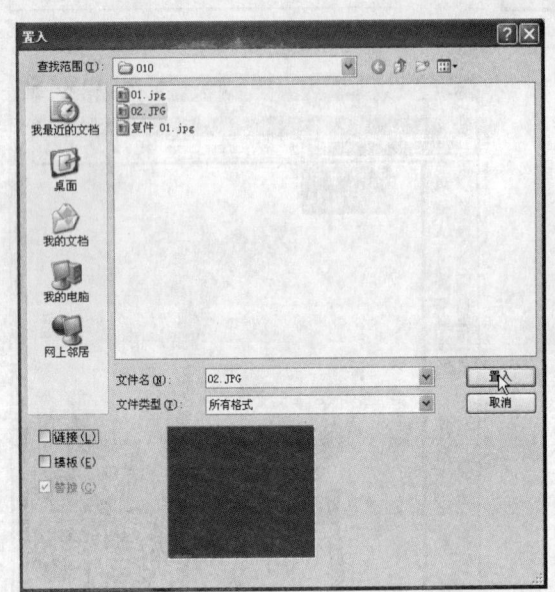
图 10-7　【置入】对话框

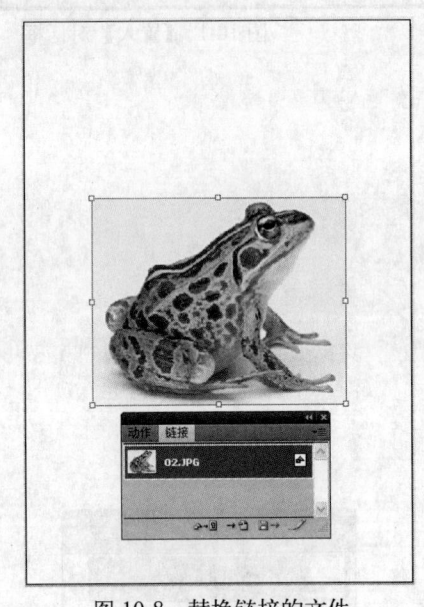
图 10-8　替换链接的文件

10.1.2　置入矢量图形

Howto　置入矢量图形

1 按 Ctrl+N 键新建一个文档，再在菜单中执行【文件】→【置入】命令，弹出【置入】对话框，在其中选择要置入的文件，如图 10-9 所示。

2 单击【置入】按钮，紧接着弹出一个【置入 PDF】对话框，并在其中的【裁剪到】下拉列表中选择"裁剪框"，如图 10-10 所示，单击【确定】按钮，即可将矢量图形要置入到画板中了，如图 10-11 所示。

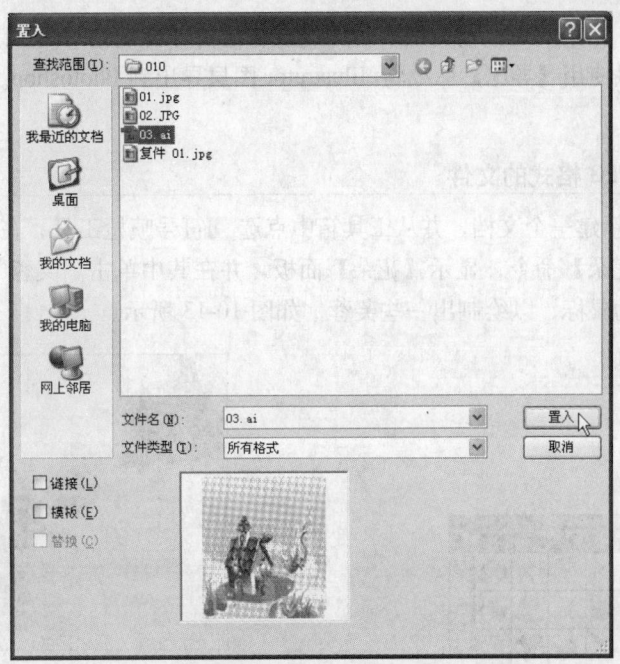

图 10-9 【置入】对话框

图 10-10 【置入 PDF】对话框

图 10-11 置入的矢量图形

10.1.3 导出图形文件

如果要将文件存为 Illustrator、Illustrator EPS、Acrobat PDF 格式、SVG 或 SVG 压缩格式，可以使用【存储】或【存储为】或【存储副本】命令。如果要存为其他文件格式，则应在菜单中执行【文件】→【导出】命令。如果没有列出文件格式，则按照使用插件中的指导安装该格式的插件模块。

除了能以各种图形格式保存完整的 Illustrator 文件外，还可以使用剪贴板以及拖放功能来导出 Illustrator 文件中的选定部分。

在导出图层时，可以将它们拼合成一个图层或者保持各自独立的图层以便在 Photoshop 文件中处理它们。可以使用【导出】命令将 Illustrator 图层导出到 Photoshop。隐藏图层和模板图层不能导出。

Howto 导出 JPEG 格式的文件

1 按 Ctrl+N 键新建一个文档，并从工具箱中点选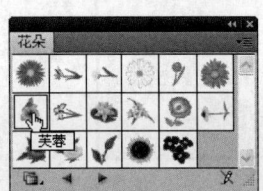符号喷枪工具，在菜单中执行【窗口】→【符号库】→【花朵】命令，显示【花朵】面板，并在其中单击"芙蓉"符号，如图 10-12 所示，在画板中拖动鼠标，以绘制出一些芙蓉，如图 10-13 所示。

图 10-12 【符号】面板　　　　图 10-13 绘制好的符号实例

2 在菜单中执行【文件】→【导出】命令，弹出【导出】对话框，选择所需存储的位置，再在【保存类型】下拉列表中选择所需的文件格式（如：*.JPG），在【文件名】文本框中可以输入所需的名称，也可采用默认名称，如图 10-14 所示。

3 在【导出】对话框中单击【保存】按钮，弹出【JPEG 选项】对话框，并在其中选择所需的颜色模式（如：CMYK）和分辨率（如：屏幕），勾选【消除锯齿】选项，如图 10-15 所示，单击【确定】按钮，即已将该文档存储为 JPEG 格式的文件。

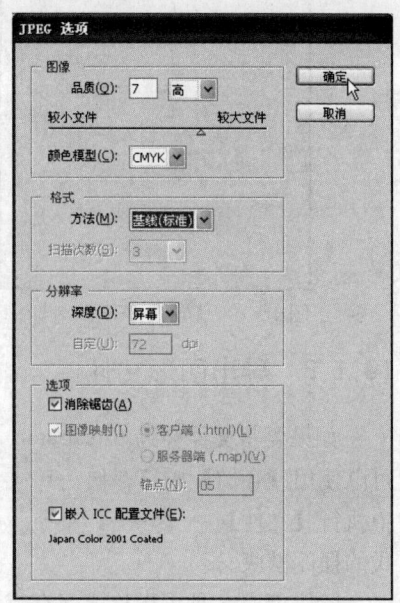

图 10-14 【导出】对话框　　　　图 10-15 【JPEG 选项】对话框

4 在屏幕窗口下方的任务栏中单击 (显示桌面）按钮，在桌面上找到【我的电脑】双击，然后在【我的电脑】窗口中找到保存文件所用的盘符，然后在该盘符中打开所保存文件的文件夹，再打开该文件夹即可查找到刚导出的"05.jpg"文件，如图10-16所示。

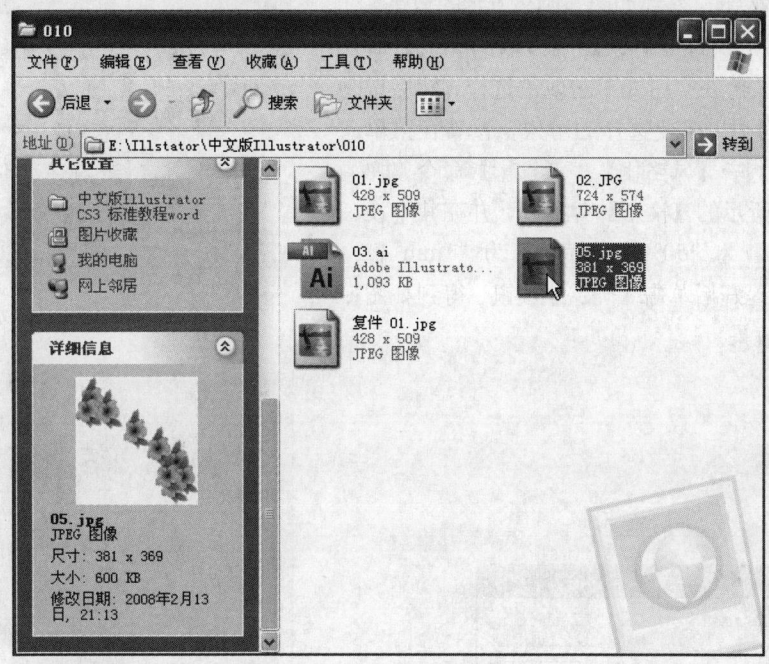

图10-16 文件窗口

10.2 改变文件颜色模式

如果要改变文件颜色模式，可以在菜单中执行【文件】→【文档颜色模式】→【RGB颜色】（或CMYK颜色）命令。

10.3 对矢量图进行效果处理

Illustrator CS4提供了各种效果命令来改变矢量对象的轮廓和路径方向，包括【自由扭曲】、【圆角】、【转换为形状】、【收缩和膨胀】、【波纹效果】、【粗糙化】、【扭转】、【位移路径】和【变形】等命令。

10.3.1 使用风格化命令

【效果】菜单上层的【风格化】命令可以使用户将箭头、投影、圆角、羽化与内发光等效果添加到选择的对象中。

Howto 使用风格化命令为对象添加效果

1 按Ctrl+O键从配套光盘中打开"/范例源文件/CH10/015.ai"文件，如图10-17所示，并用 选择工具选择所有对象。

2 在菜单中执行【效果】→【风格化】→【内发光】命令，弹出【内发光】对话框，采用默认值，勾选【预览】选项，如图 10-18 所示，效果满意后单击【确定】按钮，得到如图 10-19 所示的效果。

3 在菜单中执行【对象】→【取消编组】命令，取消编组，再在空白处单击取消选择，然后按 Shift 键在画面中单击要选择的对象，接着在菜单中执行【效果】→【风格化】→【投影】命令，弹出如图 10-20 所示的【投影】对话框，并在其中设置【不透明度】为"50%"，【模糊】为"1mm"，其他不变，设置好后单击【确定】按钮，得到如图 10-21 所示的效果。

图 10-17　打开的文件

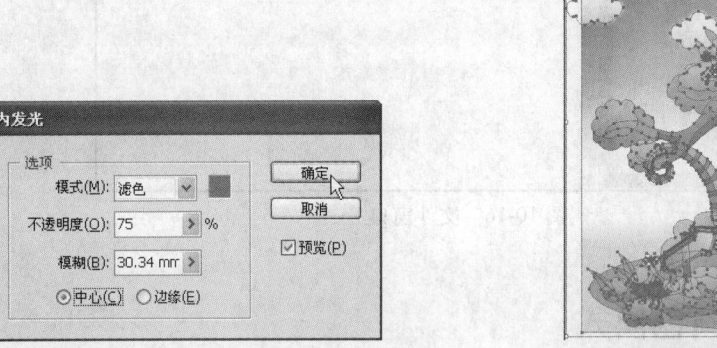

图 10-18　【内发光】对话框

图 10-19　执行【内发光】命令后的效果

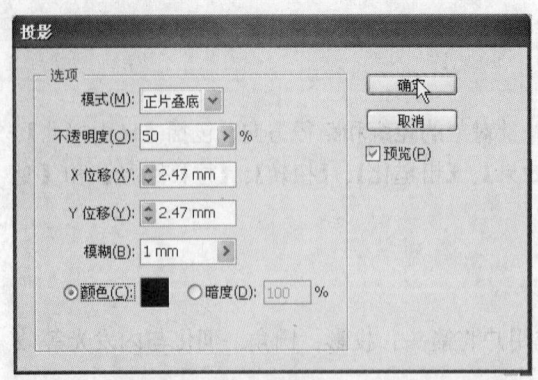

图 10-20　【投影】对话框

图 10-21　执行【投影】命令后的效果

4 在菜单中执行【效果】→【风格化】→【羽化】命令，弹出如图 10-22 所示的【羽化】对话框，并在其中设置【羽化半径】为"10mm"，设置好后单击【确定】按钮，得到如图 10-23 所示的效果。

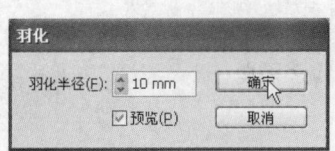

图 10-22 【羽化】对话框　　　　　图 10-23　执行【羽化】命令后的效果

10.3.2 文档栅格效果设置

栅格效果是用来生成像素（而非矢量数据）的效果。栅格效果包括【SVG 滤镜】、【效果】菜单下部区域的所有效果，以及【效果】→【风格化】子菜单中的【投影】、【内发光】、【外发光】和【羽化】命令。

无论何时应用栅格效果，Illustrator 都会使用文档的栅格效果设置来确定最终图像的分辨率。这些设置对于最终图稿有着很大的影响；因此，在使用效果之前，一定要先检查一下文档的栅格效果设置，这一点十分重要。

如果一种效果在屏幕上看起来很不错，但打印出来却丢失了一些细节或是出现锯齿状边缘，则需要提高文档栅格效果分辨率。

Howto 为对象应用栅格效果

1 用 选择工具选择画面中的所有对象，在菜单中执行【效果】→【栅格化】命令，接着弹出如图 10-24 所示的对话框，采用为默认值（也可以根据需要设置所需的参数）。

2 单击【确定】按钮，即可将矢量转换为位图，在空白处单击取消选择，得到如图 10-25 所示的效果。

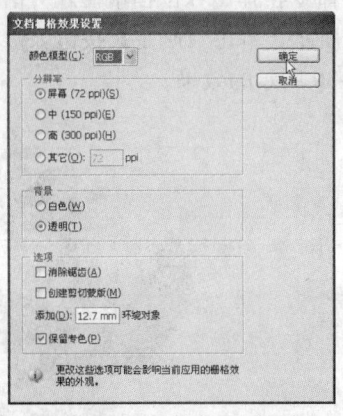 

图 10-24 【栅格化】对话框　　　　　图 10-25　执行【栅格化】命令后的效果

【栅格化】对话框选项说明：

- **【颜色模型】**：在该列表中可以选择栅格化处理过程中要使用的颜色模型（如：RGB、CMYK、灰度或位图）。

- 【分辨率】：决定栅格化图像中每一寸中的像素数目（ppi）。选取【使用文档光栅效果分辨率】来使用整体分辨率设定。
- 【背景】：决定向量图形的透明区域如何转换成像素。选取【白色】选项，用白色像素来填充透明区域，或是选取【透明】选项让背景变透明。如果选择【透明】选项，就会制作出一个 alpha 色版（除了 1 位图像之外的所有图像）。如果将图稿转存到 Photoshop 中，这个 alpha 色版也会被保留下来。
- 【消除锯齿】：消除锯齿可以在位图图像中，减少锯齿边缘。
- 【创建剪切蒙版】：会创建一个栅格化图像为透明的背景蒙版。

10.3.3 路径

在【效果】菜单下的【路径】子菜单中的命令，可以相对于其原始位置位移对象的路径，将文字转变成一组复合路径，可以象在其他的图形对象上一样的编辑和操作，并将选取对象的描边改变为与原始描边相同宽度的填色对象。

Howto 使用路径命令

1 按 Ctrl+O 键打开配套光盘中的"/范例源文件/CH10/016.ai"文件，如图 10-26 所示，接着在工具箱中点选 选择工具，按 Shift 键在画面中单击要选择的对象，如图 10-27 所示。

图 10-26 打开的文档

图 10-27 选择对象

2 在菜单中执行【效果】→【路径】→【位移路径】命令，弹出【位移路径】对话框，并在其中设置【位移】为"2mm"，其他不变，如图 10-28 所示，单击【确定】按钮，得到如图 10-29 所示的效果，在空白处单击取消选择，得到如图 10-30 所示的效果。

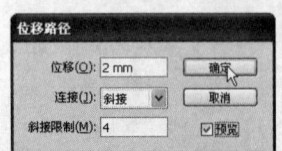
图 10-28 【位移路径】对话框

图 10-29 位移路径

图 10-30 取消选择后的效果

10.3.4 扭曲和变换

使用【效果】菜单下【扭曲与变换】子菜单中的各命令，可以快速将向量对象变形。

Howto 使用扭曲和变换命令将向量对象变形

1 按 Ctrl+O 键打开配套光盘中的"/范例源文件/CH10/017.ai"文件，如图 10-31 所示，并用选择工具在画面中框选右下方的几个对象，如图 10-32 所示。

图 10-31　打开的图形文件

图 10-32　选择对象

2 在菜单中执行【效果】→【扭曲和变换】→【波纹效果】命令，并在弹出的对话框中设置【大小】为"7.06mm"，【每段的隆起数】为"19"，【pt】为"尖锐"，并勾选【预览】选项，以便预览调整效果，如图 10-33 所示，设置好后单击【确定】按钮，得到如图 10-34 所示的效果。

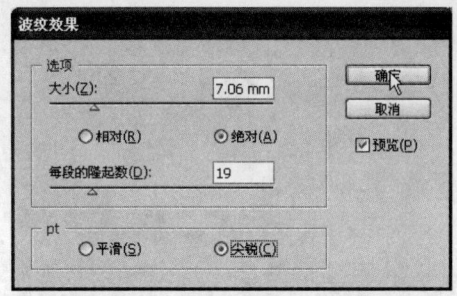
图 10-33　【波纹效果】对话框

图 10-34　执行【波纹效果】命令后的效果

3 在菜单中执行【效果】→【扭曲和变换】→【收缩和膨胀】命令，并在弹出的对话框中设置【收缩__膨胀】为"40%"，如图 10-35 所示，单击【确定】按钮，得到如图 10-36 所示的效果。

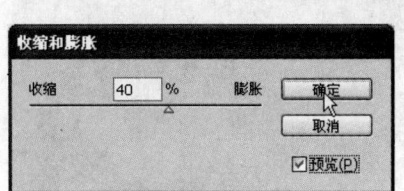
图 10-35　【收缩和膨胀】对话框

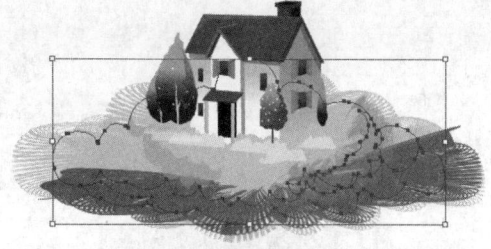
图 10-36　执行【收缩和膨胀】命令后的效果

10.3.5　变形文字

Howto 变形文字

1 按 Ctrl+O 键从配套光盘中打开"/范例源文件/CH10/018.ai"文件，如图 10-37 所示。

2 在工具箱中点选 T,文字工具，接着在画面中单击并输入"和谐社会"文字，按 Ctrl+A 键选择刚输入的文字，再在【控制】选项栏中设置参数为 文鼎CS行楷　　　　90 pt，结果如

图 10-38 所示。

图 10-37 打开的文档

图 10-38 输入文字

3 在工具箱中点选 选择工具确认文字输入,在菜单中执行【效果】→【变形】→【拱形】命令,弹出如图 10-39 所示的【变形选项】对话框,并在其中设置【弯曲】为"-38%",其他为默认值,单击【确定】按钮,得到如图 10-40 所示的效果。

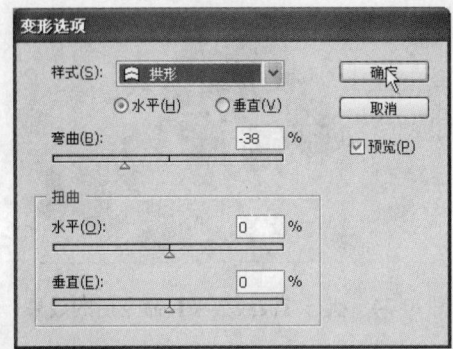

图 10-39 【变形选项】对话框

图 10-40 变形后的效果

4 在【色板】面板中单击 CMYK 蓝,如图 10-41 所示,使文字填充为蓝色,再在空白处单击取消选择,得到如图 10-42 所示的变形文字。

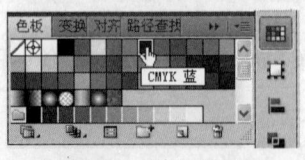

图 10-41 【色板】面板

图 10-42 取消选择后的效果

10.3.6 制作陶瓷碗

使用【效果】菜单下的【3D】子菜单中的命令,可以将封闭或开放路径、或是位图对象转换为 3D 对象,也可以将此对象绕转、打光和着色。

第 10 章 创建特殊效果 **213**

制作流程如图 10-43 所示，实例效果如图 10-44 所示：

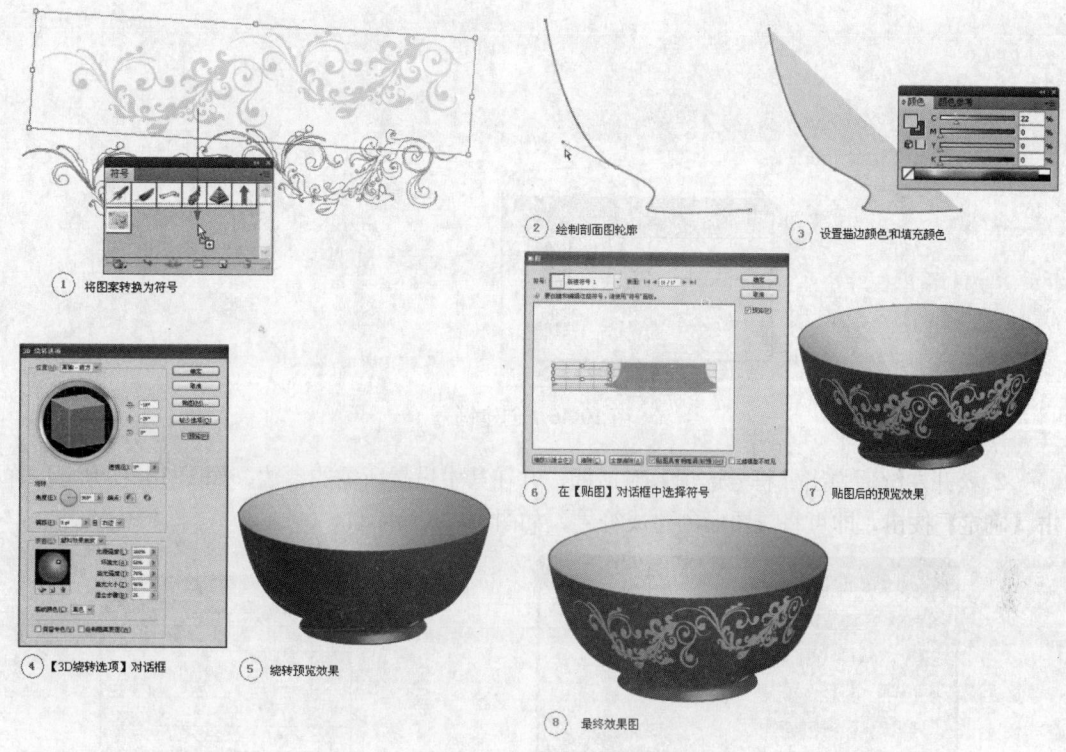

图 10-43 制作流程图

图 10-44 实例效果图

Howto 制作陶瓷碗

1 按 Ctrl+O 键打开配套光盘中的"/范例源文件/CH10/图案.ai"文件，如图 10-45 所示，再用 选择工具选择它，然后在菜单中执行【窗口】→【符号】命令，显示【符号】面板，并将选择的图案拖动到【符号】面板中，如图 10-46 所示。

图 10-45 打开的图案

图 10-46 创建符号

2 松开左键后弹出【符号选项】对话框,并在其中设置所需的参数,如图 10-47 所示,单击【确定】按钮,即可将该图形创建成符号,如图 10-48 所示。

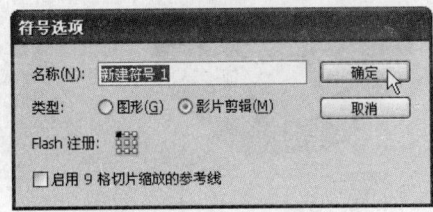

图 10-47 【符号选项】对话框

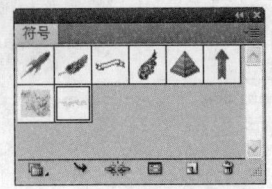

图 10-48 【符号】面板

3 在工具箱中点选 钢笔工具,接着在画板中勾画出碗的剖面图轮廓,如图 10-49 所示,来作为碗的放样。显示【颜色】面板,并在其中设置描边为 C=100、M=50、Y=0、K=0,如图 10-50 所示,填色为 C=22、M=0、Y=0、K=0,如图 10-51 所示。

4 在菜单中执行【效果】→【3D】→【绕转】命令,弹出【3D 绕转选项】对话框,并在其中设置所需的参数,具体参数如图 10-52 所示,勾选【预览】选项查看效果,画面中的曲线路径即已绕转成 3D 对象,如图 10-53 所示。

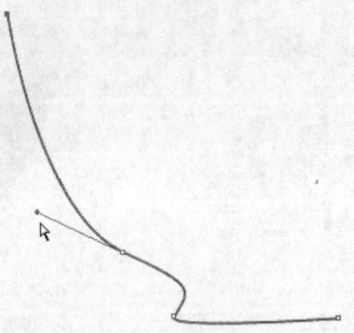

图 10-49 绘制剖面图轮廓

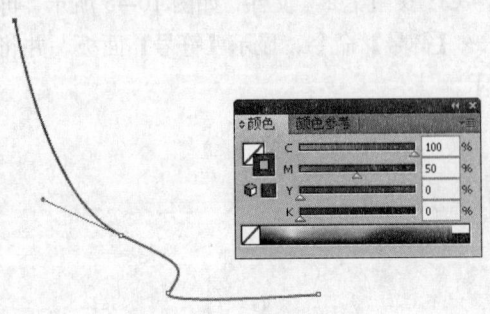

图 10-50 设置描边颜色

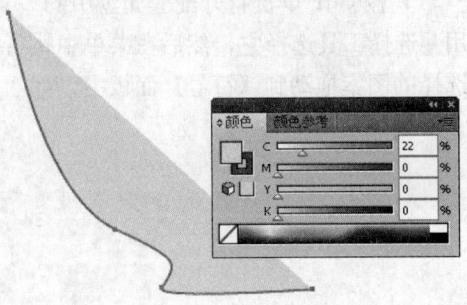

图 10-51 设置填充颜色

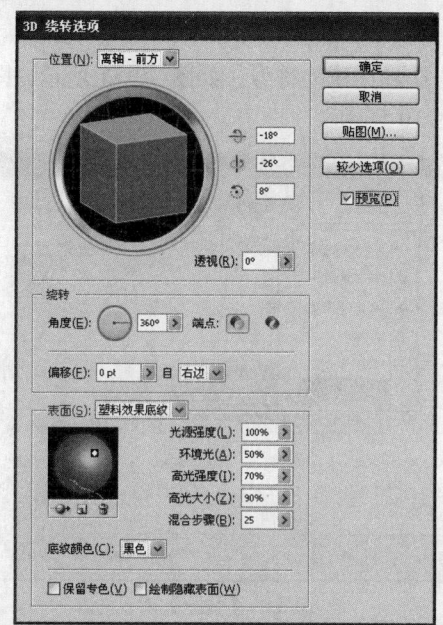

图 10-52 【3D 绕转选项】对话框

图 10-53 绕转预览效果

【3D 绕转选项】对话框各选项说明：

- 【位置】：在【位置】栏中可以设置 3D 对象的位置。
  - 如果需要无限制绕转，在【位置】栏中拖动立方体轨迹，对象的正面是以立方体轨迹的蓝色面所表示，对象的顶端和底部是浅灰色，侧面是灰色，背面则是暗灰色。
  - 如果要限制沿着整体轴的绕转，按住 Shift 键并水平拖动或垂直拖动。如果要环绕 z 轴绕转对象，可拖动环绕立方体轨迹的蓝色线。
  - 如果要限制环绕对象轴的绕转，拖动立方体轨迹的边缘。指针变成双向箭头，立方体边缘的颜色也会改变，以识别对象将沿着哪条轴绕转。红色边代表对象的 x 轴，绿色边代表对象的 y 轴，蓝色边则代表对象的 z 轴。
  - 在 水平 (x) 轴、 垂直 (y) 轴和 深度 (z) 轴文本框中输入 180 到 180 之间的数值，可将对象进行所需角度绕转。
  - 如果要调整透视，可在【透视】文本框中输入 0 到 160 之间的数值。较小的透镜角度相当于照相机的长镜头；较大的透镜角度则相当于照相机的广角镜头。
- 【更多选项】：在对话框中单击【更多选项】按钮，可以显示出【表面】选项。
  - 【线框】：可用来描绘对象几何的形状并让每个表面透明。
  - 【无底纹】：可不将新的表面属性添加到对象。3D 对象的颜色与原来的 2D 对象的颜色是相同的。
  - 【扩散底纹】：可让对象反射柔和的散射光。
  - 【塑料效果底纹】：可让对象发射出光线，如同该对象是由耀眼的高反光材料所组成。
- 【绘制隐藏表面】：如果要显示对象的隐藏背面，需选取【绘制隐藏表面】选项。如果对象透明，或当用户展开对象并将其拉开时，就能看到背面。

 如果对象透明，而且想要透过透明正面来显示隐藏的背面，则先对对象应用【对象】→【编组】命令，再应用【3D】效果。

5 在对话框中单击【贴图】按钮,弹出【贴图】对话框,如图 10-54 所示,并在其中单击▶按钮来选择要贴图的面;再在【符号】下拉列表中选择刚创建的符号,如图 10-55 所示,即可将选择的符号放入的预览框中,此时的画面效果如图 10-56 所示。

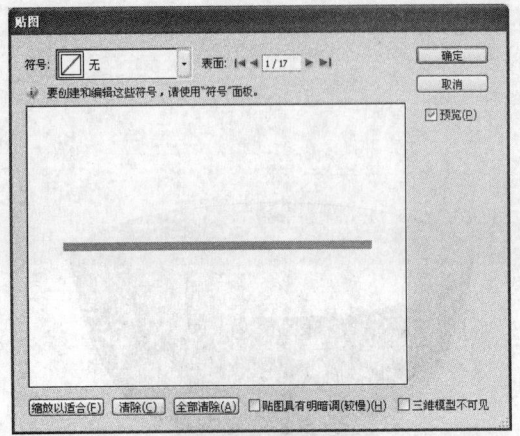

图 10-54 【贴图】对话框

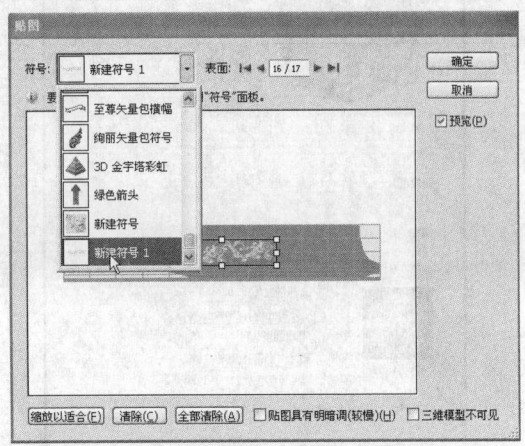

图 10-55 【贴图】对话框

图 10-56 贴图预览效果

6 贴上图后感觉图太偏了,因此需要在预览框中将符号移动到适当位置,看到画面中的贴图适合后,再勾选【贴图具有明暗调(较慢)】选项,如图 10-57 所示,效果满意后单击【确定】按钮,返回到【3D 绕转选项】对话框中,此时的画面效果如图 10-58 所示。

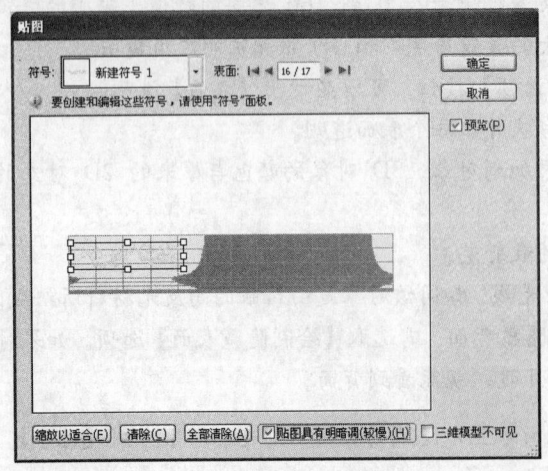

图 10-57 【贴图】对话框

图 10-58 贴图预览效果

7 在【3D 绕转选项】对话框中再设置【表面】为"塑料效果底纹",【光源强度】为"100%",【环境光】为"80%",【高光强度】为"70%",【高光大小】为"90%",【混合步骤】为"25",如图 10-59 所示,单击【确定】按钮,得到如图 10-60 所示的效果。

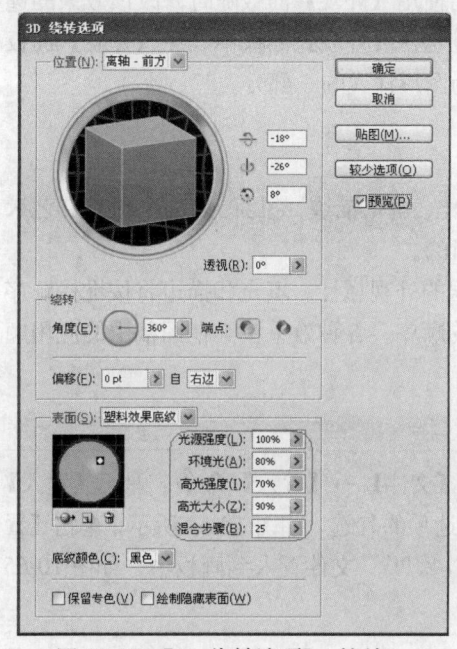

图 10-59 【3D 绕转选项】对话框

图 10-60 执行【绕转】命令后的效果

10.3.7 转换为形状

可以使用【转换为形状】命令可以将简单或复杂的图形转换为指定的图形,如:圆角矩形、椭圆或矩形。

Howto 对原图形使用转换为形状得到指定的图形

1 用钢笔工具在画面上画一个图形,并在【色板】面板中选择所需的填充颜色,如图 10-61 所示。

2 在菜单中执行【效果】→【转换为形状】→【圆角矩形】命令,接着在弹出的对话框中勾选【预览】选项,并在其中的【相对】栏中设置【额外宽度】与【额外高度】均为"6.35mm",【圆角半径】为"10mm",如图 10-62 所示,以得到如图 10-63 所示的画面效果。

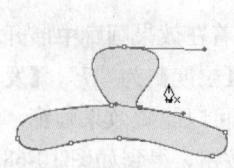

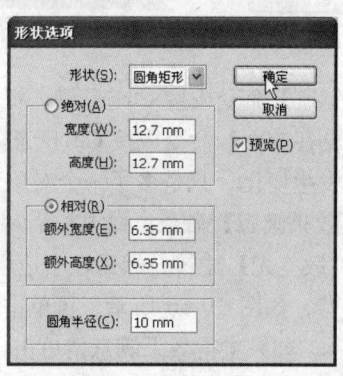

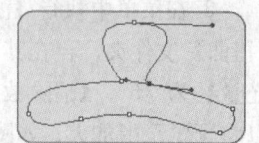

图 10-61 绘制图形 　　图 10-62 【形状选项】对话框 　　图 10-63 圆角矩形预览效果

10.4 对位图进行效果处理与效果概述

效果是实时的,即可以向对象应用一个效果,然后使用【外观】面板随时修改该效果的选项或删除该效果。向对象应用一个效果后,该效果会显示在【外观】面板中。在【外观】面板中,可以编辑、移动、复制、删除该效果或将它存储为图形样式的一部分。

10.4.1 效果画廊与外观面板

在 Illustrator CS4 中可以使用效果画廊来选择风格化、画笔描边、扭曲、素描、纹理、艺术效果滤镜中的各种效果滤镜,以达到查看处理效果的目的。

使用【外观】面板可以查看和调整对象、组或图层的外观属性。填充和描边将按堆栈顺序列出;面板中从上到下的顺序对应于图稿中从前到后的顺序。各种效果按其在图稿中的应用顺序从上到下排列。

Howto 应用效果画廊与外观面板处理位图

1 按 Ctrl+N 键新建一个文档,接着在菜单中执行【文件】→【置入】命令,弹出【置入】对话框,并在其中选择要置入的文件,再取消【链接】选项的勾选,如图 10-64 所示,单击【置入】按钮,即可将配套光盘中的"/范例源文件/CH10/014.JPG"文件置入到画板中,如图 10-65 所示。

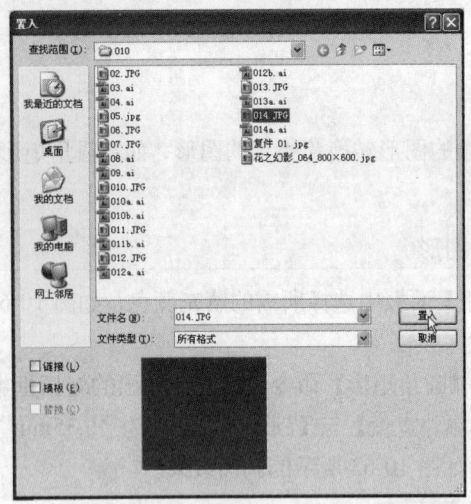

图 10-64 【置入】对话框

图 10-65 置入的图片

2 在菜单中执行【编辑】→【复制】命令或按 Ctrl+C 键,将选择的位图图像拷贝到剪贴板中,再在菜单中执行【编辑】→【粘在前面】命令或按 Ctrl+F 键,将剪贴板中拷贝的内容粘贴到位图图像的上层,画面效果没有发生变化,只是多了一个对象。

3 在菜单中执行【滤镜】→【效果画廊】命令,弹出一个对话框,接着在效果画廊中展开【扭曲】文件夹,再在其中选择【扩散亮光】滤镜,然后在右边栏中设置【粒度】为"7",【发光量】为"6",【清除数量】为"17",如图 10-66 所示,再单击 按钮,可以隐藏效果画廊,以将预览范围加大,如图 10-67 所示,如果觉得效果满意请单击【确定】按钮,得到如图 10-68 所示的效果。

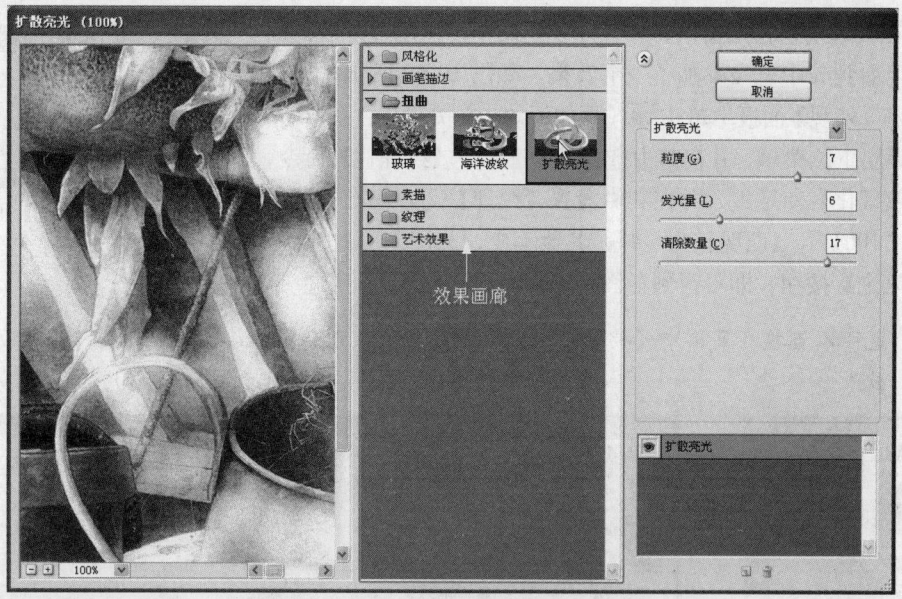

图 10-66 【扩散亮光】对话框

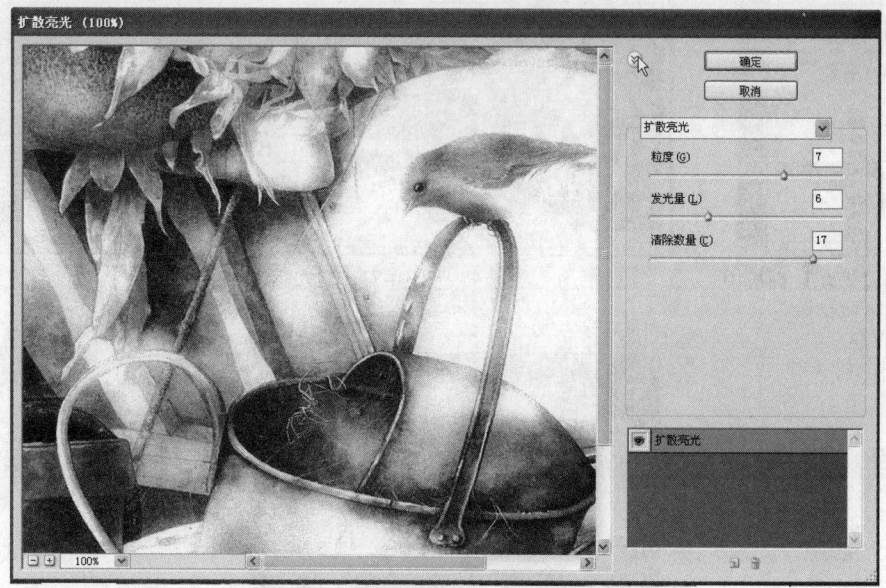

图 10-67 【扩散亮光】对话框

图 10-68 执行【扩散亮光】后的效果

4 在菜单中执行【窗口】→【外观】命令,显示【外观】面板,即可看到其中已经添加了一个效果,如图 10-69 所示。

5 在【外观】面板中单击 fx.(添加新效果)按钮,如图 10-70 所示,弹出下拉菜单,并在其中选择【纹理】→【纹理化】命令,弹出【纹理化】对话框,并在其中设置【纹理】为"画布",【缩放】为"100%",【凸现】为"4",其他不变,如图 10-71 所示,单击【确定】按钮,即可得到如图 10-72 所示的效果。

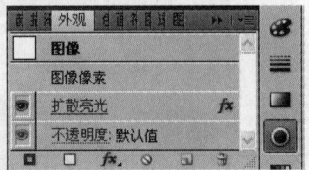

图 10-69 【外观】面板

 也可以直接在菜单中【效果】→【纹理】→【纹理化】命令或其他的命令,来添加新效果。

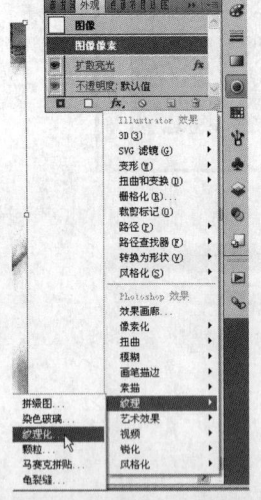

图 10-70 【外观】面板中的下拉菜单

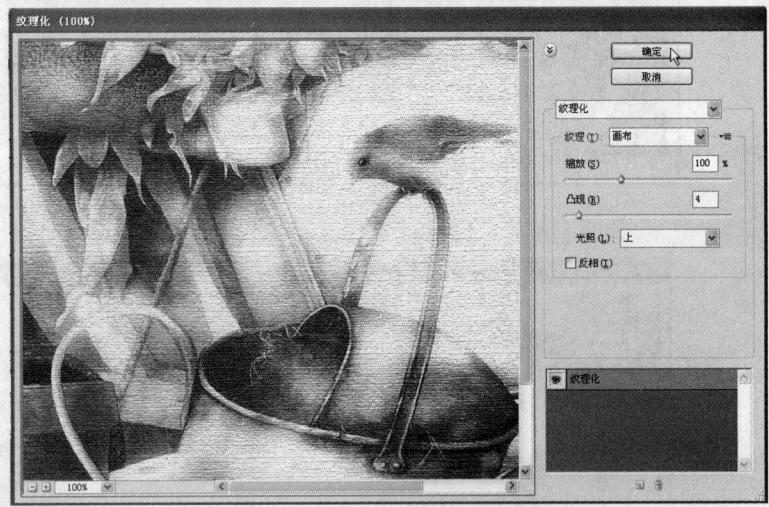

图 10-71 【纹理化】对话框

图 10-72 执行【纹理化】后的效果

6 在【外观】面板中单击 不透明度 选项,显示【透明度】面板,并在其中设置【混合模式】为"变暗",【不透明度】为"80"%,其他不变,如图 10-73 所示,即可得到如图 10-74 所示的效果。

 如果要清除所有的效果与属性,可在【外观】面板中单击 按钮;如果只清除一个或几个效果或属性,可先在【外观】面板中选择要删除的效果或属性,再单击 按钮,即可将其删除。

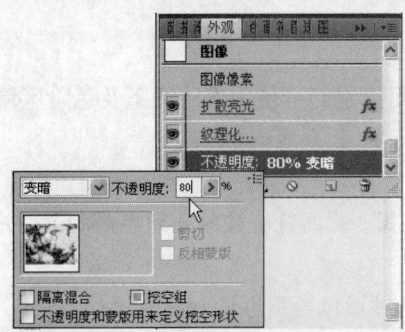
图 10-73　【外观】与【透明度】面板

图 10-74　设定不透明度后的效果

10.4.2　像素化

在【效果】菜单下【像素化】子菜单中的命令，可将类似颜色数值的像素聚集起来，清晰地定义选取范围。

【像素化】子菜单中的命令说明如下：

- **彩色半调**：仿真在图像中每一个色版使用扩大的半色调网屏的效果。对每个色版，滤镜会将图像分为矩形，并用圆形取代每个矩形。这些圆点的大小，会跟原来矩形的亮度成正比。
- **晶格化**：将颜色聚集成多边形。
- **点状化**：将图像中的颜色打散为随机放置的点，如点描绘画一样，并使用背景色作为点间的版面区域。
- **铜版雕刻**：将图像转换为黑白区域，或是在彩色图像中为全饱和颜色的随机图样。如果要使用此滤镜，可在【铜版雕刻】对话框的【类型】下拉列表中选取一种图样。

Howto　对图像应用像素化命令

1 按 Ctrl+O 键打开配套光盘中的"/范例源文件/CH10/013.JPG"文件，如图 10-75 所示，再用选择工具在图像上单击，以选择它。

2 在菜单中执行【效果】→【像素化】→【晶格化】命令，弹出【晶格化】对话框，并在其中【单元格大小】为"26"，如图 10-76 所示，单击【确定】按钮，得到如图 10-77 所示的效果。

图 10-75　打开的位图图像

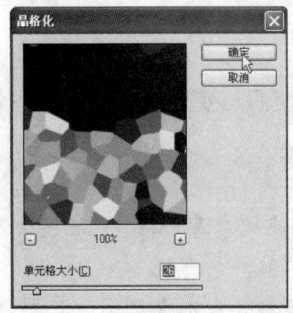
图 10-76　【晶格化】对话框

图 10-77　执行【晶格化】命令后的效果

10.4.3 模糊

【模糊】子菜单中的下列命令在润饰图像时非常有用。它们可使图像中线条及色阶区域的清晰边缘邻近的像素平均化。

【模糊】子菜单命令说明如下：

- **高斯模糊**：通过调整半径值来快速地调整选取范围。此滤镜会移除高频率的细节，并可以产生朦胧的效果。
- **特殊模糊**：通过设置半径、阈值、品质与模式来对图像与图形进行特殊模糊。
- **径向模糊**：仿真由相机伸缩或绕转所产生的柔焦效果。用户可以在弹出的对话框中选择【旋转】，沿同心圆线造成模糊，再指定绕转的角度。也可以选择【缩放】，沿放射线造成模糊，就像缩放图像一样，再指定 1 到 100 的伸缩量。模糊的品质可由速度最快但粒子较粗的【草图】，到画质较佳的【好】及【最好】，除非选取范围很大，否则这两种品质间差异很小。可拖动【中心模糊】方框中的图样，指定模糊中心点。

Howto 对图像应用模糊命令

1 按 Ctrl+O 键打开配套光盘中的"/范例源文件/CH10/010.JPG"文件，如图 10-78 所示，再用选择工具在图像上单击，以选择它。

2 在菜单中执行【效果】→【模糊】→【径向模糊】命令，弹出如图 10-79 所示的对话框，并在其中设置【数量】为"5"，【模糊方法】为"旋转"，【品质】为"好"，单击【确定】按钮，得到如图 10-80 所示的效果。

图 10-78　打开的位图图像

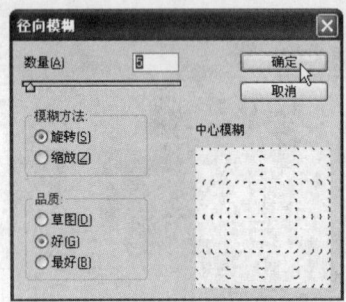

图 10-79　【径向模糊】对话框

图 10-80　执行【径向模糊】命令后的效果

10.4.4 扭曲

【扭曲】子菜单中的下列命令，可用几何的方式将图像扭曲与变形。可注意这些命令可能会耗用相当多的内存。

【扭曲】子菜单命令说明如下：

- **扩散亮光**：重新对图像进行上色，象是透过柔焦扩散滤镜来看一样。此滤镜会在图像中加入可穿透的白色噪声，而光由选取范围中心向外扩散。
- **海洋波纹**：在图稿上加上任意的波纹，使图稿看起来象是在水中。

● **玻璃**：使图像看起来象是透过各种镜片观看一样。用户可以选择预设的镜片效果。

Howto 对图像应用扭曲命令

1 先按 Ctrl+Z 键撤消前面的径向模糊操作，再在菜单中执行【效果】→【扭曲】→【海洋波纹】命令，弹出如图 10-81 所示的对话框，并在其中设置【波纹大小】为"1"，【波纹幅度】为"2"，单击【确定】按钮。

图 10-81 【海洋波纹】对话框

2 在菜单中执行【效果】→【扭曲】→【扩散亮光】命令，弹出如图 10-82 所示的对话框，并在其中设置【粒度】为"4"，【发光量】为"5"，【清除量】为"12"，如图 9-15 所示，单击【确定】按钮，得到如图 10-83 所示的效果。

图 10-82 【扩散亮光】对话框

图 10-83　执行【海洋波纹】和【扩散亮光】命令后的效果

10.4.5　锐化

在【效果】菜单下的【锐化】子菜单中，【USM 锐化】命令是通过增加相邻像素间的对比，将焦点集中在模糊的图像上。其中：

- 【USM 锐化】：它能找出图像中颜色显著改变的区域，使其鲜明突出。使用 USM 锐化滤镜可调整边缘细节的对比，在各边产生较亮和较暗的线条，以强调边缘，而制造出更鲜明图像的错觉。

Howto　对图像应用锐化命令

在菜单中执行【效果】→【锐化】→【USM 锐化】命令，弹出如图 10-84 所示的对话框，并在其中设置【数量】为"152%"，【半径】为"5.8 像素"，其他不变，单击【确定】按钮，就可得到如图 10-85 所示的效果。

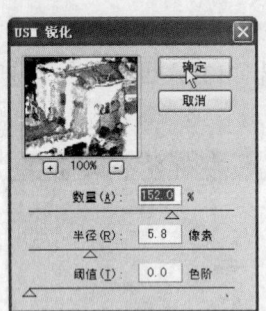

图 10-84　【USM 锐化】对话框　　　　图 10-85　执行【USM 锐化】命令后的效果

10.4.6　素描

在【效果】菜单下的【素描】子菜单中的命令可为图像添加纹理。这些滤镜对于制作精细图稿或手绘外观时也相当有用。多种【素描】滤镜会使用黑白颜色重绘图像。

【素描】子菜单中的命令说明如下：

- **便条纸**：创建看起来象是画在手工纸上的图像。此滤镜会简化图像，并结合浮雕外观和【颗粒】命令（【纹理】子菜单）的效果。
- **半调图案**：仿真半色调网屏的效果，并保留色调的连续范围。
- **图章**：简化图像，看来象是用橡皮或木质印章制作的。此命令用于黑白图像会得到最佳的效果。

- **基底凸现**：使图像象是由石膏版所模造而出，然后将结果使用黑白颜色加以彩色化。深色区域上升突出，浅色区域下沉。
- **塑料效果**：将图像转换为起伏的外观，强调表面的变化。图像的黑暗区域会变成黑色；而明亮的颜色则会变成白色或浅灰色。
- **影印**：仿真照相复制图像的效果。
- **撕边**：使用撕碎的纸片重新构成图像，然后使用黑白颜色将图像彩色化。此命令对于由文字或高对比对象所组成的图像特别有用。
- **水彩画纸**：使用看起来象是画在有纤维的湿纸上的墨点，让颜色流动混合的效果。
- **炭笔**：重绘图像，造成色调分离，涂抹过的效果。主要边缘会加深绘出，中间调部分则使用对角笔画绘出。炭笔是黑色，而纸张部分则是白色。
- **炭精笔**：在图像上模仿密集的深色与纯白色蜡笔纹理。该滤镜将黑色用于深色区域。而白色用于浅色区域。
- **粉笔和炭笔**：用粗粉笔，以实色中间调灰背景，重新描画出图像的强光突出部分和中间调区域。阴影区域则以对角炭笔线取代。炭笔使用黑色绘制，粉笔则使用白色。
- **绘图笔**：使用细致的直线墨水笔画表现原始图像中的细节。此滤镜会使用黑色作为墨水，白色作为纸，取代原始图像中的颜色。此命令用于扫描图像时效果特别显著。
- **网状**：仿真底片乳化剂在控制下的缩减及变形，造成图像在阴影区域看来有白点，而亮部粒子较粗的效果。
- **铬黄**：将图像当作光亮的金属表面处理。亮部为反射面的高点，阴影则为低点。

Howto 对图像应用素描命令

1 按 Ctrl+O 键打开配套光盘中的"/范例源文件/CH10/011.JPG"文件，再用选择工具在图像上单击，以选择它，如图 10-86 所示。

图 10-86　打开的位图图像

2 在菜单中执行【效果】→【素描】→【水彩画纸】命令，弹出如图 10-87 所示的对话框，并在其中设置【纤维长度】为"23"，【亮度】为"74"，【亮度】为"78"，其他不变，单击【确定】按钮，就可得到如图 10-88 所示的效果。

图 10-87 【水彩画纸】对话框

图 10-88 执行【水彩画纸】命令后的效果

3 在菜单中执行【效果】→【素描】→【炭精笔】命令，弹出如图 10-89 所示的对话框，并在其中设置【前景色阶】为"13"，【背景色阶】为"8"，【纹理】为"砂岩"，【缩放】为"100%"，【凸现】为"7"，【光照】为"上"，设置好后单击【确定】按钮，就可得到如图 10-90 所示的效果。

图 10-89 【炭精笔】对话框

图 10-90　执行【炭精笔】命令后的效果

10.4.7　纹理

在【效果】菜单下的【纹理】子菜单中的命令，可在图像中加上深度或材质的外观，或者是有机体的组织外观。

【纹理】子菜单中的各命令说明如下：

- **拼缀图**：将图像分为许多小块，小块的颜色为图像中该区域的主要颜色。此滤镜可随机减低或增加小块的深度，复制亮部与阴影。
- **染色玻璃**：使图像看起来像是由连续的单色小块组成，再以背景色描出小块的轮廓。
- **纹理化**：在图像上应用选取或制作的材质。
- **颗粒**：仿真各种粒子，在图像上加入纹理，加入的方式：包括常例、软化、喷洒、结块、强反差、扩大、点刻、水平、垂直、斑点。
- **马赛克拼贴**：使图像看起来好象由小块瓷砖组成的，并在瓷砖间加入胶泥。而【像素】子菜单中的【马塞克】命令只会将图像分为不同颜色像素的小块。
- **龟裂缝**：将图像在高低起伏的石膏版表面描绘出来，依照图像的色阶产生细小的网状裂缝。可以使用此滤镜，在颜色范围或灰阶值包含较广的图像上产生浮雕效果。

Howto　对图像应用纹理命令

1　在菜单中执行【文件】→【打开】命令，从配套光盘中打开"/范例源文件/CH10/012.JPG"文件，并用选择工具单击图片，以选择它。

图 10-91　打开的图片

2 在菜单中执行【效果】→【纹理】→【马赛克拼贴】命令，弹出如图 10-92 所示的对话框，并在其中设置【拼贴大小】为"25"，【缝隙宽度】为"1"，【加亮缝隙】为"8"，设置好后单击【确定】按钮，以得到如图 10-93 所示的效果。

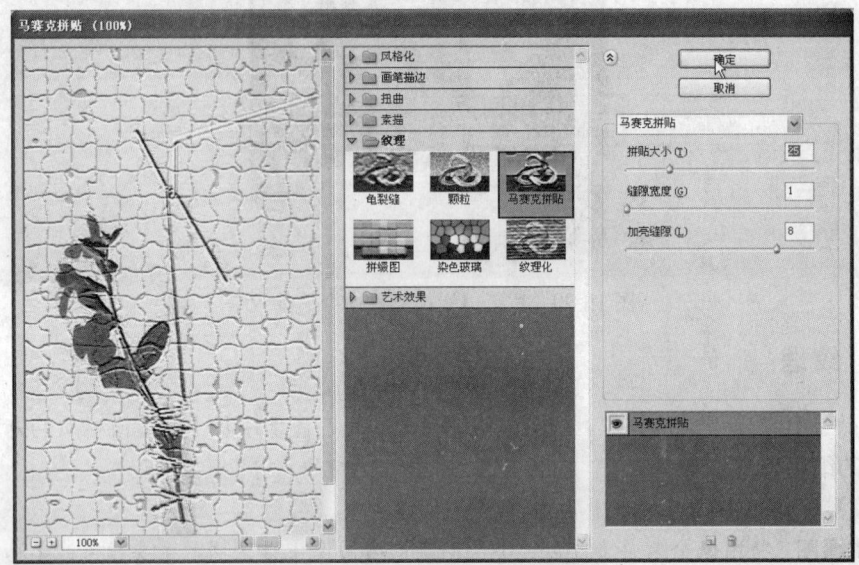

图 10-92 【马赛克拼贴】对话框

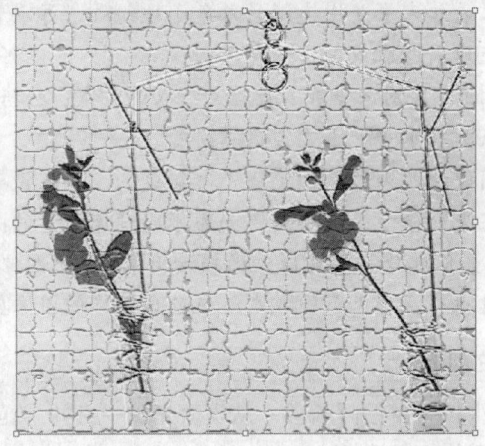

图 10-93 执行【马赛克拼贴】命令后的效果

10.4.8 艺术效果

在【效果】菜单下【艺术效果】子菜单中的命令可以对美术作品或商用作品，加上绘图式的效果或特殊的效果。

【艺术效果】子菜单中的命令说明如下：
- 塑料包装：使用亮面塑料膜覆盖图像，加强表面细节。
- 壁画：使用短、圆形如同快速点画的涂抹法，以粗线条绘出图像。
- 干画笔：使用干性笔刷技巧（介于油画及水彩之间）绘出图像边缘。此滤镜减少颜色范围来简化图像。
- 底纹效果：在纹理背景上绘出图像，然后在其上绘出最终图像。

- **彩色铅笔**：使用彩色铅笔在实色背景上绘出图像。重点边缘会保留下来，并具有粗宽的十字网眼外观，实色背景色会透过较平滑区域显示出来。
- **木刻**：绘制图像，使它看起来象是由大片粗剪的色纸组合而成。高分辨率图像会成为类似剪影的图案，而彩色图像则象是由数层色纸组合而成。
- **水彩**：使用水彩方式绘制图像，简化细节，并使用带有水及彩色的中型笔刷。色调改变在边缘处较明显，此滤镜可使彩色更饱和。
- **海报边缘**：根据设置的色调分离值，减少图像中的颜色数，然后寻找图像的边缘，并在边缘画上黑线。细致的深色细节分布在整个图像中时，图像中的大块平面区域会有简单的色阶。
- **海绵**：使用高度纹理的对比色区域建立图像，看起来象是用海绵画出来的。
- **涂抹棒**：使用短的对角线笔画涂抹图像的深色区域，使图像柔化。浅色区域会变得更亮，细节更少。
- **粗糙蜡笔**：使图像看起来象是使用彩色粗粉笔在纹理背景上画出的。在颜色明亮的区域，粉笔看来较厚，纹理透出较少；而在较深色的区域，粉笔看来有缺口，透出纹理。
- **绘画涂抹**：可选取各种不同的画笔大小（由 1 到 50）和画笔类型，制作类似绘画的效果。画笔类型包括简单、未处理光照、未处理深色、宽锐化、宽模糊以及火花等。
- **胶片颗粒**：将平滑的图样应用在图像的阴影色调和中间调上。就会在图像的较亮区域加上更平滑，更饱和的图样。此种滤镜对于消除渐变条纹，以及使各种来源的成分在视觉上统一相当有用。
- **调色刀**：它可减少图像中的细节，造成稀薄绘画的版面，透出下方的纹理。
- **霓虹灯光**：在图像中的对象上加上各种光晕。此滤镜对于将图像彩色化，同时使外观柔化相当有用。如果要选取发光颜色，需单击颜色块，再在【颜色】对话框中选取颜色。

Howto 对图像应用艺术效果命令

1 在菜单中执行【效果】→【艺术效果】→【霓虹灯光】命令，弹出如图 10-94 所示的对话框，并在其中设置【发光大小】为"10"，【发光光度】为"19"，【发光颜色】为"蓝色"，设置好后单击【确定】按钮，得到如图 10-95 所示的效果。

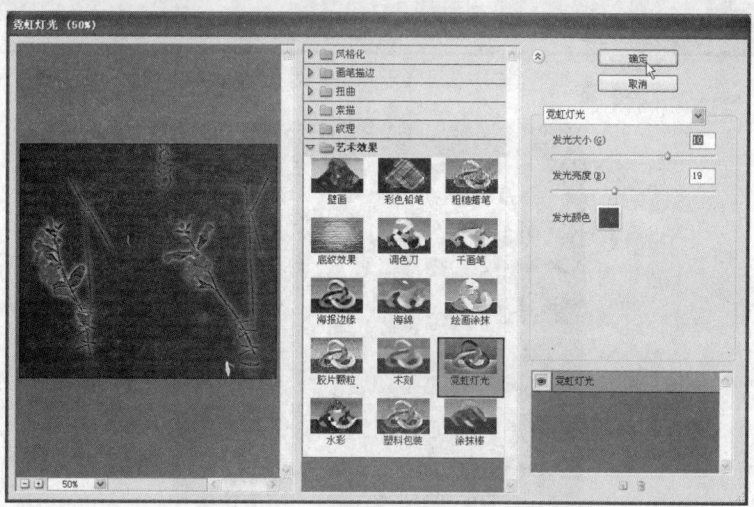

图 10-94 【霓虹灯光】对话框

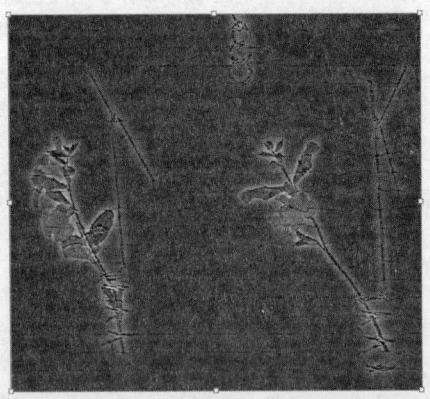

图 10-95　执行【霓虹灯光】命令后的效果

2　在菜单中执行【效果】→【艺术效果】→【干画笔】命令,弹出如图 10-96 所示的对话框,并在其中设置【画笔大小】为"2",【画笔细节】为"9",【纹理】为"3",设置好后单击【确定】按钮,得到如图 10-97 所示的效果。

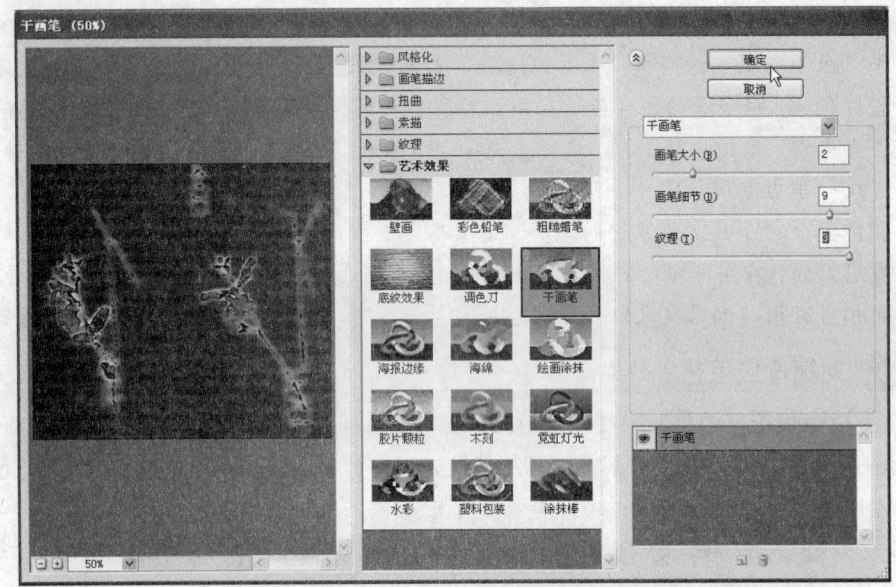

图 10-96　【干画笔】对话框

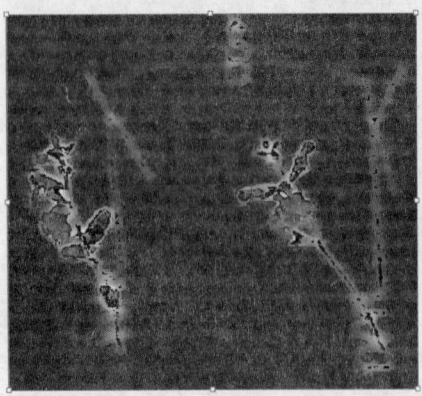

图 10-97　执行【干画笔】命令后的效果

10.4.9 风格化

【效果】菜单中下层的【风格化】命令只可以使用【照亮边缘】命令,【照亮边缘】命令能够置换像素,或是查找与强调图像的对比,在选取范围中造成绘画或印象派的效果。

Howto 对图像应用照亮边缘命令

1 按 Ctrl+N 键新建一个横向的文件,接着在菜单中执行【文件】→【置入】命令,弹出【置入】对话框,并在其中选择要置入的文件,再取消【链接】选项的勾选,如图 10-98 所示,单击【置入】按钮,即可将配套光盘中的"/范例源文件/CH10/07.ai"文件置入到画板内,如图 10-99 所示。

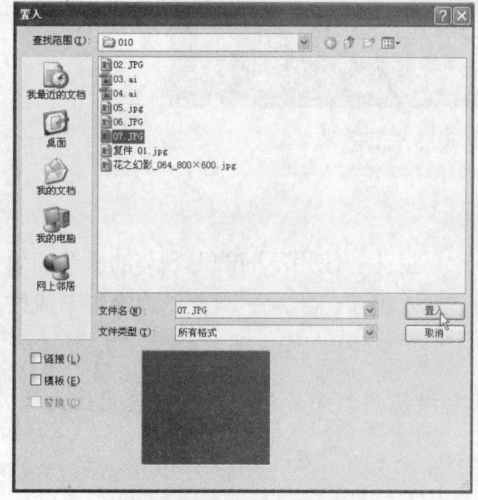
图 10-98 【置入】对话框

图 10-99 置入的图片

2 在菜单中执行【效果】→【风格化】→【照亮边缘】命令,弹出如图 10-100 所示的【照亮边缘】对话框,并在其中设置【边缘宽度】为"1",【边缘亮度】为"3",【平滑度】为"1",如图 10-100 所示,单击【确定】按钮,得到如图 10-101 所示的效果。

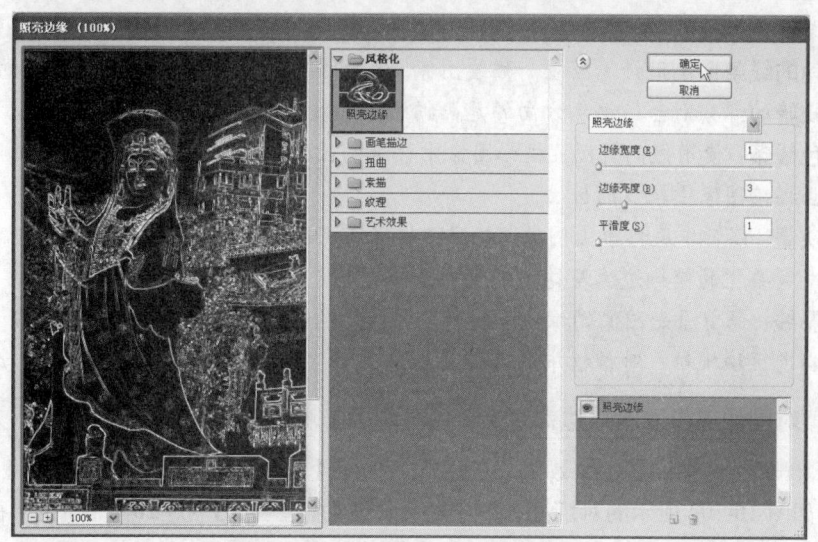
图 10-100 【照亮边缘】对话框

图 10-101　执行【照亮边缘】命令后的效果

10.4.10　画笔描边

在【效果】菜单下的【画笔描边】子菜单中的命令，也能够使用不同的笔刷与油墨笔画效果，制作出绘画或美术品的外观。某些滤镜会在图像上加入粗粒、绘画、噪声、边缘细节或纹理，造成点画的效果。

 【画笔描边】特效是点阵式的效果，而且将此特效应用到向量对象时，会使用该文件的点阵特效设定。

【画笔描边】子菜单中的各命令说明如下：

- **喷溅**：摹仿喷枪的效果。增加选项的数值会简化整体效果。
- **喷色描边**：使用其主要颜色，以有角度的彩色喷洒笔画重绘图像。
- **墨水轮廓**：使用细窄线，在原始的细节上以钢笔及墨水方式重绘图像。
- **强化的边缘**：强化图像的边缘。当对话框中的【边缘亮度】控制设定为高时，强化的边缘与白色粉笔类似，当设定为低时，强化边缘与黑色油墨类似。
- **成角的线条**：使用斜笔画重新描绘图像。图像中较浅的区域会以某个方向的笔画描绘，而较暗的部分则会用相反方向的笔画描绘。
- **深色线条**：使用短的笔画，描绘图像中较深的区域，使其更接近黑色，而使用长的白色笔画描绘图像中较浅的区域。
- **烟灰墨**：以日本风格绘出图像，就像使用蘸满黑色墨水的毛笔在宣纸上绘画。此种效果会造成柔化的模糊边缘及饱满的黑色。
- **阴影线**：保留原始图像的细节及特性，但加入纹理，以及使用仿真铅笔线条，使图像中的彩色区域较粗。对话框中的【强度】选项可控制描绘的线条数（可由 1 到 3）。

Howto　对图像应用画笔描边命令

1 按 Ctrl+Z 键撤消照亮边缘效果，在菜单中执行【效果】→【画笔描边】→【喷色描边】命令，弹出如图 10-102 所示的对话框，并在其中设置【描边长度】为"20"，【喷色半径】为"7"，【描边方向】为"垂直"，单击【确定】按钮，就可得到如图 10-103 所示的效果。

第 10 章 创建特殊效果 **233**

图 10-102 【喷色描边】对话框

图 10-103 执行【喷色描边】命令后的效果

2 在菜单中执行【效果】→【画笔描边】→【强化的边缘】命令，弹出如图 10-104 所示的对话框，并在其中设置【边缘宽度】为"1"，【边缘亮度】为"22"，【平滑度】为"1"，单击【确定】按钮，得到如图 10-105 所示的效果。

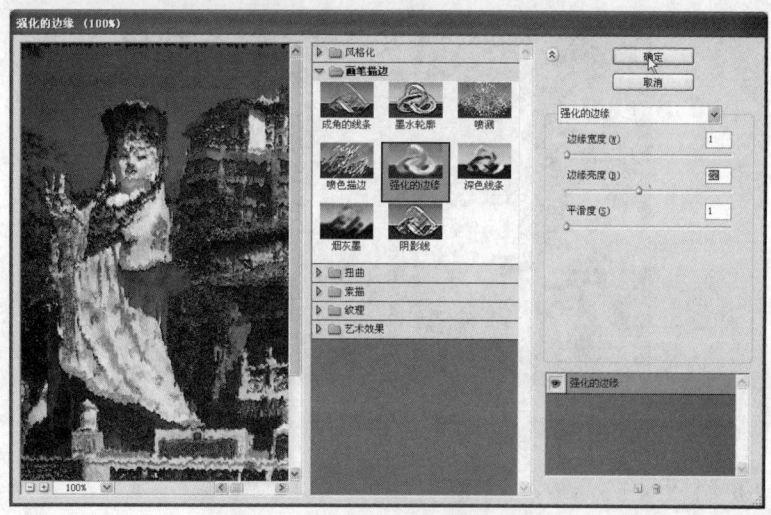

图 10-104 【强化的边缘】对话框

图 10-105　执行【强化的边缘】命令后的效果

3　在菜单中执行【效果】→【画笔描边】→【喷溅】命令，弹出如图 10-106 所示的对话框，并在其中设置【喷色半径】为"10"，【平滑度】为"5"，单击【确定】按钮，得到如图 10-107 所示的效果。

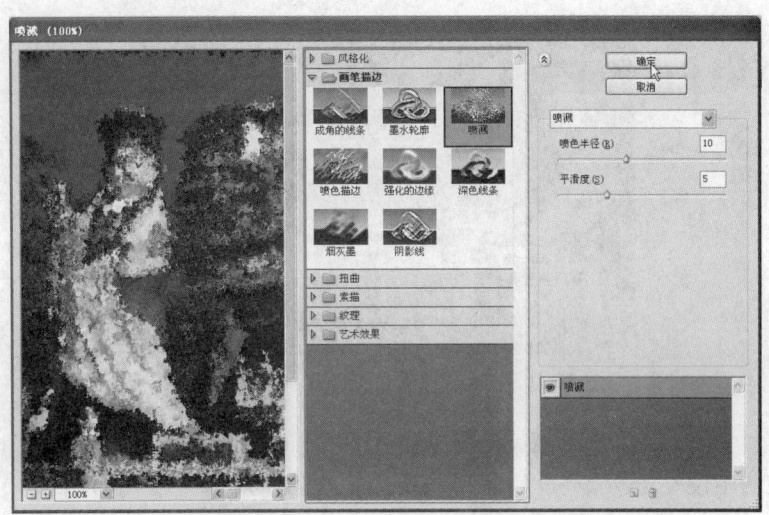

图 10-106　【喷溅】对话框

图 10-107　执行【喷溅】命令后的效果

可对【效果】菜单中的各命令分别进行操作，以掌握它的功能和效果，在此就不一一讲了。

10.5 本章小结

本章对文件的置入与导出进行了详细讲解，重点讲解了【效果】菜单中的各命令的作用，然后结合精简的实例对位图图像与矢量图形进行效果处理。掌握位图图像与矢量图形的编辑与处理，对我们在今后的创作中起到事半功倍的效果。并且能激发我们的创作灵感。

10.6 本章习题

一、填空题

1. 如果要将文件存为 Illustrator、Illustrator EPS、Acrobat PDF 格式、SVG 或 SVG 压缩格式，可以使用_____或 _____或_____命令。

2. Illustrator CS4 提供了各种效果命令来改变矢量对象的轮廓和路径方向，包括_____、【圆角】、_____、_____、【波纹效果】、【粗糙化】、_____、【位移路径】和_____等命令。

二、选择题

1. 使用以下哪个命令可以在图像中的对象上加上各种光晕？   （   ）
   A.【照亮边缘】命令   B.【霓虹灯光】命令
   C.【半调图案】命令   D.【扩散亮光】命令

2. 使用以下哪个命令可以仿真各种粒子，在图像上加入纹理，加入的方式：包括常例、软化、喷洒、结块、强反差、扩大、点刻、水平、垂直、斑点？   （   ）
   A.【半调图案】命令   B.【半色调】命令
   C.【颗粒】命令   D.【水彩画纸】命令

3. 使用以下哪个命令可以将图像中的颜色打散为随机放置的点，如点描绘画一样，并使用背景色作为点间的版面区域？   （   ）
   A.【点状化】命令   B.【半色调】命令
   C.【晶格化】命令   D.【铜版雕刻】命令

第 11 章 综合实例

本章提供 8 个范例，分别为制作立体空间字、变形艺术字——春天的故事、苹果按钮、福字灯笼、绘制蔬菜、空调标签设计、商场宣传画以及招贴画等。

11.1 实例 1 制作立体空间字

本例主要用到的工具和命令有：矩形工具、文字工具、创建轮廓、渐变填充、凸出和斜角等。本例制作流程如图 11-1 所示，最终效果图如图 11-2 所示。

图 11-1 制作流程图

图 11-2 最终效果图

Howto 制作立体空间字

1 按 Ctrl+N 键新建一个页面为横向的图形文件，在工具箱中点选▢矩形工具，在画板内拖出一个矩形，接着在工具箱中设置填色为黑色，描边为无，绘制好的矩形如图 11-3 所示。

2 从工具箱中点选 T 文字工具，在黑色矩形中单击显示光标后，在【控制】选项栏中设置参数为

，其中填色为白色，然后在画面中输入 "night" 字母，再在工具箱中点选 选择工具确认文字输入，得到如图 11-4 所示的结果。

图 11-3　绘制矩形

3 在菜单栏中执行【文字】→【创建轮廓】命令，将文字转换为轮廓，结果如图 11-5 所示。

图 11-4　输入文字　　　　　　　　　图 11-5　将文字转换为轮廓

4 在【渐变】面板中单击渐变图标后的下拉按钮，弹出渐变列表，然后在其中选择 "铜色径向" 渐变，如图 11-6 所示，得到如图 11-7 所示的效果。

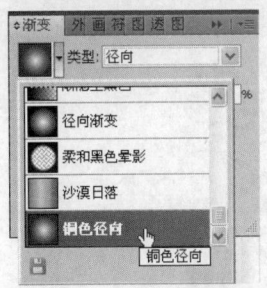

图 11-6　【渐变】面板　　　　　　　图 11-7　填充渐变后的效果

5 在【控制】选项栏中设置描边粗细为 1pt，填色为 C=0、M=0、Y=0、K=30，如图 11-8 所示，得到如图 11-9 所示的效果。

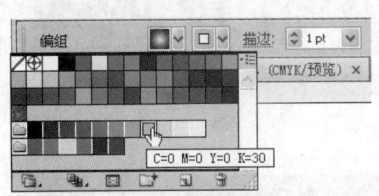

图 11-8　【控制】选项栏　　　　　　图 11-9　填充颜色

6 在菜单中执行【效果】→【3D】→【凸出和斜角】命令，弹出【3D 凸出和斜角选项】对话框，并在其中设置【斜角】为 经典，【凸出厚度】为 "70pt"，【高度】为 "2pt"，【环境光】为 "22%"，【高光大小】为 "70%"，【底纹颜色】为 "自定（红色）"，再选择 按钮，其他不变，如图 11-10 所示，设置好后单击【确定】按钮，得到如图 11-11 所示的效果，取消选择后的效果如图 11-12 所示。

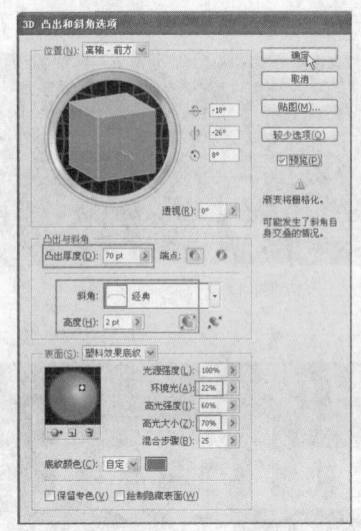

图 11-10 【3D 凸出和斜角选项】对话框

图 11-11 执行【凸出和斜角】命令后的结果

图 11-12 最终效果

11.2 实例 2 制作变形艺术字——春天的故事

本例主要用到的工具和命令有：文字工具、复制、粘贴、创建轮廓、联集、渐变、排列等。制作流程图如图 11-13 所示，最终效果图如图 11-14 所示。

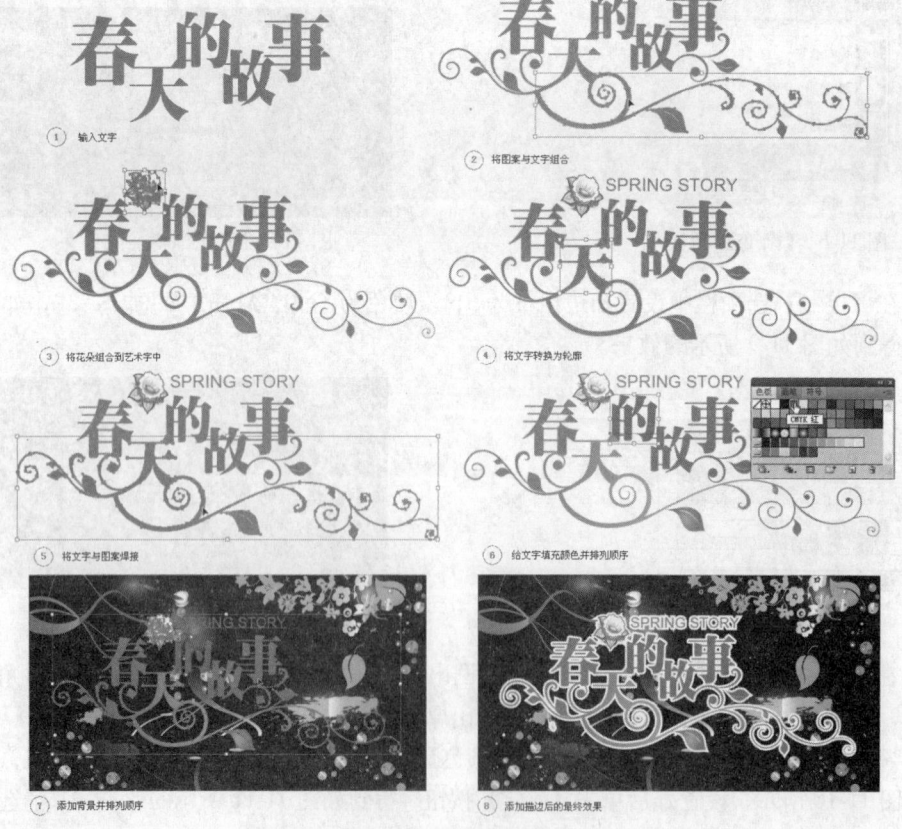

图 11-3 制作流程图

图 11-14　最终效果图

Howto　制作变形艺术字——春天的故事

1 按 Ctrl+N 键新建一个文件，从工具箱中点选 T 文字工具，在画板中适当位置单击并输入"春"文字，再选择文字，然后在【字符】面板中设定【字体】为"文鼎特粗宋简"，【字体大小】为"58"，在【色板】面板中单击所需的颜色，如图 11-15 所示。

2 用上步同样的方法，再在画板的适当位置依次输入"天"、"的"、"故"、"事"四个文字，按 Ctrl 键在画板的空白处单击取消选择，得到如图 11-16 所示的效果。

图 11-15　输入文字

图 11-16　输入文字

3 按 Ctrl+O 键从配套光盘中打开"/范例源文件/CH11/01.ai"文件，再用选择工具在画面中单击一个对象，以选择它，如图 11-17 所示，然后按 Ctrl+C 键执行【复制】命令。

图 11-17　选择对象

4 在文档窗口的标题栏中单击刚输入"春天的故事"文字的文档标题标签，以在当前窗口中显示该文档，再 Ctrl+V 键将刚复制的内容粘贴到当前文档中，然后将其拖动"天"字的左下方，如图 11-18 所示。

5 移动指针到选框左下角的控制柄旁指针呈 ↻ 状时按下左键向上拖移，旋转到所需的位置时松开左键，以得到如图 11-19 所示的效果。

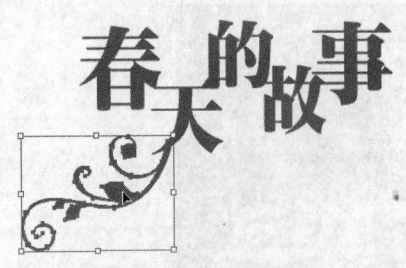 

图 11-18　移动对象　　　　　　　　图 11-19　旋转对象

6 在文档窗口的标题栏中单击刚打开的文档标题标签,以在当前窗口中显示该文档,同样用选择工具在画面中选择另一个图形,并按 Ctrl+C 键执行【复制】命令。然后再在文档窗口的标题栏中单击刚输入"春天的故事"文字的文档标题标签,以在当前窗口中显示该文档,再 Ctrl+V 键将刚复制的内容粘贴到当前文档中,然后将其拖动"故"字的右边,如图 11-20 所示。

7 在文档窗口的标题栏中单击刚打开的文档标题标签,以在当前窗口中显示该文档,同样用选择工具在画面中选择另一个图形,并按 Ctrl+C 键执行【复制】命令。然后再在文档窗口的标题栏中单击刚输入"春天的故事"文字的文档标题标签,以在当前窗口中显示该文档,再 Ctrl+V 键将刚复制的内容粘贴到当前文档中,然后将其拖动文字的下边,如图 11-21 所示。

图 11-20　组合对象　　　　　　　　图 11-21　组合对象

8 按 Ctrl+O 键从配套光盘中再打开一个图形文件,如图 11-22 所示,然后用前面同样的方法将其复制到有"春天的故事"文字的文档中来,并排放到适当位置,如图 11-23 所示。

9 用文字工具在画面的适当位置单击并输入"SPRING STORY"文字,并根据需要设置所需的字体与字体大小,其填充颜色为绿色,如图 11-24 所示。

图 11-22　打开的图形文件

图 11-23　复制并移动对象　　　　　图 11-24　输入文字

10 用选择工具在画面中单击"天"字,以选择它,如图 11-25 所示,接着在菜单中执行【文字】→【创建轮廓】命令,将文字转换为轮廓,结果如图 11-26 所示。

图 11-25　选择文字　　　　　　　　　图 11-26　将文字转换为轮廓

11　按 Shift 键在画面中单击"天"字下方的两个图形对象，以同时选择它们，然后在【路径查找器】面板中单击 ▯（联集）按钮，如图 11-27 所示，以将它们焊接为一个对象，结果如图 11-28 所示。

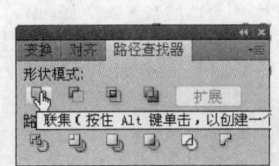

图 11-27　【路径查找器】面板　　　　　图 11-28　焊接对象

12　显示【渐变】面板，并在其中设置【类型】为"径向"，再编辑所需的渐变，如图 11-29 所示，以得到如图 11-30 所示的效果。

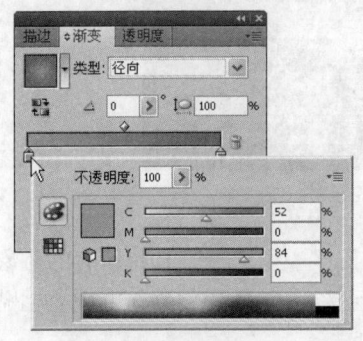

图 11-29　【渐变】面板　　　　　　　图 11-30　渐变填充后的效果

13　用选择工具在画面中单击"的"字，以选择它，然后在【色板】面板中单击 CMYK 红，使文字的填充颜色为红色，如图 11-31 所示。

图 11-31　填充颜色

14 在菜单中执行【对象】→【排列】→【置于顶层】命令，将选择的文字置于顶层，再在空白处单击取消选择，以得到如图 11-32 所示的效果。按 Ctrl+S 键将其存储，并命名为"春天的故事"。

图 11-32　排列对象

15 按 Ctrl+O 键从配套光盘的中打开"/范例源文件/CH11/02.ai"文件，如图 11-33 所示。

图 11-33　打开的背景文件

16 在"春天的故事"文档标题栏上单击，使它为当前窗口，用选择工具将所有的对象框选，按 Ctrl+C 键进行复制，再激活刚打开的背景文件，然后按 Ctrl+V 键将复制的内容粘贴到背景中，然后排放到适当位置，排放好后的效果如图 11-34 所示。

图 11-34　复制并排放对象

17 先按 Ctrl+C 键，再按 Ctrl+B 键复制一个副本，然后在【颜色】面板中设置描边为白色，在【描边】面板中设置【粗细】为"5pt",如图 11-35 所示,再在空白处单击取消选择,得到如图 11-36 所示的效果。这样,我们的作品就制作完成了。

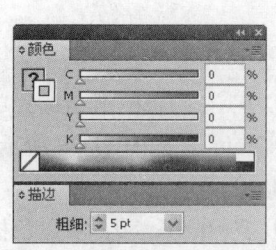

图 11-35 【颜色】面板

图 11-36 最终效果

11.3 实例 3 制作苹果按钮

本例主要用到的工具和命令有:椭圆工具、渐变填充、比例缩放工具等。制作流程如图 11-37 所示,最终效果如图 11-38 所示。

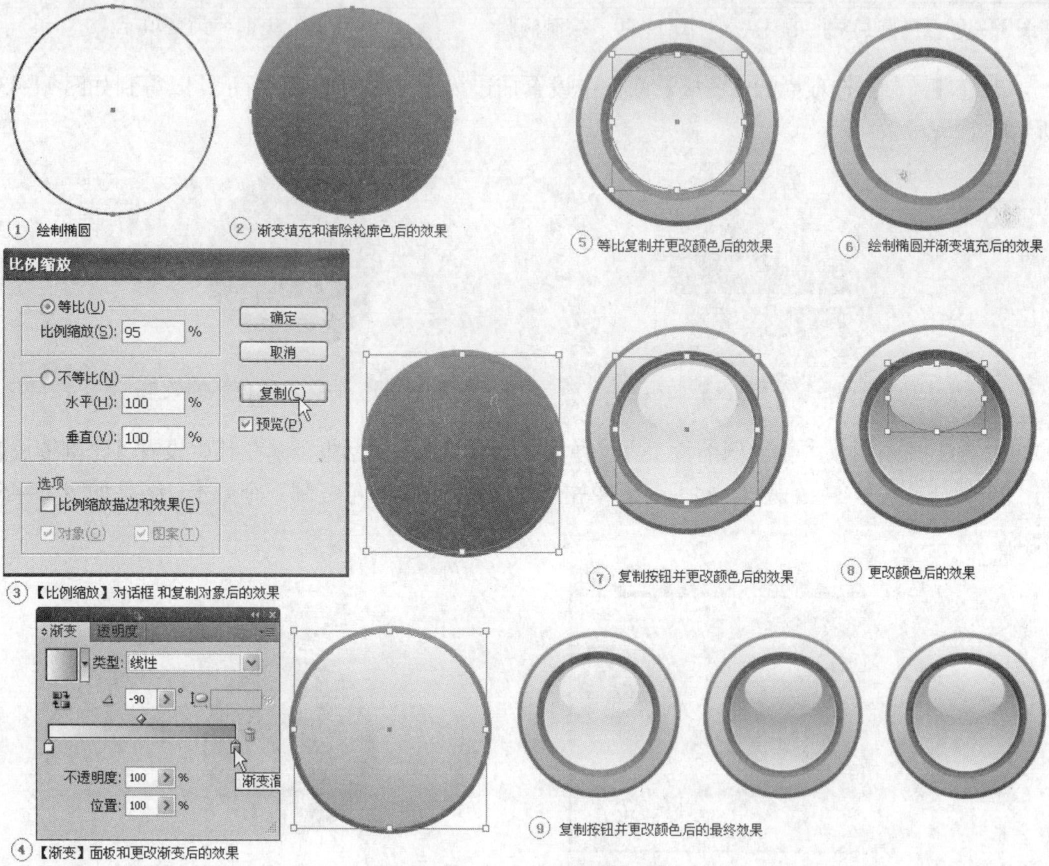

图 11-37 制作流程图

图 11-38 最终效果图

Howto 制作苹果按钮

1 按 Ctrl+N 键新建一个图形文件,接着在工具箱中点选 椭圆工具,在画板的适当位置单击,弹出【椭圆】对话框,并在其中设置【宽度】与【高度】均为"42mm",如图 11-39 所示,设置好后单击【确定】按钮,即可得到一个指定大小的圆形,如图 11-40 所示。

2 显示【渐变】面板,并在其中设置左边色标颜色为 C=0、M=0、Y=0、K=80,右边色标颜色为 C=0、M=0、Y=0、K=50,【角度】为"90"度,以给圆进行渐变填充,如图 11-41 所示。

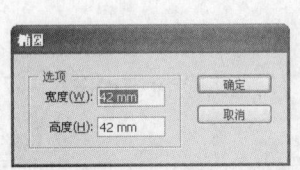 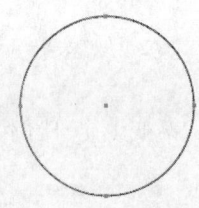 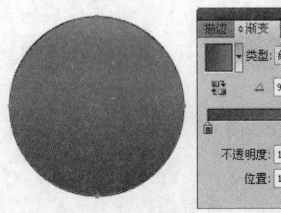

图 11-39 【椭圆】对话框　　图 11-40 绘制椭圆　　图 11-41 渐变填充

3 在【控制】选项栏的【色板】面板中设置描边为无,如图 11-42 所示,以得到如图 11-43 所示的效果。

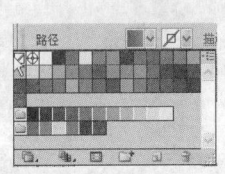 

图 11-42 【色板】面板　　图 11-43 清除轮廓色后的效果

4 在工具箱中双击 比例缩放工具,弹出【比例缩放】对话框,并在其中设置【比例缩放】为"95%",其他不变,如图 11-44 所示,单击【复制】按钮,即可复制一个副本,结果如图 11-45 所示。

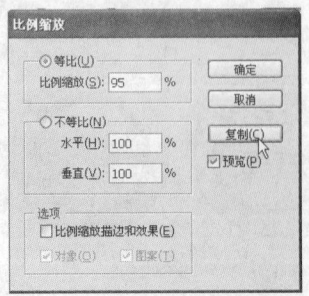 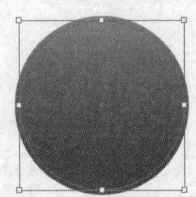

图 11-44 【比例缩放】对话框　　图 11-45 复制对象后的效果

5 显示【渐变】面板,并在其中设置左边色标颜色为白色,右边色标颜色为 C=0、M=0、Y=0、K=40,【角度】为"-90"度,以将副本的渐变颜色进行更改,如图 11-46 所示。

6 在工具箱中双击 比例缩放工具,弹出【比例缩放】对话框,并在其中设置【比例缩放】为"80%",其他不变,如图 11-47 所示,单击【复制】按钮,即可复制一个副本,结果如图 11-48 所示。

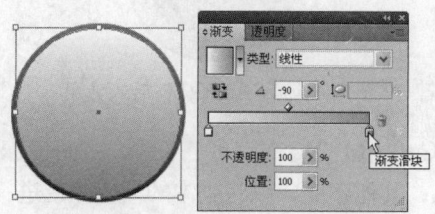
图 11-46　更改渐变渐变

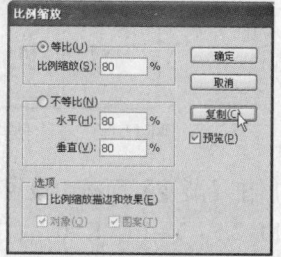
图 11-47　【比例缩放】对话框

7 在【渐变】面板中设置左边色标颜色为 C=0、M=0、Y=0、K=80,右边色标颜色为 C=0、M=0、Y=0、K=50,【角度】为"-90"度,以将副本的渐变颜色进行更改,如图 11-49 所示。

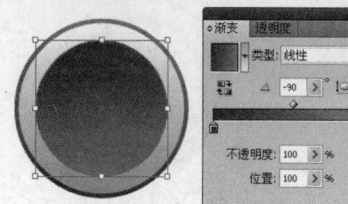
图 11-49　更改渐变颜色

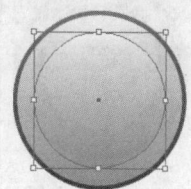
图 11-48　复制对象后的效果

8 在工具箱中双击 比例缩放工具,弹出【比例缩放】对话框,并在其中设置【比例缩放】为"93%",其他不变,如图 11-50 所示,单击【复制】按钮,即可复制一个副本,结果如图 11-51 所示。

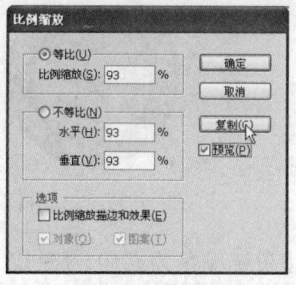
图 11-50　【比例缩放】对话框

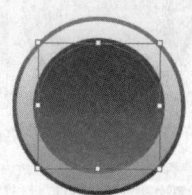
图 11-51　复制对象后的效果

9 在【渐变】面板中设置左边色标颜色为 C=0、M=100、Y=100、K=50,右边色标颜色为 C=0、M=50、Y=100、K=25,其他不变,以将副本的渐变颜色进行更改,如图 11-52 所示。

10 在工具箱中双击 比例缩放工具,弹出【比例缩放】对话框,并在其中设置【比例缩放】为"95%",其他不变,如图 11-53 所示,单击【复制】按钮,即可

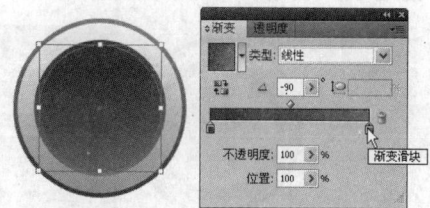
图 11-52　更改渐变颜色

复制一个副本，结果如图11-54所示。

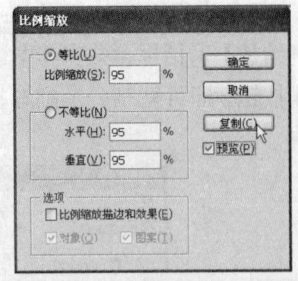
图11-53 【比例缩放】对话框

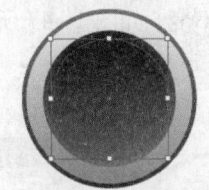
图11-54 复制对象后的效果

11 在【渐变】面板中设置左边色标颜色为 C=0、M=25、Y=100、K=0，中间色标颜色为 C=0、M=2.5、Y=10、K=0，右边色标颜色为白色，其他不变，以将副本的渐变颜色进行更改，如图11-55所示。

12 在工具箱中双击 比例缩放工具，弹出【比例缩放】对话框，并在其中设置【比例缩放】为"98%"，其他不变，单击【复制】按钮，即可复制一个副本，结果如图11-56所示。

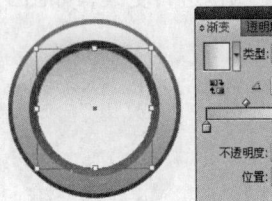
图11-55 更改渐变颜色

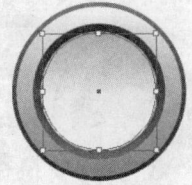
图11-56 复制对象后的效果

13 在【渐变】面板中设置左边色标颜色为 C=0、M=25、Y=100、K=0，右边色标颜色为 C=0、M=2.5、Y=10、K=0，其他不变，以将副本的渐变颜色进行更改，如图11-57所示。

14 在工具箱中点选 椭圆工具，并在渐变圆上绘制一个椭圆，如图11-58所示。

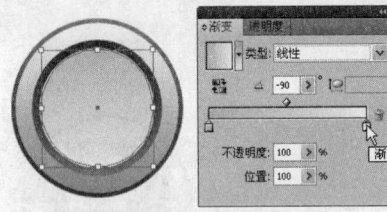
图11-57 更改渐变颜色

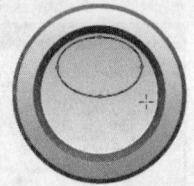
图11-58 绘制椭圆

15 在【渐变】面板中设置左边色标颜色为白色，右边色标颜色为 C=0、M=12.5、Y=50、K=0，其他不变，以给椭圆进行渐变填充，如图11-59所示；再在工具箱中将描边设为无，清除描边色，得到如图11-60所示的效果。

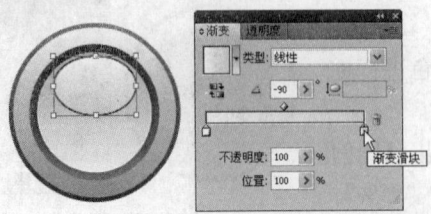
图11-59 渐变填充

图11-60 绘制好的按钮

16 用 选择工具在画面中框选刚绘制的所有对象，然后按 Alt+Shift 键将其向右拖动到适当位置，以复制一个副本，结果如图 11-61 所示。

17 先在空白处单击取消选择，再在副本按钮中单击中间需要更改渐变颜色的对象，然后在【渐变】面板中设置左边色标颜色为 C=100、M=0、Y=100、K=50，右边色标颜色为 C=100、M=0、Y=100、K=25，其他不变，以将选择对象的渐变颜色进行更改，如图 11-62 所示。

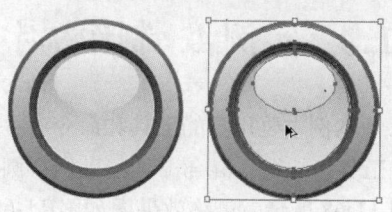

图 11-61　复制对象

18 在副本按钮中单击中间需要更改渐变颜色的对象，然后在【渐变】面板中设置左边色标颜色为 C=100、M=0、Y=100、K=50，中间色标颜色为 C=10、M=0、Y=10、K=0，右边色标颜色为白色，其他不变，以将选择对象的渐变颜色进行更改，如图 11-63 所示。

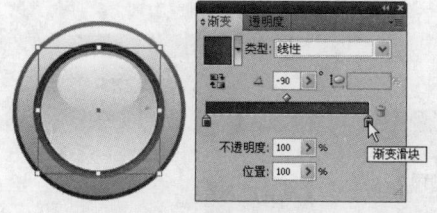

图 11-62　更改渐变颜色

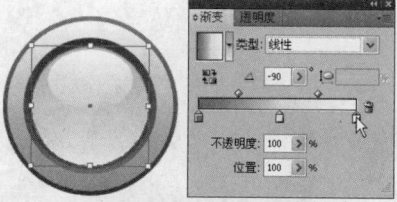

图 11-63　更改渐变颜色

19 在副本按钮中单击中间需要更改渐变颜色的对象，然后在【渐变】面板中设置左边色标颜色为 C=100、M=0、Y=100、K=0，右边色标颜色为 C=10、M=0、Y=10、K=0，其他不变，以将选择对象的渐变颜色进行更改，如图 11-64 所示。

20 在副本按钮中单击最上层的椭圆，以选择它，然后在【渐变】面板中设置左边色标颜色为白色，右边色标颜色为 C=50、M=0、Y=50、K=0，其他不变，以将选择对象的渐变颜色进行更改，如图 11-65 所示。

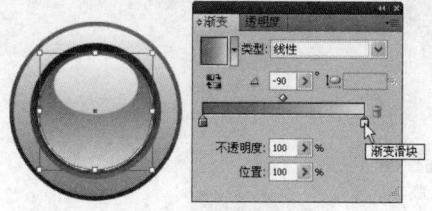

图 11-64　更改渐变颜色

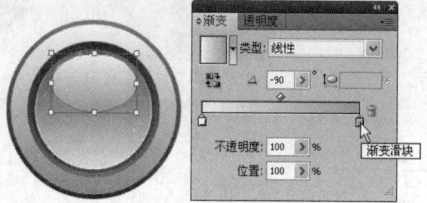

图 11-65　更改渐变颜色

21 用选择工具框选刚更改颜色的按钮，再按 Alt+Shift 键将其向右拖动到适当位置，以复制一个副本，结果如图 11-66 所示；然后用前面同样的方法将按钮的渐变颜色进行更改，更改后的效果如图 11-67 所示。

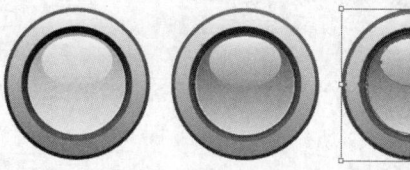

图 11-66　复制对象

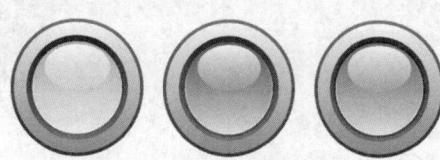

图 11-67　最终效果图

11.4 实例4 制作福字灯笼

本例主要用到的工具和命令有：椭圆工具、渐变填充、复制、贴在前面、矩形工具、直线段工具、编组、混合工具、排列、圆角矩形工具、文字工具、位移路径、投影等。制作流程如图 11-68 所示，最终效果图如图 11-69 所示。

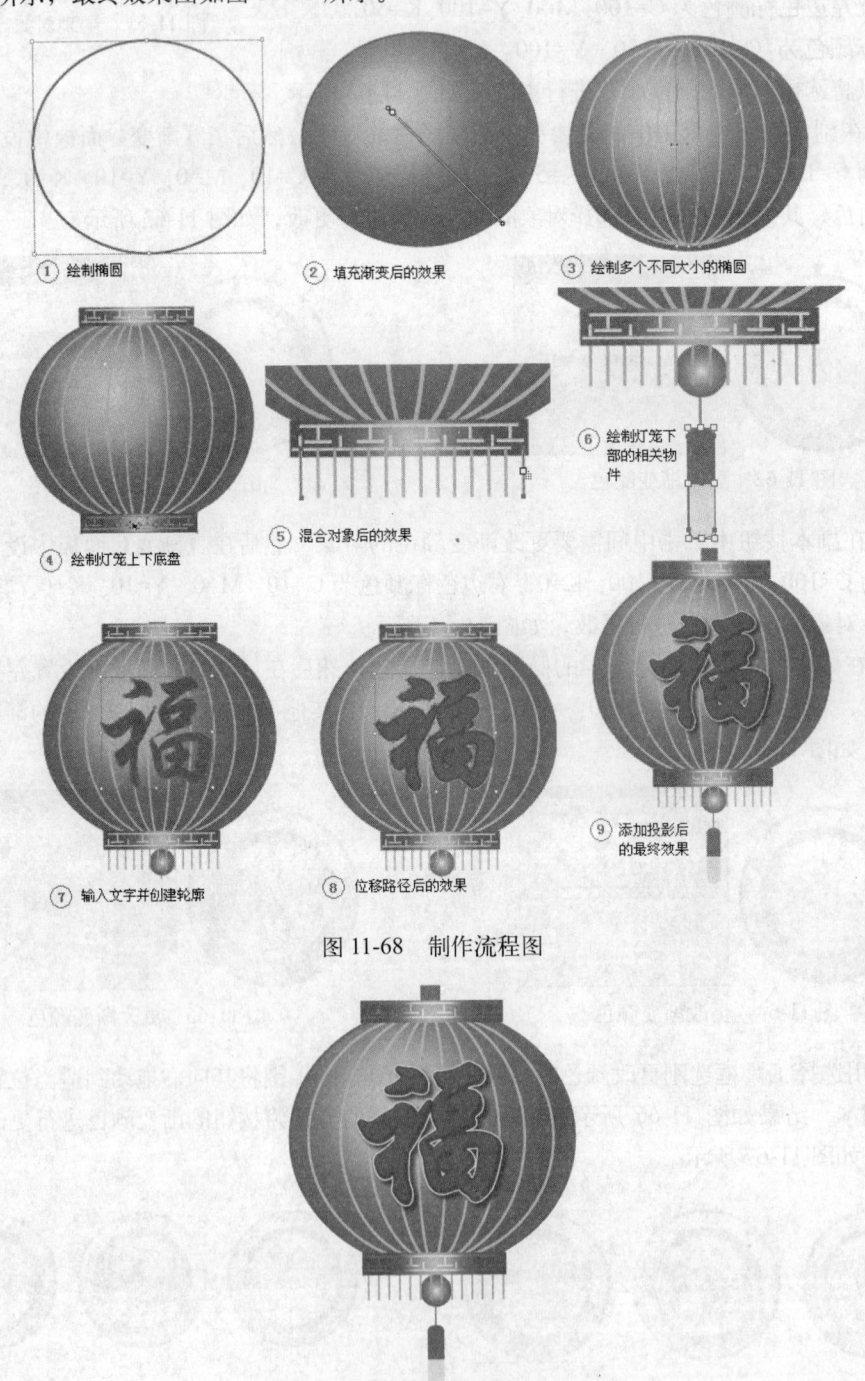

图 11-68 制作流程图

图 11-69 最终效果图

制作福字灯笼

1 按 Ctrl+N 键新建一个图形文件，接着从在工具箱中点选 椭圆工具，在画面中单击，弹出【椭圆】对话框，并在其中设置【宽度】为"150mm"，【高度】为"130mm"，如图 11-70 所示，单击【确定】按钮，得到如图 11-71 所示的椭圆。

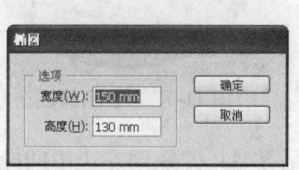

图 11-70 【椭圆】对话框

图 11-71 绘制椭圆

2 显示【颜色】面板，并在其中设置描边为 R226、G2、B33，显示【描边】面板，并在其中设置【粗细】为"4pt"，其他不变，如图 11-72 所示，将轮廓线加粗并设置为红色，画面效果如图 11-73 所示。

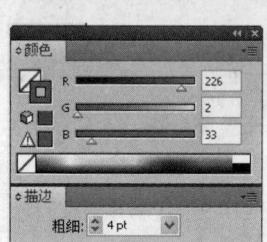

图 11-72 【颜色】面板

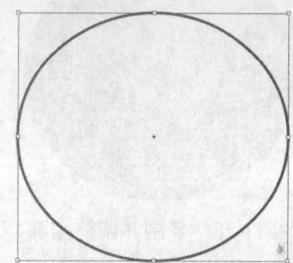

图 11-73 更改颜色

3 显示【渐变】面板，并其中设置【类型】为"径向"，再在【渐变】面板中编辑所需的渐变，如图 11-74 所示，然后从工具箱中点选渐变工具，再在椭圆内拖动鼠标，以给椭圆进行渐变填充，填充渐变后的效果如图 11-75 所示。

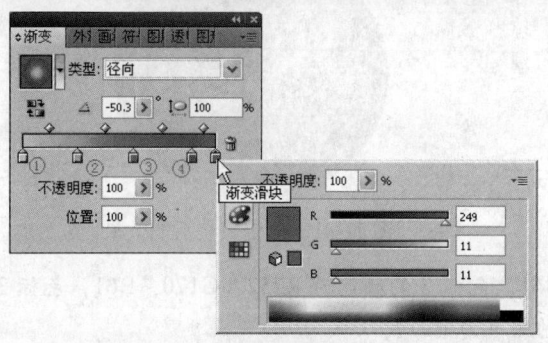

图 11-74 【渐变】面板

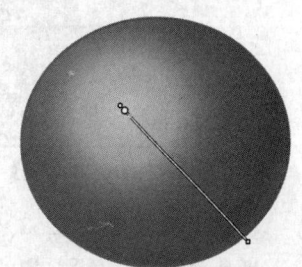

图 11-75 更改渐变角度

色标 1 的颜色为 R252、G217、B41，色标 2 的颜色为 R252、G170、B61，色标 3 的颜色为 R255、G8、B0，色标 4 的颜色为 R217、G0、B0。

4 从工具箱中点选○椭圆工具,在大椭圆内拖出一个圆圈,在【颜色】面板中设定描边为R245、G200、B13,填色为无,再在【描边】面板中设定【粗细】为"4pt",如图11-76所示,如图11-77所示。

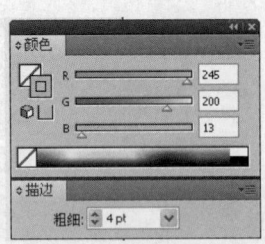

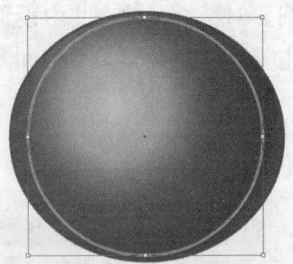

图11-76 【颜色】面板　　　　　　　图11-77 绘制椭圆

5 先按Ctrl+C键,再按Ctrl+F键复制一个副本,然后按Alt键拖动左边中间控制柄向右至适当位置,以缩小副本,结果如图11-78所示。

6 用上步同样的方法再复制多个副本,并对副本进行大小调整,调整好后的效果如图11-79所示。

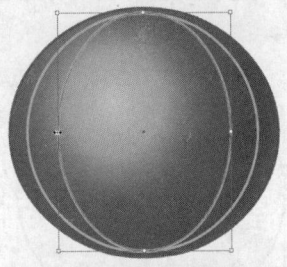

图11-78 复制并调整椭圆　　　　　　图11-79 复制并调整椭圆

7 在工具箱中点选□矩形工具,在刚绘制图形的上部绘制一个矩形,再在【渐变】面板中设置所需的渐变,如图11-80所示,以给矩形进行渐变填充,填充渐变颜色后的效果如图11-81所示。

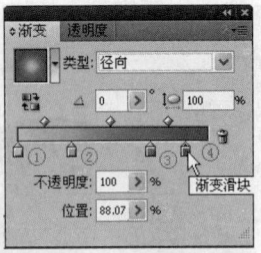

图11-80 【渐变】面板　　　　　　图11-81 渐变填充后的效果

 色标1的颜色为R252、G217、B41,色标2的颜色为R252、G170、B61,色标3的颜色为R255、G8、B0,色标4的颜色为R217、G0、B0。

8 在工具箱中点选\直线段工具,按Shift键依次在草稿区绘制出多条直线,以组成一个图案,然后再点选▶选择工具,将刚绘制的直线全部选择,在【颜色】面板中设定颜色为R243、G237、B80,在【描边】面板中设置【粗细】为3pt,再按Ctrl+G键,使它们进行编组,如图11-82所示。

9 用 选择工具将草稿区的编组对象拖动到渐变矩形中来,并排放到适当位置,再根据需要调整其大小,调整好的结果如图 11-83 所示。

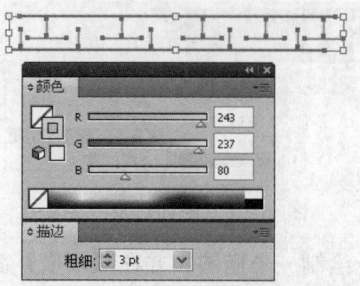

图 11-82 绘制图案并编组对象　　　　图 11-83 排放对象

10 按 Shift 键再单击矩形,以同时选择它们,然后按 Alt+Shift 键将其向下拖动到下部,以复制一个对象,结果如图 11-84 所示。

11 在工具箱中点选 矩形工具,在图形的上部绘制一个矩形,再在【颜色】面板中设置填色为 R255、G0、B0,描边为无,再排放到最底层,绘制好的矩形如图 11-85 所示。

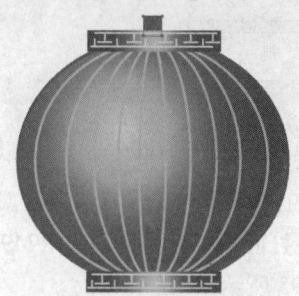

图 11-84 复制对象　　　　图 11-85 绘制矩形

12 在工具箱中点选 直线段工具,按 Shift 键在图形的下部绘制出一条垂直线,再在【颜色】面板中设置描边为 R247、G184、B8,在【描边】面板中设置【粗细】为 3pt,如图 11-86 所示,结果如图 11-87 所示。

13 从工具箱中点选 选择工具,然后按 Alt+Shift 键将刚绘制的直线段向右水平拖动到适当位置,复制一条直线段,结果如图 11-88 所示。

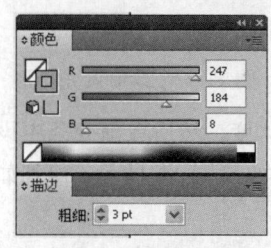

图 11-86 【颜色】面板　　图 11-87 绘制直线　　图 11-88 复制对象

14 在工具箱中双击 混合工具,弹出【混合选项】对话框,并在其中设置【间距】为"指定的步数",其步数为 12,其他不变,如图 11-89 所示,单击【确定】按钮,然后在两条直线上依次单击,以将它们进行混合,混合后的结果如图 11-90 所示。

图 11-89 【混合选项】对话框

15 从工具箱中点选 选择工具,再在混合对象上右击,弹出快捷菜单,并在其中选择【排列】→【置于底层】命令,将选择的混合对象置于底层,结果如图 11-91 所示。

图 11-90　混合对象　　　　　　　图 11-91　排列对象

16 从工具箱中点选 椭圆工具,在混合对象上绘制一个椭圆,并在【渐变】面板中设置左边色标的颜色为 R255、G242、B63,右边色标的颜色为 R255、G30、B0,如图 11-92 所示,填充了渐变颜色的椭圆如图 11-93 所示;然后按 Ctrl+Shift+[键将其排放到底层,以得到如图 11-94 所示的效果。

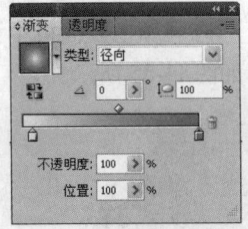

图 11-92　【渐变】面板　　　图 11-93　渐变填充后的效果　　　图 11-94　排放对象

17 在工具箱中点选 直线段工具,按 Shift 键在渐变椭圆的下部绘制出一条垂直直线,然后在【颜色】面板中设置描边为 R249、G105、B8,在【描边】面板中设置【粗细】为 2pt,结果如图 11-95 所示。

18 在工具箱中点选 圆角矩形工具,在画面中直线下方单击,弹出【圆角矩形】对话框,并在其中设置【宽度】为"8.5mm",【高度】为"34.4mm",【圆角半径】为"3mm",如图 11-96 所示,单击【确定】按钮,得到如图 11-97 所示的圆角矩形。

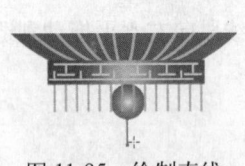
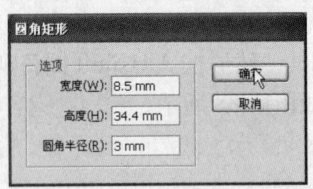
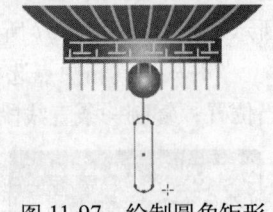

图 11-95　绘制直线　　　图 11-96　【圆角矩形】对话框　　　图 11-97　绘制圆角矩形

19 在【渐变】面板中设定【类型】为"线性",【角度】为"90"度,然后在渐变条中设置所需的渐变,如图 11-98 所示,再在【颜色】面板中设置描边为无,如图 11-99 所示,得到如图 11-100 所示的效果。

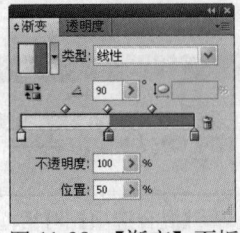
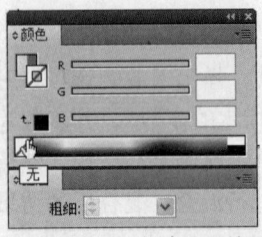
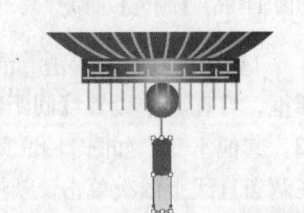

图 11-98　【渐变】面板　　　图 11-99　【颜色】面板　　　图 11-100　渐变填充后的效果

20 从工具箱中点选 T 文字工具,在画面中单击显示光标,再在【控制】选项栏中设置参数为 华文行楷 250 pt,然后再输入"福"字,结果如图 11-101 所示。

21 从工具箱中点选 选择工具,在文字上右击,弹出快捷菜单,并在其中选择【创建轮廓】命令,如图 11-102 所示,以将文字转换为轮廓,再在【颜色】面板中设置填色为 R230、G0、B18,以得到如图 11-103 所示的效果。

图 11-101 输入文字　　　图 11-102 执行【创建轮廓】命令　　　图 11-103 填充颜色

22 在菜单中执行【效果】→【路径】→【位移路径】命令,弹出【位移路径】对话框,并在其中设置【位移】为"2mm",其他不变,如图 11-104 所示,单击【确定】按钮,得到如图 11-105 所示的效果。

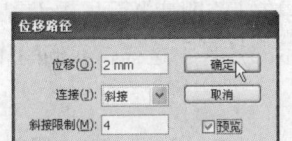 

图 11-104 【位移路径】对话框　　　图 11-105 位移路径

23 在【颜色】面板中设置填色为 R193、G16、B25,描边为 R249、G237、B11,在【描边】面板中设置【粗细】为"2pt",如图 11-106 所示,以得到如图 11-107 所示的效果。

24 在"福"字上右击弹出快捷菜单,并在其中执行【取消编组】命令,如图 11-108 所示,将组解散。

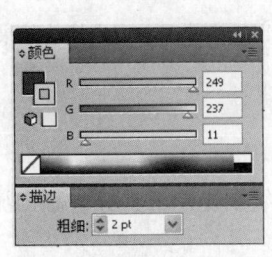  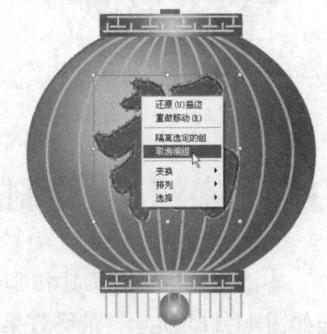

图 11-106 【描边】面板　　　图 11-107 填充颜色　　　图 11-108 执行【取消编组】命令

25 先在空白处单击取消选择，再在"福"字最外的轮廓线上单击，以选择外轮廓，如图 11-109 所示，再在菜单中执行【效果】→【风格化】→【投影】命令，弹出【投影】对话框，并在其中设置【X 位移】为"2mm"，【Y 位移】为"2mm"，【模糊】为"1mm"，【颜色】为"R124、G14、B9"，其他不变，如图 11-110 所示，单击【确定】按钮，即可得到如图 11-111 所示的效果。

图 11-109　选择外轮廓

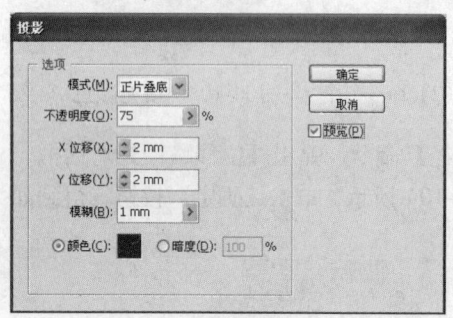

图 11-110　【投影】对话框

图 11-111　添加投影

26 在键盘上按↓向下键与→向右键各 2 次，以得到如图 11-112 所示的效果。

27 先取消选择，再按 Shift 键选择矩形中的图案，再在【透明度】面板中设置【混合模式】为"叠加"，如图 11-113 所示，即可得到如图 11-114 所示的效果。这样，我们的作品以制作成了

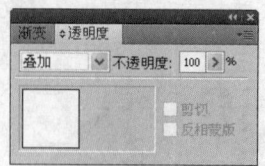

图 11-112　移动对象　　　图 11-113　【透明度】面板　　　图 11-114　设置混合模式后的效果

11.5　实例 5　绘制蔬菜

本例主要用到的工具和命令有：钢笔工具、渐变填充、排列、群组、矩形工具等。制作流程如图 11-115 所示，最终效果如图 11-116 所示。

第 11 章 综合实例 **255**

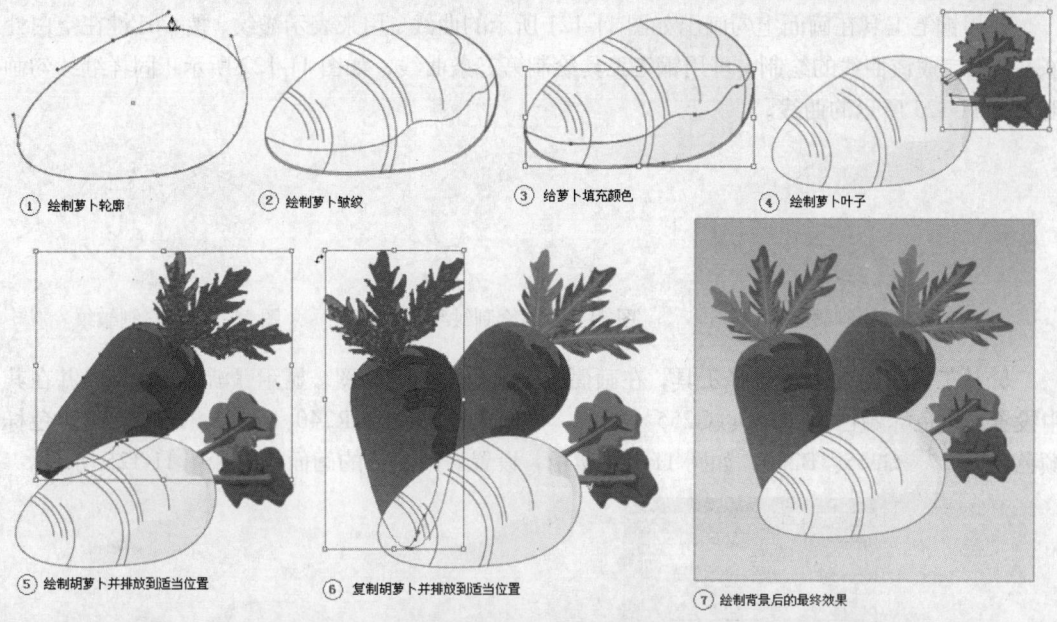

图 11-115 制作流程图

图 11-116 最终效果图

Howto 绘制蔬菜

1 按 Ctrl+N 键新建一个图形文件,显示【颜色】面板,并在其中设置填色为无,描边为 R74、G144、B34,并在【描边】面板中设置【粗细】为"1pt",如图 11-117 所示,以给将要绘制的图形进行属性设置。

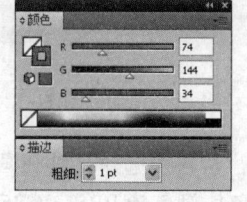

图 11-117 【颜色】面板

2 从工具箱中点选 ◊ 钢笔工具,在画板中上勾画出如图 11-118 所示的轮廓线,表示萝卜的轮廓。

3 用钢笔工具在表示萝卜轮廓图的下部适当位置绘制出阴影轮廓图,如图 11-119 所示,同样在右上部绘制出阴影轮廓图,如图 11-120 所示。

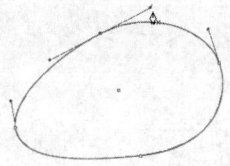
图 11-118 绘制萝卜轮廓

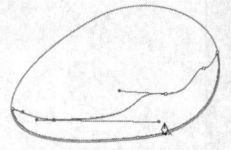
图 11-119 绘制阴影轮廓

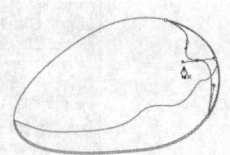
图 11-120 绘制阴影轮廓

4 用钢笔工具在画面上勾画出如图 11-121 所示的曲线，用来表示皱纹，按 Ctrl 键在空白处单击，以完成该曲线的绘制；再用钢笔工具绘制第二条曲线，如图 11-122 所示；同样继续勾画出如图 11-123 所示的曲线。

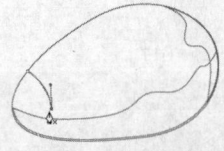
图 11-121 绘制皱纹

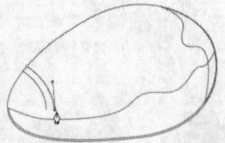
图 11-122 绘制皱纹

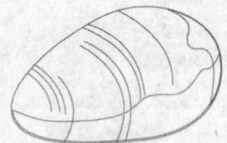
图 11-123 绘制皱纹

5 从工具箱中点选 选择工具，在画面上点选萝卜的轮廓图，显示【渐变】面板，并在其中设置左边色标颜色为 R255、G255、B225，中间色标颜色为 R240、G255、B235，右边色标颜色为 R227、G255、B230，如图 11-124 所示，设置好渐变后的画面效果如图 11-125 所示。

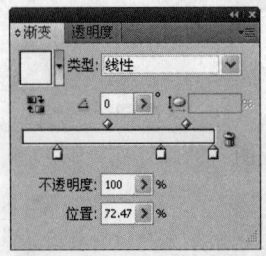
图 11-124 【渐变】面板

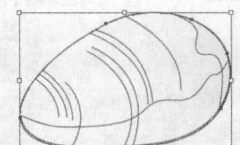
图 11-125 渐变填充后的效果

6 再用选择工具在画面中单击表示阴影的轮廓图，以选择它，再在【渐变】面板中设置左边色标颜色为 R255、G255、B225，中间色标颜色为 R225、G255、B225，右边色标颜色为 R227、G255、B230，如图 11-126 所示，设置好渐变颜色后的画面效果如图 11-127 所示。

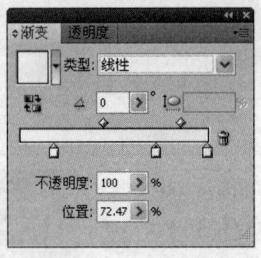
图 11-126 【渐变】面板

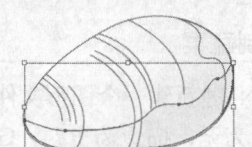
图 11-127 渐变填充后的效果

7 再用选择工具在画面中单击表示阴影的轮廓图，以选择它，再在【渐变】面板中设置左边色标颜色为 R255、G255、B225，中间色标颜色为 R217、G242、B197，右边色标颜色为 R227、G255、B230，如图 11-128 所示，设置好渐变颜色后的画面效果如图 11-129 所示。

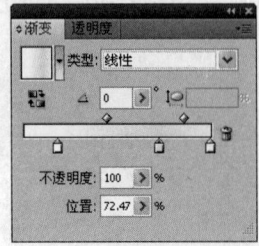
图 11-128 【渐变】面板

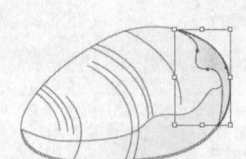
图 11-129 渐变填充后的效果

8 按 Shift 键在画面中单击另一个表示阴影的图形,以同时选择它们,然后在【颜色】面板中设置描边为无,清除轮廓线色,如图 11-130 所示,再在空白处单击取消选择,得到如图 11-131 所示的效果。

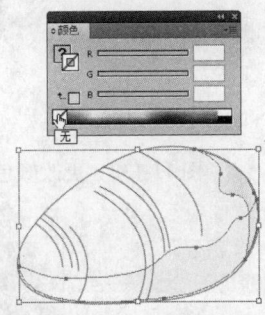

图 11-130 清除轮廓色

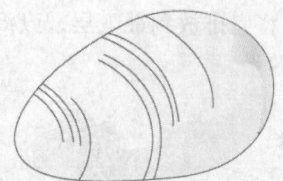

图 11-131 取消选择后的效果

9 用钢笔工具在萝卜的右边勾画出如图 11-132 所示的结构线,表示叶子的轮廓图,然后再勾画出叶子的其他轮廓线,如图 11-133 所示。

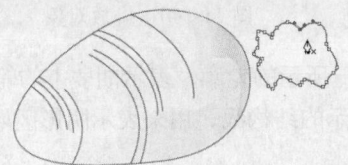

图 11-132 绘制轮廓

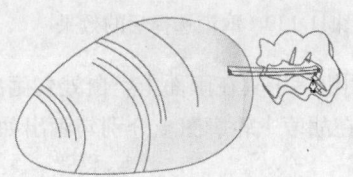

图 11-133 绘制轮廓

10 用选择工具点选如图 11-134 所示的结构线,在【颜色】面板中设定填色为 R44、G147、B48,描边为无;然后用同样的方法对其他结构线进行颜色填充与清除轮廓色,它们的填充颜色分别为 R64、G156、B41、R55、G136、B41、R58、G153、B43、R121、G184、B33,填充好颜色后的画面效果如图 11-135 所示。

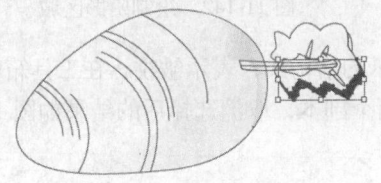

图 11-134 填充颜色

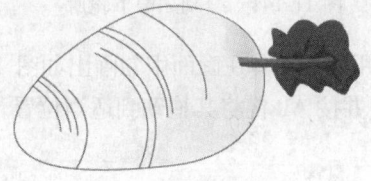

图 11-135 填充颜色

11 用选择工具框选叶子,按 Alt 键向上拖动到如图 11-136 所示的位置,以复制一个副本,再移动指针到右上角的控制柄上指针呈弯曲的双箭头时,按下左键适当旋转,旋转到所需的位置后松开左键,得到如图 11-137 所示的效果。

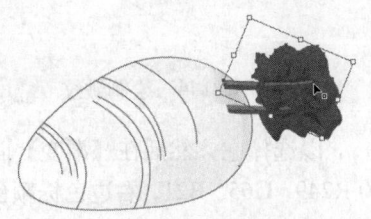

图 11-136 复制对象

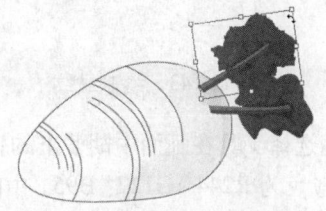

图 11-137 旋转对象

12 先在空白处单击取消选择，再点选如图 11-138 所示的结构线，在【颜色】面板中设定颜色为 R121、G184、B33，然后用同样的方法对其他结构线进行设置，设置好颜色后的效果如图 11-139 所示。

13 用选择工具框选已画好的叶子，按 Ctrl+Shift+[键将它排放到最下层，以得到如图 11-140 所示的效果。

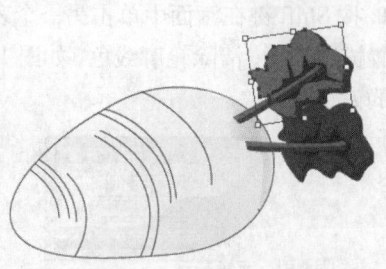

图 11-138　更改颜色

 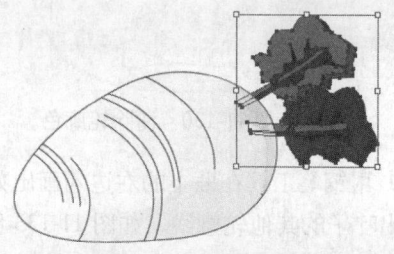

图 11-139　取消选择后的效果　　　　图 11-140　排放对象

14 用钢笔工具在画面上空白处勾画出如图 11-141 所示的轮廓，表示胡萝卜的轮廓；再用钢笔工具在胡萝卜轮廓图上分别勾画出如图 11-142 所示的结构线，用来表示阴影区域。

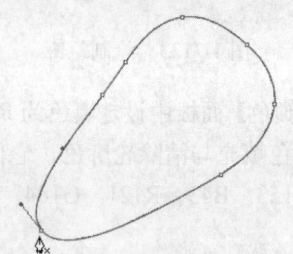 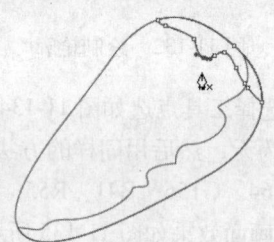

图 11-141　绘制胡萝卜轮廓　　　　图 11-142　绘制阴影区域

15 用钢笔工具在画面中勾画出如图 11-143 所示的结构线，表示皱纹，在工具箱中点选选择工具，并按 Alt 键将其拖动到适当位置，以复制两个副本，取消选择后的结果如图 11-144 所示。

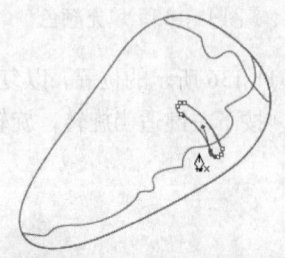 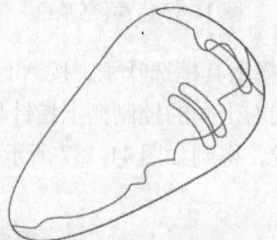

图 11-143　绘制皱纹　　　　图 11-144　绘制皱纹

16 用选择工具在画面中胡萝卜的轮廓图上单击，以选择它，然后在【渐变】面板中设置左边色标颜色为 R244、G127、B95，中间色标颜色为 R249、G65、B21，右边色标颜色为 R247、G65、B39，如图 11-145 所示，设置好渐变颜色后的画面效果如图 11-146 所示。

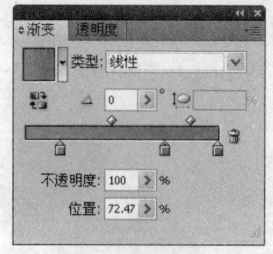
图 11-145 【渐变】面板

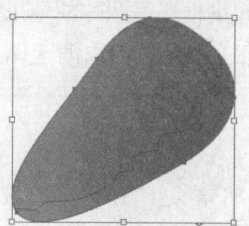
图 11-146 渐变填充

17 先在空白处单击取消选择，再按 Shift 键点选如图 11-147 所示的轮廓，在【颜色】面板中设置填色为 R230、G54、B9；然后再点选如图 11-148 所示的轮廓，并填充颜色为 R248、G115、B17。

图 11-147 填充颜色

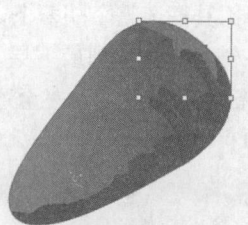
图 11-148 填充颜色

18 用选择工具框选整个胡罗卜的轮廓，在【颜色】面板中设置描边为无，清除轮廓色，如图 11-149 所示，再在空白处单击取消选择，得到如图 11-150 所示的效果。

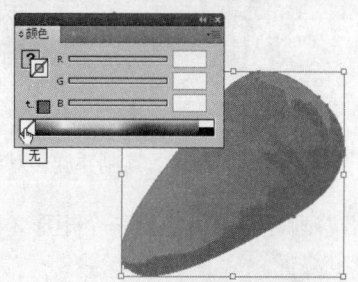
图 11-149 清除轮廓色

图 11-150 取消选择后的效果

19 用前面同样的方法绘制出胡萝卜的叶子，并填充所需的颜色，绘制好的效果如图 11-151 所示，再用选择工具框选整片叶子，然后按 Alt 键拖动它向右下方到适当位置，并进行适当旋转，接着再复制一个副本，同样进行旋转，复制并旋转后的效果，如图 11-152 所示。

图 11-151 绘制叶子

图 11-152 复制叶子

20 按Shift键框选另两片胡萝卜叶子,再按Ctrl+Shift+[键将其排放到底层,得到如图11-153所示的效果,在空白处单击取消选择。这样,胡萝卜就绘制完成了,画面如图11-154所示。

图11-153 排列对象　　　　　　　　　图11-154 取消选择后的效果

21 用选择工具框选整个胡萝卜,并按Ctrl+G键将其群组,然后将其拖动到白萝卜处,再按Ctrl+Shift+[键将它排放到最下层,得到如图11-155所示的效果。

22 按Alt键拖动胡萝卜向左至适当位置,以复制一个胡萝卜,再将其进行适当旋转,旋转后的结果如图11-156所示。

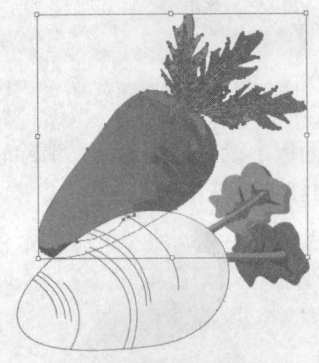 

图11-155 排列对象　　　　　　　　　图11-156 复制并旋转对象

22 在工具箱中点选▢矩形工具,在画面中沿着画好的萝卜拖出一个矩形,如图11-157所示。

23 在【渐变】面板中设置左边色标颜色为R238、G244、B227,中间色标颜色为R234、G241、B219,右边色标颜色为R178、G218、B159,如图11-158所示,再按Ctrl+Shift+[键将它排放到最底层,得到如图11-159所示的效果。这样,我们的蔬菜就绘制完成了。

图11-157 绘制矩形　　　图11-158【渐变】面板　　　图11-159 最终效果

11.6 实例6 空调标签设计

本例主要用到的工具和命令有：钢笔工具、直线段工具、混合工具、复制、贴在前面、剪切蒙版、渐变工具、椭圆工具、排列、文字工具、直接选择工具等。制作流程如图11-160所示，最终效果如图11-161所示。

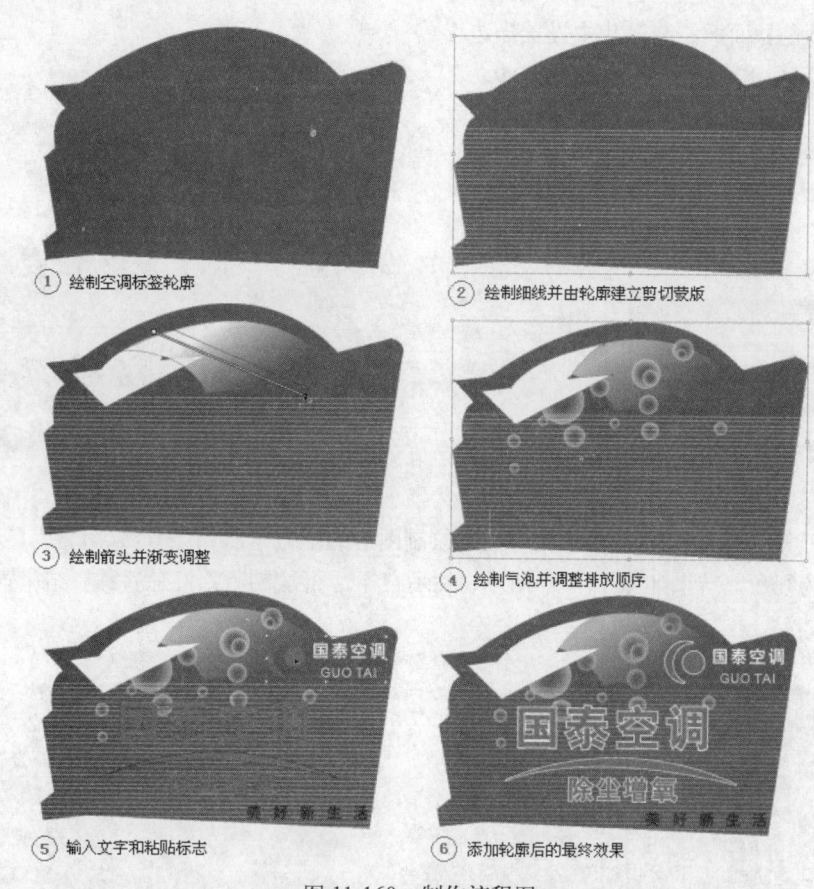

图 11-160 制作流程图

图 11-161 最终效果图

空调标签设计

1 按 Ctrl+N 键新建一个文档,接着在工具箱中点选钢笔工具,然后在画板中绘制出一个图形,如图 11-162 所示。

2 在菜单中执行【窗口】→【颜色】命令,显示【颜色】面板,并在其中设置描边为无,填色为 C=85、M=50、Y=0、K=0,如图 11-163 所示,填充颜色后的效果如图 11-164 所示。

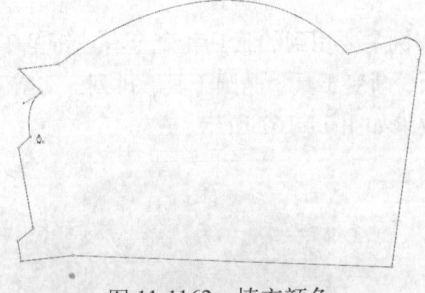

图 11-1162　填充颜色

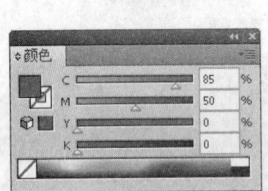

图 11-163　【颜色】面板

图 11-164　填充颜色

3 在工具箱中点选直线段工具,在刚绘制图形的上方绘制一条直线,再在【颜色】面板中设置描边为红色,结果如图 11-165 所示;然后在下方再绘制一条红色直线,结果如图 11-166 所示。

图 11-165　绘制直线

图 11-166　绘制直线

4 在工具箱中双击混合工具,弹出【混合选项】对话框,并在其中设置【间距】为"指定的步数",其步数为 30,如图 11-167 所示,设置好后单击【确定】按钮,然后在画面中先后单击两条刚绘制的直线,以得到如图 11-168 所示的效果。

图 11-167　【混合选项】对话框

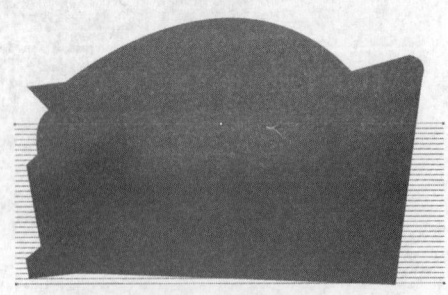

图 11-168　混合效果

5 在工具箱中点选选择工具,在画面中单击用钢笔工具绘制的图形,以选择它,接着按 Ctrl+C 键进行复制,再按 Ctrl+F 键将副本粘贴到原对象的上一层,再在【控制】选项栏的【色板】面板中设置填色为无,描边为红色,如图 11-169 所示,然后在按 Shift+Ctrl+] 键将其置于顶层,得到如图 11-170 所示的效果。

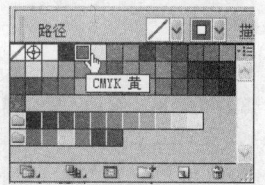

图 11-169 【控制】选项栏

6 按 Shift 键单击混合对象,以同时选择它们,再在菜单中执行【对象】→【剪切蒙版】→【建立】命令,即可得到如图 11-171 所示的效果。

图 11-170 排列对象

图 11-171 建立剪切蒙版

7 在【颜色】面板中设置描边为白色,如图 11-172 所示,将直线混合对象的描边颜色改为白色,得到如图 11-173 所示的效果。

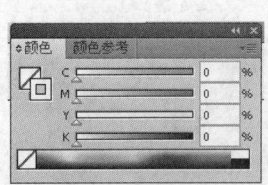

图 11-172 【颜色】面板

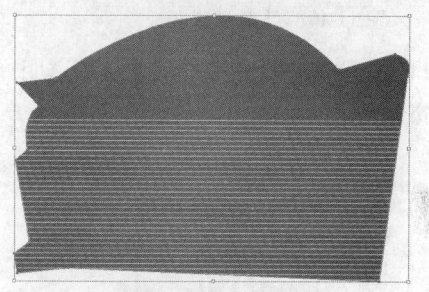

图 11-173 更改颜色

8 在工具箱中点选钢笔工具,接着在混合对象的上方绘制出一个箭头形状,如图 11-174 所示,然后再绘制出一个扇形,如图 11-175 所示。

图 11-174 绘制图形

图 11-175 绘制图形

9 在工具箱中点选选择工具,按 Shift 键在画面中单击箭头形状,以同时选择刚绘制的两个对象,再在【颜色】面板中设置描边为无,填色为白色,如图 11-176 所示,即可得到如图 11-177 所示的效果。

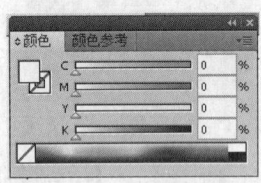

图 11-176 【颜色】面板

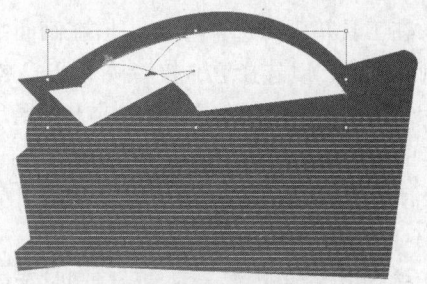

图 11-177 填充颜色

10 先在空白处单击取消选择,再单击扇形对象,以选择它,接着显示【渐变】面板,并在其中设置左边色标颜色为白色,右边色标颜色为白色,再设置右边色标的【不透明度】为"0%",其他不变,如图 11-178 所示,然后在工具箱中点选▇渐变工具,在扇形对象上拖动鼠标来给扇形进行渐变调整,调整后的效果如图 11-179 所示。

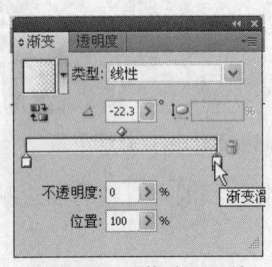

图 11-178 【渐变】面板

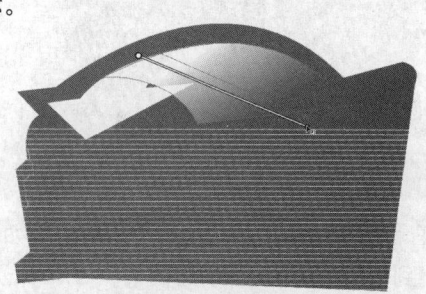

图 11-179 更改渐变方向

11 在【透明度】面板中设置【不透明度】为"70%",如图 11-180 所示,以得到如图 11-181 所示的效果。

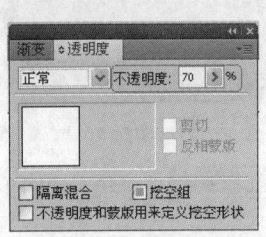

图 11-180 【透明度】面板

图 11-181 调整透明度后的效果

12 在工具箱中点选◯椭圆工具,接着在扇形上绘制一个圆,如图 11-182 所示。

13 在【渐变】面板中设置【类型】为"径向",再设置左边色标颜色为 C=85 M50 Y=0 K=0,右边色标颜色为白色,再设置右边色标的【不透明度】为"63%",如图 11-183 所示,然后在工具箱中设置描边为无,清除轮廓色,得到如图 11-184 所示的效果。

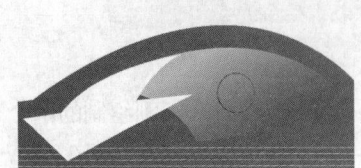

图 11-182 绘制圆形

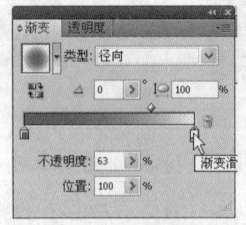

图 11-183 【渐变】面板

图 11-184 设置不透明度后的效果

14 在工具箱中点选 选择工具，并按 Alt 键拖动透明圆向下至适当位置，以复制一个副本，结果如图 11-185 所示，然后拖动右上角的控制柄向左下方至适当位置，以缩小副本，调整好后的结果如图 11-186 所示。

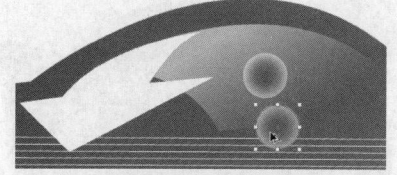

图 11-185　复制对象

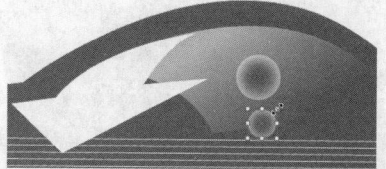

图 11-186　调整对象

15 用上步同样的方法再复制多个副本并进行适当调整，调整好后的效果如图 11-187 所示。

16 用 选择工具在画面中单击表示箭头的形状，再按 Shift 键在画面中单击混合对象，以同时选择它们，再在菜单中执行【对象】→【排列】→【置于顶层】命令，将选择的对象置于顶层，得到如图 11-188 所示的效果。

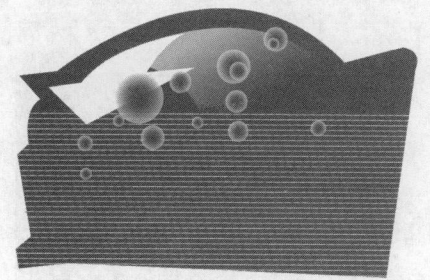

图 11-187　复制并调整对象

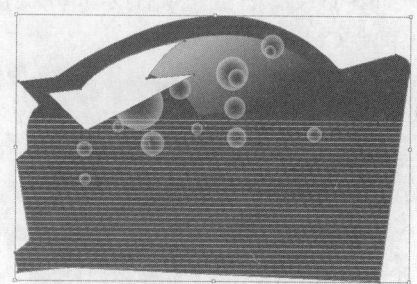

图 11-188　排列对象

17 在工具箱中点选 文字工具，在画面中适当位置单击并输入"国泰空调"文字，按 Ctrl+A 键全选文字，再在【控制】选项栏中设置所需的参数，如图 11-189 所示，再点选 选择工具确认文字输入，得到如图 11-190 所示的文字效果。

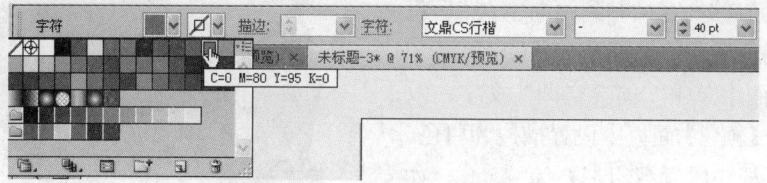

图 11-189　【控制】选项栏

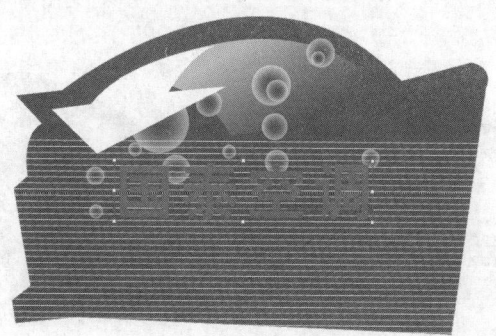

图 11-190　输入文字

18 用上步同样的方法在画面中依次输入所需的文字，如图 11-191 所示。

19 在工具箱中点选 钢笔工具，在画面中绘制一个图形，并在【控制】选项栏的【色板】面板中设置填色为 C=0、M=80、Y=95、K=0，描边为无，以得到如图 11-192 所示的效果。

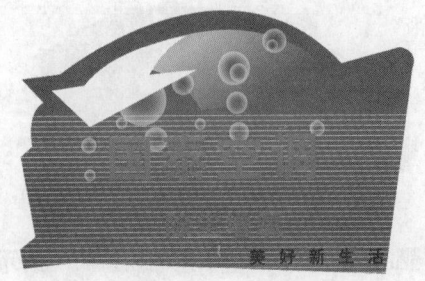
图 11-191 输入文字

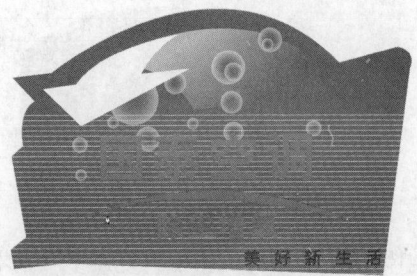
图 11-192 绘制图形

20 按 Ctrl+O 键从配套光盘的素材库中打开一个有标志的文件，再用 选择工具框选所有对象，如图 11-193 所示，然后按 Shift 键在画面中单击矩形，取消它的选择，结果如图 11-194 所示，再按 Ctrl+C 键进行复制。

图 11-193 打开标志文件

图 11-194 框选对象

21 在文档窗口的标题栏中单击制作标签的文档标题，使它为当前编辑窗口，再按 Ctrl+V 键将复制的内容粘贴到画面中，然后将其拖动到适当位置，结果如图 11-195 所示。

22 在画面中单击"国泰空调"文字，以选择它，再在【颜色】面板中设置描边为白色，在【描边】面板中设置【粗细】为"5pt"，如图 11-196 所示，即可得到如图 11-197 所示的效果。

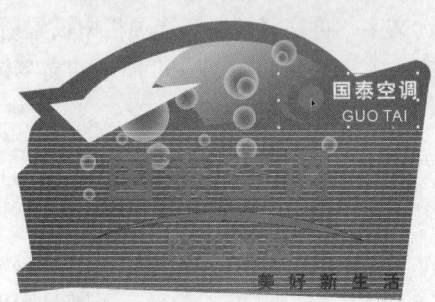
图 11-195 复制并移动对象

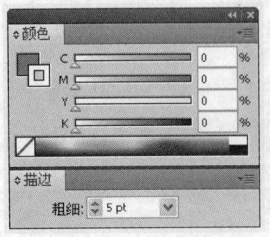
图 11-196 【颜色】面板

图 11-197 描边对象

23 在工具箱中点选 直接选择工具,在画面中单击标志中的图形,以选择它,再按 Shift 键单击"除尘增氧"文字与其上方的图形,然后在【颜色】面板中设置描边为白色,在【描边】面板中设置【粗细】为"4pt",如图 11-198 所示,即可得到如图 11-199 所示的效果。

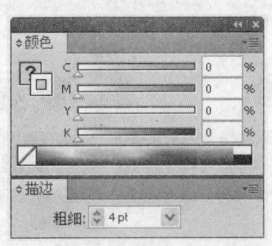

图 11-198 【颜色】面板

图 11-199 描边对象

24 按 Shift 键在画面中单击"国泰空调"文字,以同时选择它们,按 Ctrl+C 键执行【复制】命令,再按 Ctrl+F 键将副本粘贴到原对象的上层,画面效果并没有发生变化,如图 11-200 所示。

25 在【控制】选项栏的【色板】面板中设置描边颜色为无,如图 11-201 所示,以得到如图 11-202 所示的效果。

图 11-200 复制与粘贴对象

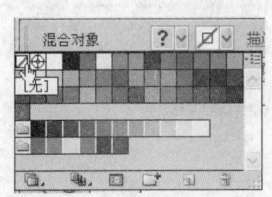

图 11-201 【控制】选项栏

图 11-202 清除描边

26 用选择工具在画面中单击直线混合对象,以选择它,再在【透明度】面板中设置【不透明度】为"70%",如图 11-203 所示,将混合对象的透明度降低,得到如图 11-204 所示的效果。这样,我们的作品就制作完成了。

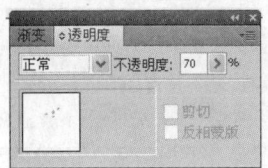

图 11-203 【透明度】面板

图 11-204 最终效果

11.7 实例7 商场宣传画

本例主要用到的工具和命令有：文字工具、排列、创建轮廓、偏移路径、对称、弧形、矩形工具、图案、置入等。制作流程如图11-205所示，最终效果如图11-206所示。

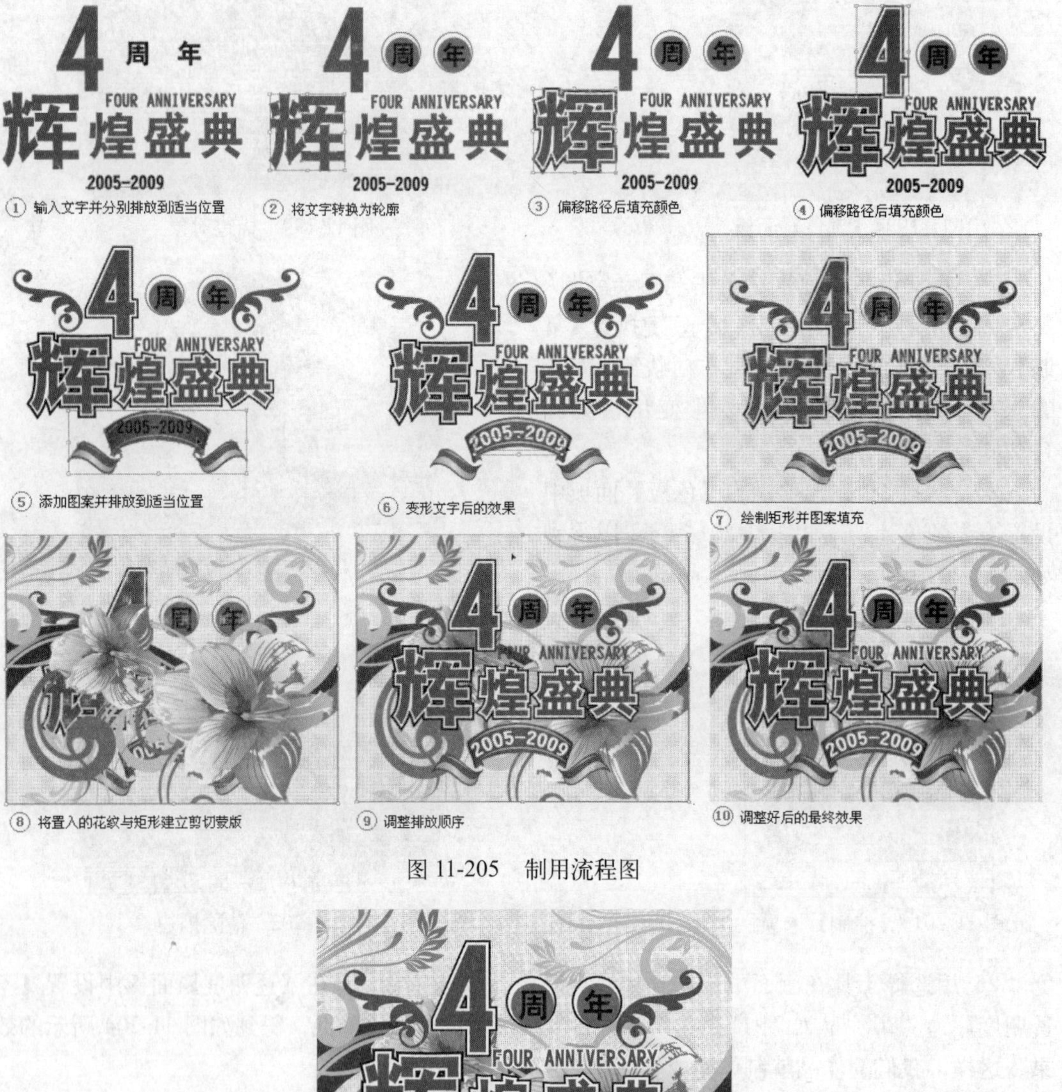

图 11-205 制用流程图

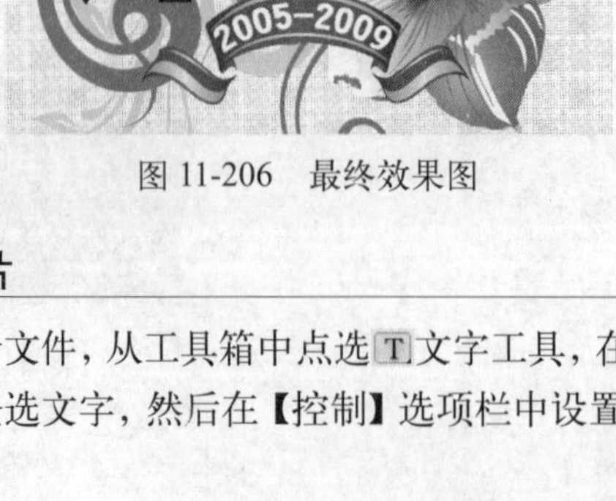

图 11-206 最终效果图

Howto 制作商场宣传片

1 按Ctrl+N键新建一个文件，从工具箱中点选 T 文字工具，在画板中适当位置单击并输入"辉"文字，再按Ctrl+A键全选文字，然后在【控制】选项栏中设置【字体】为"文鼎CS大黑"，

【字体大小】为"148",填色为C=15、M=100、Y=90、K=10,按Ctrl键在文字上单击,确认文字输入,得到如图11-207所示的文字。

2 接着用文字工具在"辉"字的后面稍远一点的地方单击并输入"煌盛典"文字,选择文字后在【控制】选项栏中设置【字体】为"文鼎CS大黑",【字体大小】为"90",填色为C=15、M=100、Y=90、K=10,按Ctrl键在文字上单击,确认文字输入,再按Ctrl键将其拖动到"辉"字的后面,以排放好文字,结果如图11-208所示。

3 用上步同样的方法在画面中依次输入所需的文字,并排放好,排好好后的效果如图11-209所示。

图11-207 输入文字

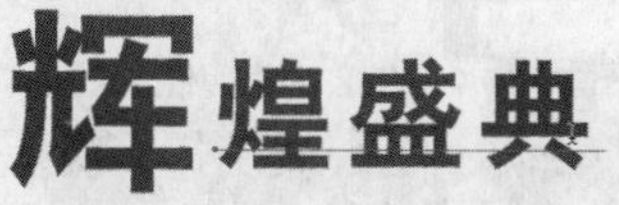

图11-208 输入文字

图11-209 输入文字

4 在工具箱中点选椭圆工具,并在画面中围绕"周"字绘制出两个圆,如图11-210所示,设定大圆的填充颜色为白色,小圆的填充颜色为红色以及描边为无,得到如图11-211所示的效果。

图11-210 绘制圆

图11-211 填充颜色

5 用选择工具框选红色圆与另一个圆,以同时选择它们,再在按 Shift+Ctrl+[键将其排放到底层,结果如图11-212所示;然后按Alt+Shift键将其向右拖至"年"字上,结果如图11-213所示。

图11-212 排列对象

图11-213 复制对象

6 用选择工具在画面中单击"辉"字,以选择它,如图11-214所示,再在菜单中执行【文字】→【创建轮廓】命令,将文字转换为轮廓,结果如图11-215所示。

图 11-214　选择文字　　　　　　　　图 11-215　将文字转换为轮廓

7　在菜单中执行【对象】→【路径】→【偏移路径】命令，弹出【位移路径】对话框，并在其中设置【位移】为"2mm"，其他不变，如图 11-216 所示，单击【确定】按钮，即可得到如图 11-217 所示的效果。

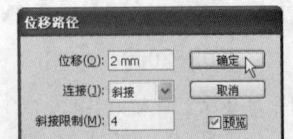 

图 11-216　【位移路径】对话框　　　　图 11-217　位移路径后的效果

8　在菜单中执行【窗口】→【颜色】命令，显示【颜色】面板，并在其中设置描边为黑色，填色为白色，如图 11-218 所示，在【窗口】菜单中执行【描边】命令，显示【描边】面板，并在其中设置【粗细】为"4pt"，如图 11-219 所示，以得到如图 11-220 所示的效果。

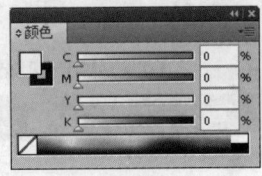 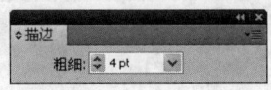

图 11-218　【颜色】面板　　　　　　图 11-219　【描边】面板

9　用选择工具在画面中单击"煌盛典"文字，以选择它，如图 11-221 所示，再在【文字】菜单中执行【创建轮廓】命令，将文字转换为轮廓，接着在菜单中执行【对象】→【路径】→【偏移路径】命令，弹出【位移路径】对话框，同样设置【位移】为"2mm"，单击【确定】按钮，然后在【颜色】面板中设置描边为黑色，填色为白色，在【描边】面板中设置【粗细】为"3pt"，得到如图 11-222 所示的效果。

图 11-220　填充颜色　　　　　　　　图 11-221　选择文字

10 用上步同样的方法将"4"字进行扩边，扩边后的效果如图11-223所示。

11 按Ctrl+O键从配套光盘中打开"/范例源文件/CH11/06.ai"文件，如图11-224所示，再用选择工具框选它们，然后按Ctrl+C键进行复制。

图11-222 位移路径后的效果

图11-223 位移路径后的效果

12 在文档窗口的标题栏中单击有"4周年辉煌盛典"文字的文件标签，以它为当前文字，再按Ctrl+V键将其粘贴到画板中，并排放到适当位置，然后在空白处单击取消选择，再选择一个花边，再将其拖动到"年"字的右下方，结果如图11-225所示。

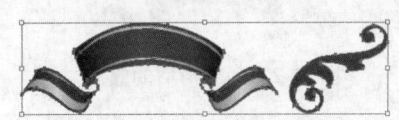

图11-224 打开的图形文件

图11-225 排放对象

13 在菜单中执行【对象】→【变换】→【对称】命令，并在其中选择【垂直】选项，勾选【对象】与【图案】两个选项，如图11-226所示，单击【复制】按钮，将选择的花边进行镜像，然后按Shift键将其向左拖至适当位置，结果如图11-227所示。

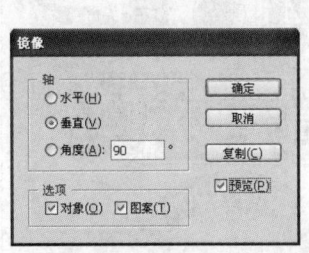

图11-226 【镜像】面板

图11-227 花边镜像

14 用选择工具将另一个对象选择，并将其拖动至"2005-2009"文字上，再按Shift+Ctrl+[键将其排放到底层，得到如图11-228所示的效果。

15 用选择工具在"2005-2009"文字上单击，以选择文字，先在【控制】选项栏的【色板】面板中设置填色为白色，再调整其大小，调整好后的结果如图11-229所示。

图 11-228　排放对象

图 11-229　调整文字并改变文字颜色

16　在菜单中执行【效果】→【变形】→【弧形】命令，弹出【变形选项】对话框，并在其中设置【弯曲】为"39"，其他不变，如图 11-230 所示，单击【确定】按钮，得到如图 11-231 所示的效果。

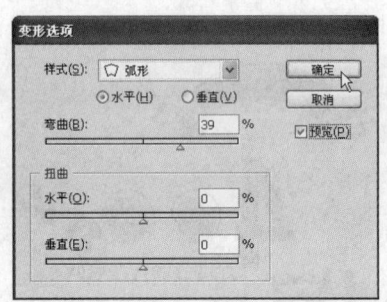

图 11-230　【变形选项】对话框

图 11-231　变形后的效果

17　再用选择工具将变形文字向下拖动至横幅图形中，排放好后的结果如图 11-232 所示。

18　在工具箱中点选矩形工具，在画面中围绕刚绘制的所有对象绘制一个矩形，如图 11-233 所示。

图 11-232　调整位置

图 11-233　绘制矩形

19　在菜单中执行【窗口】→【色板库】→【图案】→【装饰】→【装饰_现代】命令，显示【装饰_现代】色板库，然后在其中单击所需的图案，如图 11-234 所示，即可用该图案填充矩形，填充图案后的效果如图 11-235 所示。

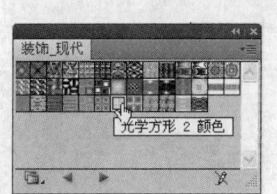

图 11-234 【装饰_现代】色板库

图 11-235 图案填充

20 在菜单中执行【文件】→【置入】命令，接着在弹出的【置入】对话框中选择要置入的文件，然后单击【置入】按钮，将配套光盘中的"/范例源文件/CH11/07.ai"文件置入到画板中，然后将其拖动到画面的适当位置，结果如图 11-236 所示。

21 在工具箱中点选□矩形工具，在画面中沿着前面绘制的矩形再绘制一个矩形，结果如图 11-237 所示。

图 11-236 置入的文件

图 11-237 绘制矩形

22 按 Shift 键在画面中单击刚置入的图片，以同时选择它们，如图 11-238 所示，再在菜单中执行【对象】→【剪切蒙版】→【建立】命令，由矩形建立蒙版，即可将矩形外的内容隐藏，隐藏后的效果如图 11-239 所示。

图 11-238 选择对象

图 11-239 建立剪切蒙版

23 按 Shift 键在画面中单击背景，以同时选择它们，再按 Shift+Ctrl+[键将其排放到最底层，以得到如图 11-240 所示的效果。

24 用选择工具在画面中单击"FOUR ANNIVERSARY"文字，以选择它，再显示【颜色】面板，并在其中设置描边为白色，然后在【描边】面板中设置【粗细】为"5pt"，如图 11-241 所示，以得到如图 11-242 所示的效果。

图 11-240　排放对象

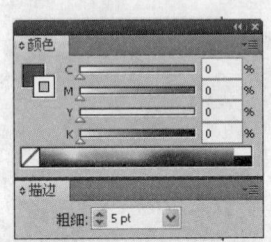

图 11-241　【颜色】面板

图 11-242　设置描边颜色后的效果

25 按 Ctrl+C 键将对象进行复制，再按 Ctrl+F 键将副本粘贴至上一层，然后在【颜色】面板中设置描边为无，如图 11-243 所示，从而得到如图 11-244 所示的效果。

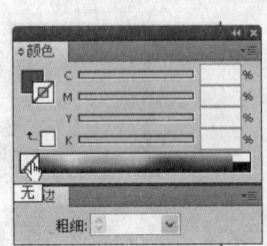

图 11-243　【颜色】面板

图 11-244　清除轮廓色

26 用选择工具在画面中单击一个圆，再按 Shift 键单击另一个圆，以同时选择它们，再在【颜色】面板中将描边设为黑色，然后在【描边】面板中设置【粗细】为"3pt"，如图 11-245 所示，从而得到如图 11-246 所示的效果。这样，我们的作品就制作完成了。

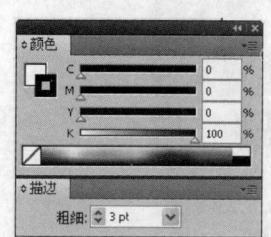

图 11-245 【颜色】面板

图 11-246 最终效果

11.8 实例 8 制作招贴画

本例主要用到的工具和命令有：矩形工具、复制、贴在前面、椭圆工具、交集、渐变填充、渐变工具、钢笔工具、混合工具、置入、剪切蒙版、旋转工具、编组等。制作流程如图 11-247 所示，最终效果如图 11-248 所示。

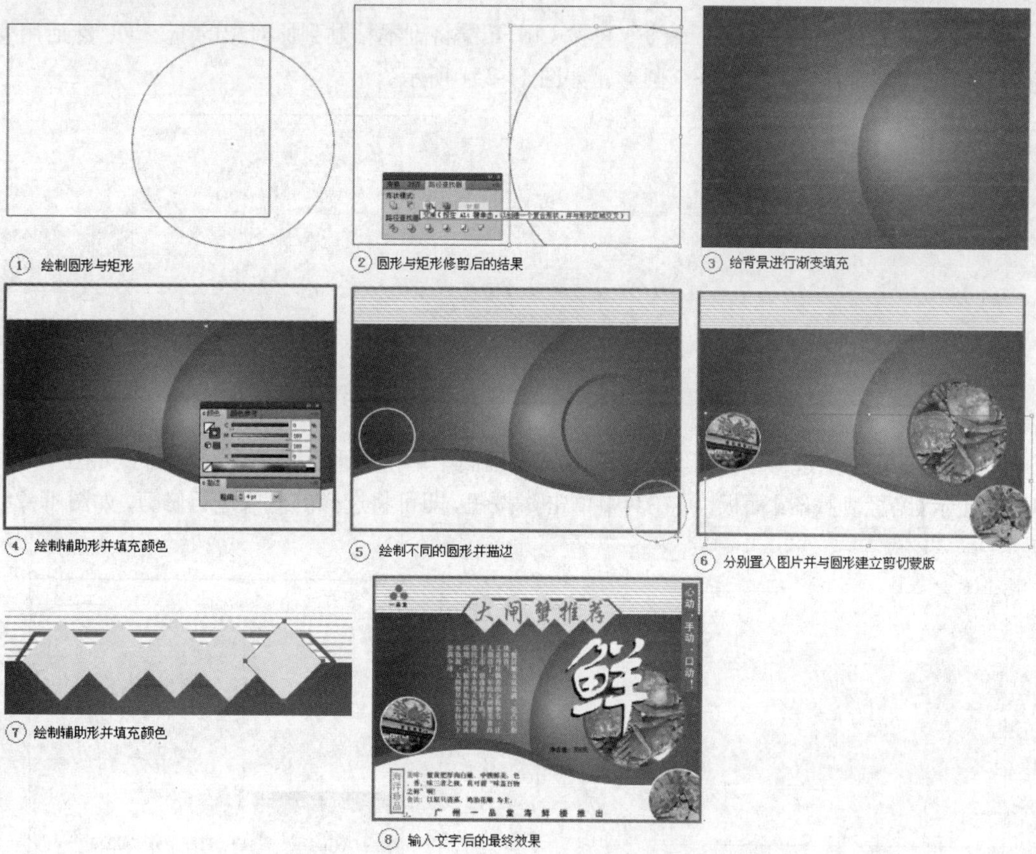

图 11-247 制作流程图

图 11-248 最终效果图

Howto 制作招贴画

1 按 Ctrl+N 键新建一个文档,再在工具箱中点选矩形工具,在画板中适当位置单击,弹出【矩形】对话框,并在其中设置【宽度】为"170mm",【高度】为"120mm",如图 11-249 所示,设置好后单击【确定】按钮,得到如图 11-250 所示的矩形。

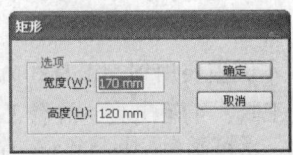

图 11-249 【矩形】对话框

2 按 Ctrl+C 键执行【复制】命令,再按 Ctrl+F 键将副本粘贴到原对象的上一层,然后用椭圆工具在矩形的右下部绘制一个圆形,如图 11-251 所示。

图 11-250 绘制矩形

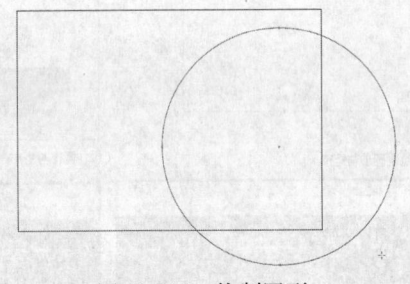

图 11-251 绘制圆形

3 在工具箱中点选选择工具,按 Shift 键在画面中单击矩形,以同时选择它们,如图 11-252 所示,显示【路径查找器】面板,并在其中单击按钮,即可将选择的对象进行修剪,如图 11-253 所示。

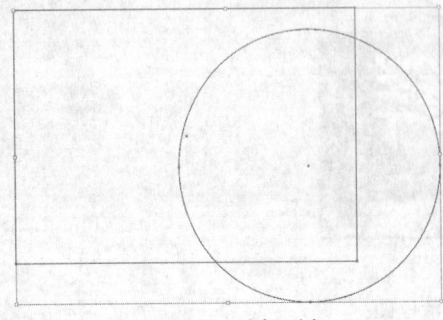

图 11-252 选择对象

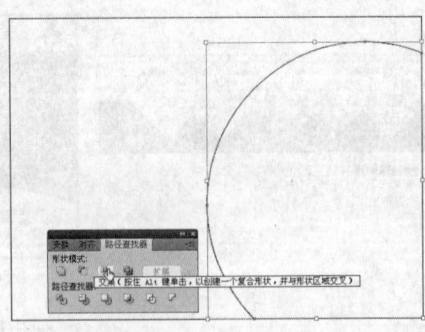

图 11-253 修剪对象

4 用选择工具在画面中单击矩形,以选择它,再在【渐变】面板中设置【类型】为"径向",左边色标颜色为 C=43.14、M=0、Y=95.69、K=0,右边色标颜色为 C=83.53、M=26.27、Y=91.37、K=40,以给矩形进行渐变填充,如图 11-254 所示。

5 在【渐变】面板中渐变图标上按下左键向修剪过的图形拖动,当指针呈 状时松开左键,即可用矩形的渐变对修剪的对象进行渐变填充,如图 11-255 所示。

图 11-254 渐变填充

图 11-255 渐变填充

6 在工具箱中点选 渐变工具,先按 Ctrl 键单击修剪所得的对象,以选择它,再在画面中拖动鼠标,以给选择的对象进行渐变修改,修改后的结果如图 11-256 所示;然后在工具箱中将描边设为无,清除轮廓色,并在空白处单击取消选择,得到如图 11-257 所示的效果。

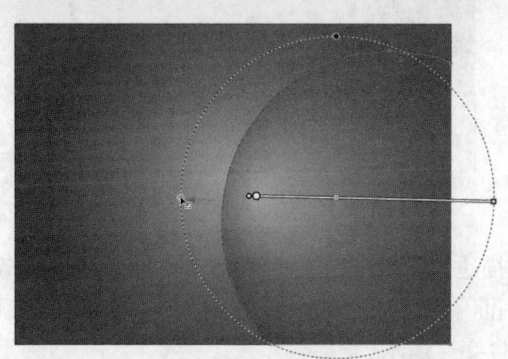

图 11-256 编辑渐变

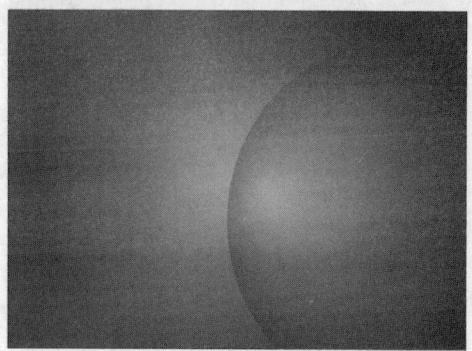

图 11-257 取消选择后的效果

7 在工具箱中点选矩形工具,再在画面中沿着矩形的上边绘制一个矩形,并使其宽度与原来矩形的宽度相等,绘制好后的结果如图 11-258 所示。

8 在工具箱中点选 钢笔工具,在画面的底部绘制一个图形,如图 11-259 所示,再点选选择工具,并按 Ctrl+C 键与 Ctrl+F 键复制一个副本,然后拖动上边中间控制柄向下,以将其缩小,缩小后的结果如图 11-260 所示。

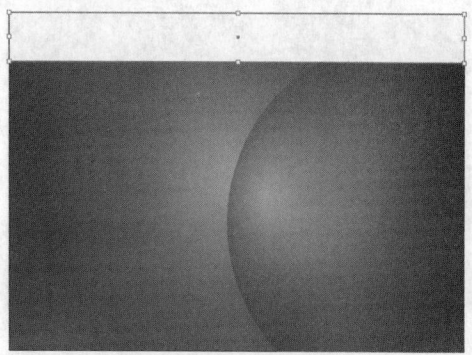

图 11-258 绘制矩形

图 11-259 绘制图形　　　　　　　　　图 11-260 绘制图形

9 在【颜色】面板中设置描边为无，填色为白色，再选择用钢笔工具绘制的原对象，然后同样在【颜色】面板中设置描边为无，填色为红，在空白处单击取消选择，得到如图 11-261 所示的效果。

10 再次点选矩形工具，在画面中沿着大矩形绘制一个矩形框，如图 11-262 所示。

 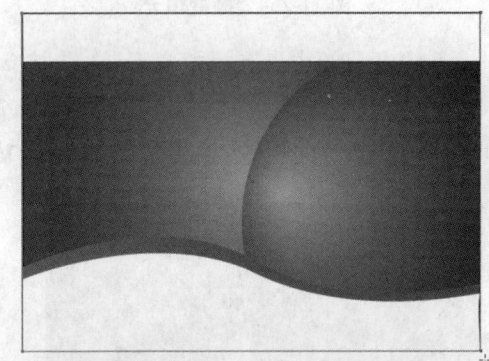

图 11-261 填充颜色　　　　　　　　　图 11-262 绘制矩形框

11 在【颜色】面板中设置描边为红色，在【描边】面板中设置【粗细】为"4pt"，以将矩形的轮廓加粗，如图 11-263 所示；用选择工具在画面中单击上边的矩形，以选择它，然后在【颜色】面板中设置描边为无，将轮廓色清除，如图 11-264 所示。

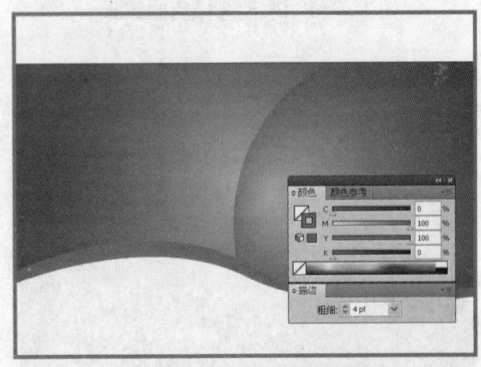 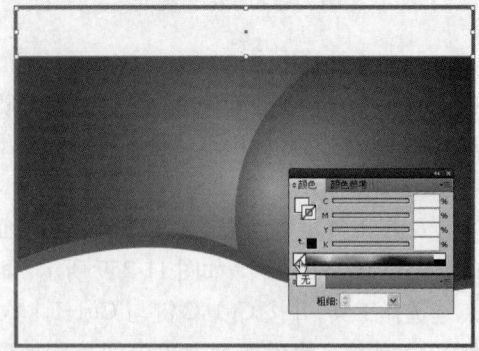

图 11-263 设置描边颜色　　　　　　　图 11-264 清除轮廓色

12 从工具箱中点选钢笔工具，在画面中的顶部绘制一条直线，接着在【颜色】面板中设置描边为 C=50、M=0、Y=100、K=0，将直线的描边色进行更改，如图 11-265 所示。

13 从工具箱中点选选择工具,按 Alt 键在直线上按下左键向下拖动,以复制一条直线,如图 11-266 所示。

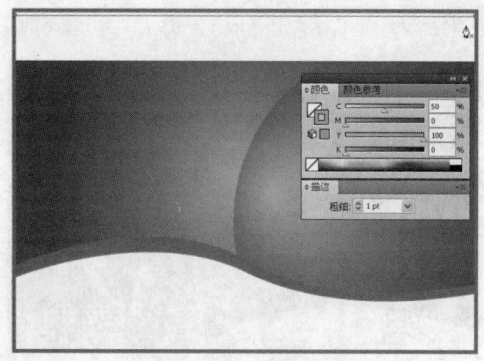

图 11-265 绘制直线

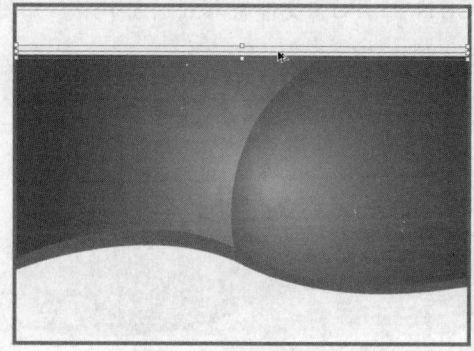

图 11-266 复制直线

14 在工具箱中双击 混合工具,并在弹出的【混合选项】对话框中设置【间距】为"指定的步数",其步数为 8,如图 11-267 所示,单击【确定】按钮,然后分别在两条直线上单击,将两条直线混合,结果如图 11-268 所示。

图 11-267 【混合选项】对话框

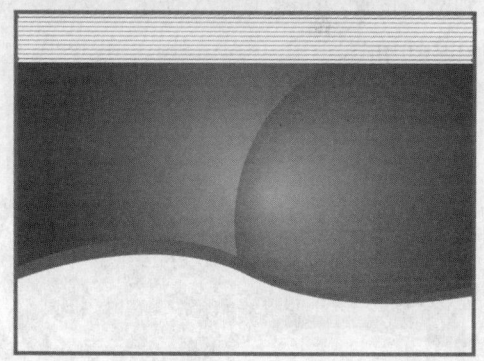

图 11-268 混合效果

15 在工具箱中点选 椭圆工具,并在画面中绘制出一个圆形,再在【颜色】面板中设置描边为红色,在【描边】面板中设置【粗细】为"5.25pt",如图 11-269 所示,得到如图 11-270 所示的效果。

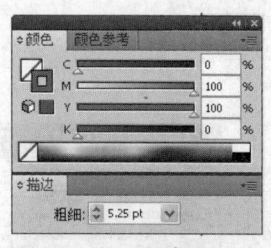

图 11-269 【颜色】面板

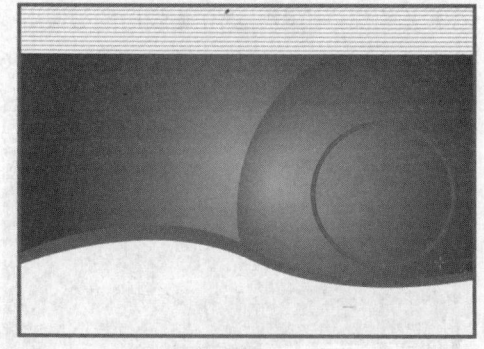

图 11-270 绘制圆形

16 在画面中依次再绘制两个圆,并分别设置其描边为白色,【粗细】为"2pt",绘制与设置好后的效果如图 11-271 所示。

17 在菜单中执行【文件】→【置入】命令,并在弹出的【置入】对话框中选择要置入的文件,再取消【链接】选项的勾选,单击【置入】按钮,即可将配套光盘中的"/范例源文件/CH11/05.JPG"文件置入到画面中来,如图 11-272 所示。

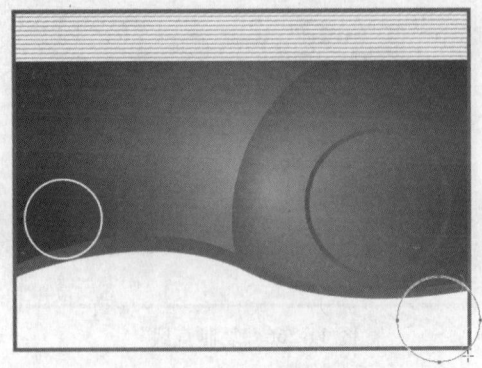 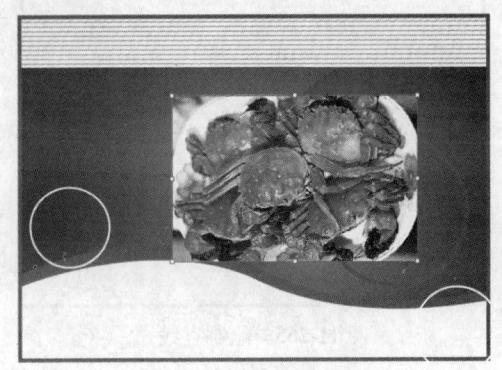

图 11-271 绘制圆形　　　　　　　　　　　　图 11-272 置入文件

18 按 Ctrl+[键将其向下排放到红色圆圈的下层,再单击图片,以选择它,然后将其排放到适当位置,如图 11-273 所示,然后按 Shift 键单击红色圆圈,以同时选择图片与圆圈,如图 11-274 所示。

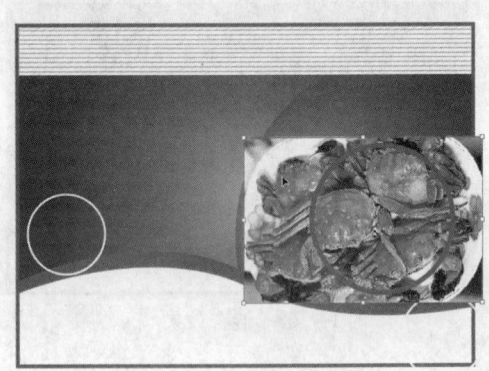 

图 11-273 排列对象　　　　　　　　　　　　图 11-274 选择对象

19 在菜单中执行【对象】→【剪切蒙版】→【建立】命令,由圆圈对图片进行蒙版,将不需要的部分隐藏,建立蒙版后的效果如图 11-275 所示;然后在【颜色】面板中再将圆路径的描边设为红色,粗细设为 4pt,如图 11-276 所示,以得到如图 11-277 所示的效果。

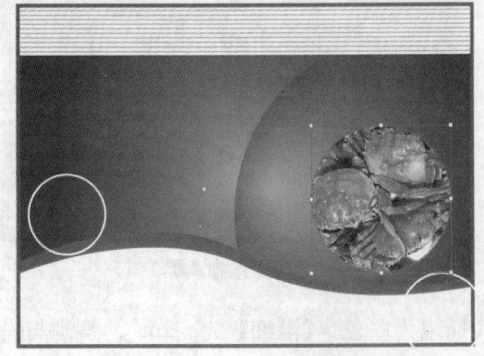 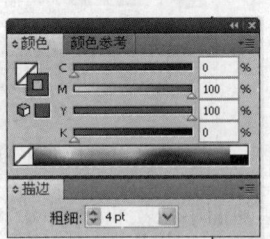

图 11-275 建立剪切蒙版　　　　　　　　　　图 11-276 【颜色】面板

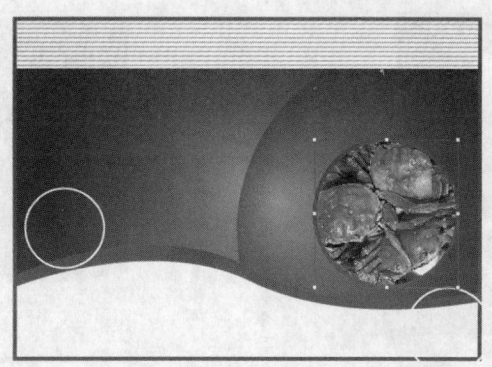

图 11-277 加粗轮廓线

20 再从配套光盘的素材库置入两张图片，并分别排放到适当位置，如图 11-278 所示；然后分别按 Ctrl+[键将其排放到白色圆圈的下层，排放好后的效果如图 11-279 所示。

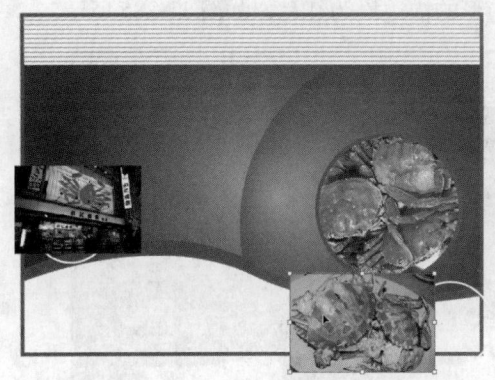

图 11-278 置入图片

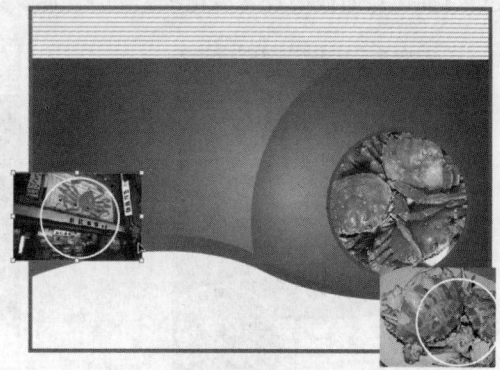

图 11-279 排列对象

21 用前面同样的方法将它们由圆圈建立蒙版，隐藏图片中不需要的部分，再按 Ctrl+G 键将它们分别编组，以便于再次进行蒙版或编辑，结果如图 11-280 所示。

22 按 Shift 键单击另一个编组对象，在控制选项栏的 描边 2pt 中设置粗组为 2pt，以将描边重新显示，结果如图 11-281 所示。

图 11-280 建立剪切蒙版

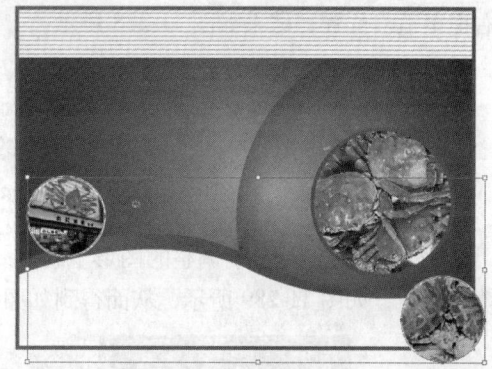

图 11-281 加粗轮廓线

23 用矩形工具在画面中右下角处绘制一个矩形，如图 11-282 所示，再按 Shift 键单击右下角的蒙版编组对象，以同时选择它们，如图 11-283 所示，然后在菜单中执行【对象】→【剪切蒙版】→【建立】命令，即可由矩形建立蒙版，以将不需要的部分隐藏，隐藏后的效果如图 11-284 所示。

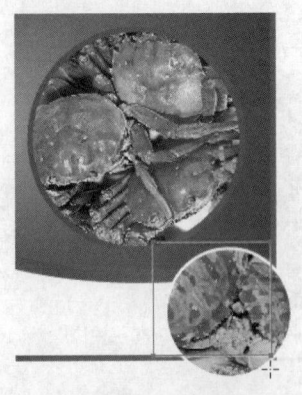 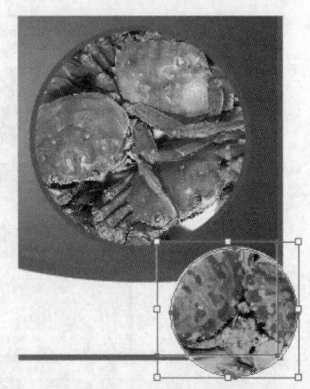

图 11-282　绘制矩形　　　　　　　图 11-283　选择对象

24 用矩形工具在画面的上部绘制一个稍小一点的矩形，再【颜色】面板中设置描边为红色，【描边】面板中设置【粗细】为"3pt"，以将矩形的描边设为红色，如图 11-285 所示。

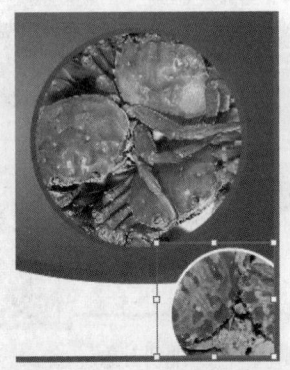 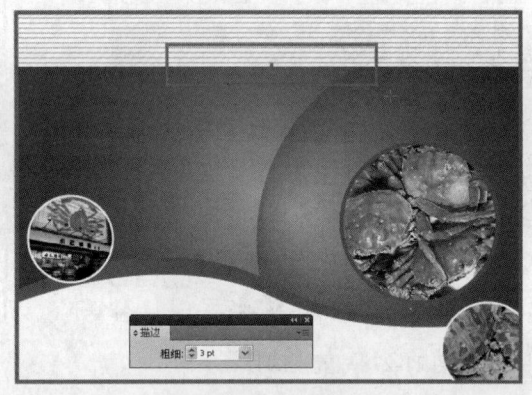

图 11-284　建立剪切蒙版　　　　　　图 11-285　绘制矩形

25 在工具箱中点选 钢笔工具，移动到矩形的左边轮廓线的中间位置单击，添加一个锚点，如图 11-286 所示，再按 Ctrl 键将该锚点向左拖至适当位置，结果如图 11-287 所示。

26 用上步同样的方法，在矩形的右边中间位置单击添加一个锚点，同样按 Ctrl 键将其向右拖至适当位置，结果如图 11-288 所示。

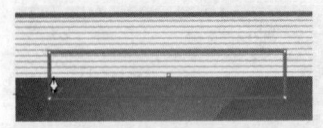  

图 11-286　编辑矩形　　　　图 11-287　编辑矩形　　　　图 11-288　编辑矩形

27 用矩形工具在刚调整的图形上绘制一个正方形，并在【颜色】面板中设置描边为无，填色为黄，如图 11-289 所示，从而得到如图 11-290 所示的效果。

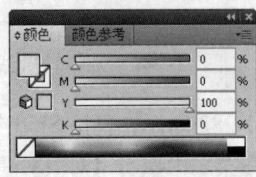 

图 11-289　【颜色】面板　　　　　　图 11-290　绘制正方形

28 在工具箱中双击 旋转工具,弹出【旋转】对话框,并在其中设置【角度】为"45"度,如图 11-291 所示,单击【确定】按钮,即可将正方形旋转为菱形,结果如图 11-292 所示。

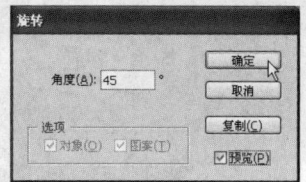

图 11-291 【旋转】对话框　　　　　　　图 11-292 旋转后的效果

29 按 Alt 键将其向右拖动到适当位置,以复制一个副本,如图 11-293 所示,再按 Ctrl+D 键再制三个副本,再制后的结果图 11-294 所示。

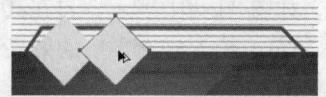

图 11-293 复制对象　　　　　　　　　　图 11-294 复制对象

30 在工具箱中点选 文字工具,在画面中第 1 个菱形上单击并输入"大闸蟹推荐"文字,按 Ctrl+A 键全选文字,再在【控制】选项栏中设置所需的参数,如图 11-295 所示,再点选选择工具确认文字输入,得到如图 11-296 所示的文字效果。

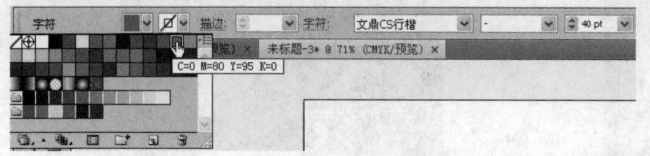

图 11-295 【控制】选项栏　　　　　　　图 11-296 输入文字

31 用文字工具在菱形的右下方单击并输入"鲜"字,按 Ctrl+A 键全选文字,再在【控制】选项栏中设置参数为 ,再点选选择工具确认文字输入,得到如图 11-297 所示的文字效果。

32 先按 Ctrl+C 键,再按 Ctrl+F 键复制一个副本,然后将副本向右上方拖动一点点,并填充颜色为白色,得到如图 11-298 所示的效果。

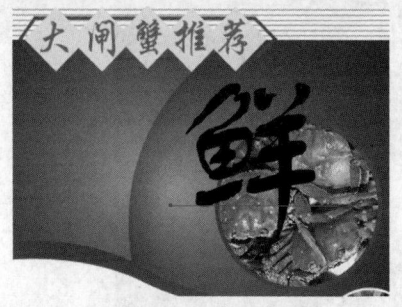

图 11-297 输入文字　　　　　　　　　　图 11-298 复制文字

33 用矩形工具在文字的右边适当位置再绘制一个小矩形,再在【控制】选项栏的【色板】面板中设置填色为 C=85、M=10、Y=100、K=10,绘制好后的效果如图 11-299 所示。

34 用文字工具在画面中适当位置依次输入所需的文字,并根据需要设置所需的字体、字体大小与字体颜色,输入好文字后的画面效果如图 11-300 所示。

图 11-299 绘制矩形

图 11-300 输入文字

35 用文字工具在画面中适当位置拖出一个文本框,如图 11-301 所示,再在其中输入所需的文字,然后根据需要再设置其字体、字体大小与字体颜色,输入好文字后的效果如图 11-302 所示。

图 11-301 拖出文本框

图 11-302 输入文字

36 用矩形工具在画面中拖出一个矩形框框住"海洋珍品"几个文字,并在【控制】选项栏中设置其描边为红色,【粗细】为"2pt",绘制好后的效果如图 11-303 所示。这样,我们的招贴画以制作完成了。

图 11-303 最终效果

习题参考答案

第1章

一、填空题

1. 矢量（也称向量）图形 位图图像
2. 应用程序栏 菜单栏 工具箱 控制面板 画板 状态栏 最大化按钮 关闭
3. 图像分辨率 屏幕频率

二、选择题

1. A 2. B 3. C 4. D 5. A

第2章

一、填空题

1. 混和模式 填色和描边 填充颜色 描边颜色 样式
2. 描边颜色 描边粗细 混合模式

二、选择题

1. A 2. D 3. D 4. A 5. B

第3章

一、填空题

1. 抓手工具 缩放 【导航器】
2. 吸管工具 实时上色工具
3. 正常屏幕模式 带有菜单栏的全屏模式 全屏模式

二、选择题

1. A 2. C 3. B 4. B

第4章

一、填空题

1. 一条 多条线段 曲线
2. 开放的 封闭的

二、选择题

1. D 2. A 3. A 4. A 5. ABC

第5章

一、填空题

1. 字体 字体大小 行距 特殊字距 基线微调 间距
2. 点文字 段落文字
3. 区域文字工具 直排区域文字工具
4. 弧形 上弧形 拱形 凸出 凹壳 旗形 鱼形 鱼眼 挤压

二、选择题

1．D 2．A 3．A

第 6 章

一、填空题

1．书法 散点 图案

2．大小 距离 色彩

3．混合工具 【混合】

4．中心点 光晕 放射线 光环

二、选择题

1．A 2．C 3．C 4．A

第 7 章

一、填空题

1．尺寸（即大小） 形状 方向

2．复制 剪切 粘贴

二、选择题

1．B 2．B 3．D 4．B

第 8 章

一、填空题

1．水平左对齐 水平居中对齐 水平右对齐 垂直顶对齐 垂直居中对齐

2．垂直顶分布 垂直底分布 水平居中分布

3．复制图层 删除图层 合并图层

二、选择题

1．B 2．B 3．C 4．B

第 9 章

一、填空题

1．堆积柱形图工具 堆积条形图工具 面积图工具 饼图工具

2．字体 字体颜色 图例的颜色

二、选择题

1．D 2．A

第 10 章

一、填空题

1．【存储】 【存储为】 【存储副本】

2．【自由扭曲】 【转换为形状】 【收缩和膨胀】 【扭转】 【变形】

二、选择题

1．B 2．C 3．A

读者回函卡

亲爱的读者：

　　感谢您对海洋智慧IT图书出版工程的支持！为了今后能为您及时提供更实用、更精美、更优秀的计算机图书，请您抽出宝贵时间填写这份读者回函卡，然后剪下并邮寄或传真给我们，届时您将享有以下优惠待遇：

- 成为"读者俱乐部"会员，我们将赠送您会员卡，享有购书优惠折扣。
- 不定期抽取幸运读者参加我社举办的技术座谈研讨会。
- 意见中肯的热心读者能及时收到我社最新的免费图书资讯和赠送的图书。

| 姓　名：＿＿＿＿＿　　性别：□男 □女　　年　龄：＿＿＿＿＿ |
| 职　业：＿＿＿＿＿＿＿＿＿　　爱好：＿＿＿＿＿＿＿＿＿＿ |
| 联络电话：＿＿＿＿＿＿＿　　电子邮件：＿＿＿＿＿＿＿＿＿ |
| 通讯地址：＿＿＿＿＿＿＿＿＿＿＿＿＿＿　邮编：＿＿＿＿＿ |

1 您所购买的图书名：＿＿＿＿＿＿＿＿＿　购买地点：＿＿＿＿＿

2 您现在对本书所介绍的软件的运用程度是在：□初学阶段　□进阶／专业

3 本书吸引您的地方是：□封面　□内容易读　□作者　□价格　□印刷精美
　　　　□内容实用　□配套光盘内容　□其他＿＿＿＿＿＿

4 您从何处得知本书：□逛书店　□宣传海报　□网页　□朋友介绍
　　　　□出版书目　□书市　□其他＿＿＿＿＿＿

5 您经常阅读哪类图书：
　　　　□平面设计　□网页设计　□工业设计　□Flash动画　□3D动画　□视频编辑
　　　　□DIY　□Linux　□Office　□Windows　□计算机编程　□其他＿＿＿＿＿

6 您认为什么样的价位最合适：

7 请推荐一本您最近见过的最好的计算机图书：＿＿＿＿＿＿＿＿

8 书名：＿＿＿＿＿＿＿＿＿＿＿　　出版社：＿＿＿＿＿＿＿

9 您对本书的评价：＿＿＿＿＿＿＿＿＿＿＿＿＿＿＿＿＿＿＿
　　　　＿＿＿＿＿＿＿＿＿＿＿＿＿＿＿＿＿＿＿＿＿＿＿＿＿

　　您还需要哪方面的计算机图书，对所需的图书有哪些要求：
＿＿＿＿＿＿＿＿＿＿＿＿＿＿＿＿＿＿＿＿＿＿＿＿＿＿＿＿＿＿＿

社址：北京市海淀区大慧寺路8号　　网址：www.wisbook.com　　技术支持：www.wisbook.com/bbs

编辑热线：010-62100088　　010-62100023　　传真：010-62173569

邮局汇款地址：北京市海淀区大慧寺路8号海洋出版社教材出版中心　邮编：100081

海洋出版社